W0075735

A. K. Dewdney

Reise in das Innere der Mathematik

Aus dem Amerikanischen von
Michael Zillgitt

Birkhäuser Verlag
Basel · Boston · Berlin

Die amerikanische Originalausgabe erschien 1999 unter dem Titel
„A Mathematical Mystery Tour" bei John Wiley & Sons, Inc.,
New York, USA.

Copyright © 1999 by A. K. Dewdney
Illustrations copyright © 1999 by A. K. Dewdney

All rights reserved. Authorized translation from the English language
edition published by John Wiley & Sons, Inc.

Die Deutsche Bibliothek – CIP-Einheitsaufnahme

Dewdney, Alexander K.:
Reise in das Innere der Mathematik / A. K. Dewdney.
Aus dem Amerikan. von Michael Zillgitt. –
Basel ; Boston ; Berlin : Birkhäuser, 2000
    Einheitssacht: A mathematical mystery tour <dt.>
    ISBN 3-7643-6189-1

Dieses Werk ist urheberrechtlich geschützt. Die dadurch begründeten
Rechte, insbesondere die des Nachdrucks, des Vortrags, der Entnahme
von Abbildungen und Tabellen, der Funksendung, der Mikroverfilmung
oder der Vervielfältigung auf anderen Wegen und der Speicherung in
Datenverarbeitungsanlagen, bleiben, auch bei nur auszugsweiser Verwer-
tung, vorbehalten. Eine Vervielfältigung dieses Werkes oder von Teilen
dieses Werkes ist auch im Einzelfall nur in den Grenzen der gesetzlichen
Bestimmungen des Urheberrechtsgesetzes in der jeweils geltenden Fas-
sung zulässig. Sie ist grundsätzlich vergütungspflichtig. Zuwiderhand-
lungen unterliegen den Strafbestimmungen des Urheberrechts.

© 2000 der deutschsprachigen Ausgabe:
Birkhäuser Verlag, Postfach 133, CH–4010 Basel, Schweiz
Umschlaggestaltung:
Atelier Jäger, Kommunikations-Design, D–88682 Salem
Layout und Satz: Dr. Michael Zillgitt, Frankfurt/Main
Gedruckt auf säurefreiem Papier, hergestellt aus chlorfrei gebleichtem
Zellstoff. ∞
Printed in Germany

ISBN 3-7643-6189-1

9 8 7 6 5 4 3 2 1

Inhalt

TEIL III
EIN PROBLEM VERSCHWINDET

TEIL IV
WERKZEUGE DES DENKENS

Vorwort

Der griechische Mathematiker und Philosoph Pythagoras, der im sechsten Jahrhundert v. Chr. lebte, galt zu allen Zeiten als einer der größten Mathematiker, zuweilen als der bedeutendste überhaupt. Zwei seiner wichtigsten Beiträge – die Entdeckung der Inkommensurabilität und der heute nach ihm benannte Lehrsatz – spielten bei der Entwicklung der Mathematik eine entscheidende Rolle.

Pythagoras zeichnete sich nicht nur durch seine grundlegenden mathematischen Einsichten aus, sondern auch durch Anschauungen, die selbst aus der Kultur seiner Zeit und seines Heimatlandes nur teilweise zu erklären sind. Insbesondere hegte er in bezug auf den Kosmos und dessen Verknüpfung mit der Mathematik manche Überzeugungen, die seinen Zeitgenossen recht merkwürdig vorkamen. Heute glauben viele Wissenschaftler, daß die Mathematik eine bemerkenswerte Beziehung zur Realität hat, und einige meinen sogar, daß die Mathematik in gewissem Sinne die Realität bestimmt oder leitet. Aber wer konnte glauben, daß die Mathematik die Realität *schafft*? Eben das tat Pythagoras.

Er war nicht gerade ein wissenschaftlicher Prophet. Seine Überlegungen zur Naturphilosophie – heutzutage „Naturwissenschaft" genannt – hielten nicht alle einer objektiven Überprüfung stand. So glaubte Pythagoras, die Sonne umkreise die Erde, die er übrigens für rund hielt; und „unter" der Erde vermutete er ein großes „zentrales Feuer". Hierhin begab sich der Gott Apollon beim Sonnenuntergang mit seinem Wagen, und hier erholten sich seine feurigen Rösser, um in der Morgendämmerung wieder am Himmel zu erscheinen. Wir können die Möglichkeit nicht ausschließen, daß Pythagoras den Sonnengott Apollon als eine Metapher verstand, aber wie konnte er wissen, daß in der Sonne kein gewöhnliches Feuer brannte, sondern ein atomares? Natürlich glaubte zu Pythagoras' Zeiten jedermann, daß die Sonne die Erde umrunde.

Ich habe mich oft gefragt, was Pythagoras wohl von der modernen Wissenschaft und Mathematik hielte. Er wäre sicher über die Schlüsselrolle erfreut, die sein Lehrsatz in fast jedem Zweig der Mathematik und deshalb auch in den Naturwissenschaften spielt. Doch würde er nicht trotzdem freundlich, aber bestimmt das „Warum" hinterfragen? Würde er unserem Fortschritt nicht die zentrale Frage seines wissenschaftlichen Lebens entgegenstellen: „Haben Sie denn schon bewiesen, daß das Gebilde des Kosmos aus Mathematik gewoben ist?"

Aus Hochachtung für die Begründer der modernen Mathematik habe ich mich entschieden, diese Frage in Pythagoras' Namen aufzugreifen, rund 2500 Jahre nach seinem Tod. Mein Ansatz dabei kann eigentlich nur als „Roman" bezeichnet werden, als erdichtete Erzählung von einer erfundenen Reise in vier Regionen der Welt. Die hier beschriebene mathematische Odyssee untersucht zwei zentrale Fragen der Mathematik und deren Beziehung zur Realität: Warum ist die Mathematik beim Beschreiben der Struktur physikalischer Realität so erfolgreich? Wird sie erschaffen, oder wird sie entdeckt? Solche Fragen bilden den zentralen Punkt meiner pythagoreischen Erkundungen. Die von vier Wissenschaftlern gegebenen Antworten beleuchten das Thema aus vier verschiedenen Richtungen und führen zu einigen zwar vorläufigen, aber verblüffenden Schlußfolgerungen. Diese wirken einem modernen Trend entgegen, dem sogar einige Wissenschaftler folgen, indem sie Fragen über die Realität unter einen postmodernen Teppich kehren.

Pythagoras war Mystiker und zugleich Mathematiker. Ich verwende das Wort „Mystiker" hier im formalen, traditionellen Sinne und nicht in der modernen, eher abwertenden Bedeutung. Mit anderen Worten: Pythagoras glaubte, daß man einige

Wahrheiten durch direkte Überlegung erkennen kann, wenn Körper und Geist auf geeignete (und sehr strenge) Weise vorbereitet wurden. Er begründete eine mystische Tradition, die von seiner Schule, dem Bund der Pythagoreer, fortgeführt wurde. Dieser Bund bestand gut 1000 Jahre lang, bis in die Epoche des Islam hinein. Jedoch tauchen Pythagoreer in unserer Erzählung auch noch im neunzehnten Jahrhundert auf. Diese fast zeitgenössischen Pythagoreer waren keine Mystiker, sondern meines Wissens nur berühmte Wissenschaftler, die sich als „Pythagoreer" bezeichneten. Sie glaubten, daß die physikalische Realität zumindest eine mathematische Grundlage hat.

Wir müssen keine Mystiker sein, um diesen Glauben zu teilen. Das Abenteuer dieses Buches hat nur den Zweck, alten Fragen neues Leben einzuhauchen. Es ist durchaus möglich, daß der nächste große wissenschaftliche Paradigmenwechsel sie direkt betreffen wird. Erst dann wird Pythagoras seine Ruhe finden.

Der Ausgangspunkt

Paris, 20. Juni 1995

Ich sitze in der Abflughalle und warte auf den Flug Air France 372 nach Athen. Vor gerade einmal einer Stunde war ich von einem Transatlantikflug hier gelandet. Abgesehen von einer gewissen Müdigkeit bin ich in recht guter Verfassung.

Ich kann mein nächstes Flugzeug vom Fenster der Halle aus sehen. Mit seiner Eleganz und seiner Schnittigkeit, die für den Überschallflug ja nötig ist, ist es ein Symbol der Technik des ausgehenden zwanzigsten Jahrhunderts. Unsere Technologien, so überlege ich, beruhen weitgehend auf den Naturwissenschaften, und diese (vor allem die Physik) beruhen vollständig auf der Mathematik. Es scheint mir, als sollte ich durch die reine Macht der Mathematik nach Athen fliegen können. Die Turbinenschaufeln werden sich drehen, und der Rückstoß der Triebwerke wird als gleich große Gegenkraft den Vortrieb hervorrufen; die einzelnen Bauteile des Fluzeugs werden aufgrund sorgfältigster Berechnungen der jeweiligen Belastung standhalten; die dünne Luft der Stratosphäre wird an den Tragflächen vorbeigleiten; deren Form wurde mit Hilfe der Mathematik so optimiert, daß das Gewicht des Flugzeugs getragen wird.

Das ist, so sinniere ich, genau das, worum es bei dieser Reise geht: Die Macht der Mathematik, ihre erstaunliche Anwendbarkeit in Wissenschaft und Technik. Mein bevorstehender Flug ist aber nur die erste Etappe auf einer langen Reise. Ich möchte in der Türkei sowie in Jordanien, Italien und England verschiedene Denker treffen, teils berühmte, teils unbekannte. Ich hoffe, daß sie etwas Licht in die zentrale Frage bringen können, die mich so beschäftigt: Was ist das wahre Wesen der Mathematik?

Diese Formulierung ist natürlich äußerst unklar, aber ich habe mir zwei etwas gezieltere Fragen zurechtgelegt, die – wenn sie beantwortet werden – viel dazu beitragen können, die übergeordnete Frage zu klären.

1. Warum ist die Mathematik in den Naturwissenschaften so überaus nützlich?
2. Wird die Mathematik entdeckt, oder wird sie erschaffen?

Ich kann mich des Gefühls nicht erwehren, daß beide Fragen miteinander verknüpft sind, vielleicht sogar sehr eng. Aber ich weiß nicht genau, auf welche Weise sie zusammenhängen. Meine Forschungsreise soll helfen, sie zu beantworten. Und mit ein wenig Glück werde ich dann auch den Zusammenhang verstehen.

Ohne jeden Zweifel ist für die meisten Forscher, vor allem für Naturwissenschaftler, die Mathematik nicht nur nützlich, sondern auch unentbehrlich. Mit ihrer Hilfe können wir die Positionen von Planeten bereits Jahre im voraus ermitteln, die Elektronenbahnen im Atom beschreiben und auch den Luftstrom über den Tragflächen des Flugzeugs berechnen, in das ich gleich einsteigen werde. Die Gleichungen und Formeln der Physik und anderer induktiver Wissenschaften sowie die Axiome und Lehrsätze, auf denen sie gründen, beschreiben insgesamt die physikalische Realität mit frappierender Genauigkeit und Allgemeingültigkeit. Sehr oft führen sie zu exakten Voraussagen über neue Phänomene, sei es im Bereich der Elementarteilchen oder auf dem Gebiet der Planeten, und sehr oft ermöglichen sie die Konstruktion erstaunlicher Maschinen, die perfekt funktionieren. Diese Leistungsfähigkeit der Mathematik schreit geradezu nach einer Erklärung.

Wenn die faszinierende Macht der Mathematik beim Beschreiben der physikalischen Realität weder Zufall noch Selbsttäuschung ist, dann formuliert sich die erste Frage, die ich eben aufgeworfen habe, fast von selbst neu. *Warum* ist das physikalische Universum in so hohem Maße durch mathematische *Vorstellungen* bestimmt oder durch solche exakt zu beschreiben? Ich finde es erstaunlich, daß diese Frage so selten gestellt wird, denn mich führt sie wie ein Leitstern.

In bezug auf die zweite Frage, nämlich ob die Mathematik entdeckt oder erschaffen wird, muß ich eine fast mystische Erfahrung eingestehen, die ich stets mache, wenn ich an einem mathematischen Problem arbeite – eine Erfahrung, die von außen aufgezwungen erscheint. Ich habe oft das unheimliche Gefühl, daß die Lösung für mein Problem irgendwie *dort draußen* existiert, ob ich nun darüber nachdenke oder nicht. Wenn ich dann tatsächlich einen Lösungsansatz finde, dann habe ich den unwiderstehlichen Eindruck, ihn entdeckt und nicht geschaffen zu haben. Jeder von uns hat das Recht auf seine persönlichen Eindrücke, aber wie kann ich diese Ansicht objektiv rechtfertigen? Ich könnte sagen: Wenn jemand an demselben Problem arbeitet wie ich und eine Lösung findet, dann wird es oft dieselbe sein, die auch ich gefunden hatte. Die andere Person formuliert sie vielleicht anders, aber beide Lösungen werden ineinander umzuwandeln, äquivalent oder – kurz gesagt – gleich sein. Die wirkliche Lösung wartet irgendwo da draußen.

Letztlich geht es bei der Mathematik um Wahrheit. Wie kann man Wahrheit erschaffen? Ein großer Teil der Mathematik zeigt eine außerordentliche Eleganz, wenn dies auch keines ihrer wesentlichen Merkmale zu sein scheint. In der Mathematik sind Schönheit und Wahrheit keine Synonyme, jedoch sind einige Wahrheiten schön, und einige schöne Aspekte sind wahr. Ein Mathematiker könnte einen eleganten Lehrsatz wie ein Kunstwerk komponieren, nur um dann herauszufinden, daß dieser Satz nicht wahr ist – aber Wahrheit ist in der Mathematik unabdingbar.

Deswegen sind einige mathematische Sätze außerordentlich elegant, andere dagegen ziemlich häßlich. Man kann nicht behaupten, die Mathematiker würden sich irgendwie aussuchen, was wahr ist und was nicht. Wenn es einen kreativen Akt eines Mathematikers gibt, dann besteht er darin, sich zuerst vorzustellen, was wahr sein könnte, dann die Form eines aufzustellenden Satzes zu vermuten und schließlich alle Anstrengungen

darauf zu richten, ihn zu finden, genau wie ein Forscher. Aber
es ist nicht garantiert, daß die Suche erfolgreich verläuft. Der
Erfolg hängt von etwas ganz anderem ab, das der Mathematiker
mit seinen Bemühungen nicht beeinflussen kann. Er hängt nur
davon ab, was wahr ist.

Wenn wir im Moment zugestehen, daß die Mathematik nicht
erschaffen, sondern entdeckt wird, so müssen wir doch fragen:
Warum? Hat die Mathematik eine unabhängige Existenz? Das
sind alte Fragen, von Mathematikern aller Zeiten endlos durch-
dacht, doch zum größten Teil ungelöst und heute beinahe vergessen. Wer, außer den wenigen Gelehrten, die ich bald treffen
werde, arbeitet heute noch daran?

Es heißt, Mathematiker gäben sich an Feiertagen und im Ur-
laub der Philosophie ihrer Wahl hin, aber in der übrigen Zeit
seien sie Platoniker. Für Platon wies die Mathematik auf eine
Welt aus reinen und unzerstörbaren Ideen oder Archetypen
hin, die eine Art Superrealität genossen. In seinem Werk *Die
Republik* lädt er uns in eine Höhle ein, in der er ein Feuer ange-
facht hat. Wir sitzen mit dem Rücken zum Feuer und blicken
auf eine Wand, wie das Kinopublikum. Hinter uns stellt Platon
einige Statuen und andere Figuren zwischen dem Feuer und
uns auf, so daß deutliche Schatten auf die Wand fallen. Während wir den Schatten-„Film" an der Wand verfolgen, hören
wir, wie Platon im Hintergrund erklärt: „Wenn Sie durch die
Welt streifen und Bäume, Steine und Vögel sehen, dann sitzen
Sie in Wirklichkeit gerade in meiner Höhle und sehen lediglich
die Schatten höherer Realitäten an der Wand Ihrer Wahrnehmung." Jeder Baum, jeder Stein, jeder Vogel ist nichts anderes als die Projektion eines archetypischen Baums, Steins
oder Vogels, dessen Form von einer Art olympischen Lichts
umrissen wird.

Aber Mathematiker, sogar diejenigen, die sich als Platoniker
sehen, gehen nicht so weit. Ihre einzigen wirklichen Archetypen
sind mathematischer Natur. Jeder Kreis, den man zeichnen
kann, ist nur die Verkörperung eines perfekten, idealen Kreises.
Seine Umfangslinie hat keine Dicke und ist daher unsichtbar;
er hat keine bestimmte Position und ist daher nicht zu lokalisieren. Wenn wir Kreise zeichnen, die immer exakter sind,
deren Umfangslinien immer feiner und deren Radien immer

größer werden, dann kommen wir dem idealen Kreis immer näher, können ihn aber niemals verwirklichen. Uns geht es dabei nicht um unseren realen, gezeichneten Kreis, sondern im Grunde nur um den idealen Archetyp.

Wir wissen viel über diesen idealen Kreis. Wir wissen beispielsweise, daß das Verhältnis seines Umfangs zu seinem Durchmesser gleich der transzendenten Zahl π ist, die eine unendliche Anzahl von Dezimalstellen hat:

$\pi = 3{,}14159265358979\ldots$

Wenn wir bei unseren gezeichneten Kreisen jeweils den Umfang und den Durchmesser nachmessen und dann den Quotienten bilden, so kommen wir dem wirklichen Wert von π immer näher: zuerst vielleicht 3,14, dann 3,142, dann 3,1416 und so weiter.

Alle mathematischen Konzepte und Vorstellungen zeigen diese wesentliche Eigenschaft. Nicht nur jeder Kreis, sondern auch jede Gerade, jede geschriebene Zahl, jeder symbolische Ausdruck weist auf eine ideale Vorstellung, eine Abstraktion hin, die nur mit Hilfe solcher Zeichnungen und Symbole erfaßt werden kann. Die meisten Mathematiker glauben nicht, daß die Mathematik die wirkliche Quelle der Realität ist. Dennoch haben viele von ihnen den gleichen Eindruck wie ich, nämlich daß die Mathematik eine Art unabhängiger Existenz hat und sozusagen ein Raum ist, den man erforschen kann.

Was immer man über die unabhängige Existenz von Platons Welt sagen könnte, soviel ist gewiß: Die Wahrheiten der Mathematik gehorchen weder unseren Wünschen noch unseren Ängsten. Außer an Feiertagen müssen die Mathematiker hinnehmen, was der Olymp enthüllt – oder verbirgt.

Die Frage, die hinter den beiden von mir aufgeworfenen Fragen lauert, beunruhigt mich sehr: Kann es sein, daß die unabhängige Existenz der Mathematik etwas damit zu tun hat, daß sie die physikalische Welt mit solcher Genauigkeit zu beschreiben vermag? Bedenken Sie dabei: Auf einer rein geistigen Ebene liegt die gesamte Mathematik vor uns ausgebreitet – einiges davon ist bekannt, aber ein großer Teil ist noch zu entdecken. Ihre Wahrheiten sind ehern und unbestreitbar. Auf einer anderen Ebene leben wir in einem Kosmos, der offenbar mathematischen Gesetzen gehorcht. Warum, um Himmels willen, muß das so sein?

Ich hoffe sehr, daß einige der Gelehrten, die ich auf meiner Reise treffen werde, Antworten auf diese Fragen haben oder mir wenigstens Anhaltspunkte geben können. Bei meiner Suche muß ich jeden Stein umdrehen und darf keine mögliche Erklärung für die unabhängige Existenz der Mathematik oder deren Allgegenwart im Kosmos übersehen. Ich muß andererseits auch darauf gefaßt sein, daß die Mathematik doch geschaffen wird und daß ich mir die ganze Zeit etwas vorgemacht habe. Welche Erkenntnis es auch sein wird, die mich zu einer solchen Schlußfolgerung bringt, sie wird sich sicher aus der Kultur oder aus der Geschichte ergeben. Beispielsweise könnte ich entdecken, daß die griechische Mathematik durch die frühe griechische Kultur in einem solchen Ausmaß beeinflußt wurde, daß es unmöglich oder zumindest sehr unwahrscheinlich wäre, daß derartige Ideen von irgendeiner anderen Kultur hervorgebracht würden. In diesem Fall wird sich die unabhängige Existenz der Mathematik als Illusion erweisen. Vielmehr würde sie durch bereitwillige Unterwerfung unter kulturell bestimmte Denkweisen in verschiedenen Epochen bestimmt. Die umfassende Anwendbarkeit der Mathematik wäre dann ein schwerer Selbstbetrug, auf einer Weltsicht beruhend, die nur von den gleichen Denkweisen geprägt wird. Das ist eine Möglichkeit, der ich mich stellen muß, wenn auch widerwillig.

Aus diesem Grunde habe ich die Absicht, meine Fragen jedem der vier Gelehrten zu stellen, die ich besuchen werde. Mein erstes Treffen findet in zwei Tagen statt, und zwar bei einer archäologischen Ausgrabungsstätte an der Küste von Kleinasien in der heutigen Türkei. Petros Pygonopolis, Mathematik- und Wissenschaftshistoriker an der Universität Athen, ist einer der führenden Forscher auf dem Gebiet der antiken griechischen Mathematik. Wir wollen uns bei Milet treffen, der alten Handelsstadt, in der Pythagoras, der hervorragende Philosoph und Mathematiker des alten Griechenland, einen großen Teil seines Lebens verbrachte. In diesem Zusammenhang hoffe ich, daß Pygonopolis einiges zum Verständnis der griechischen Mathematik und Wissenschaft in ihrer Gesamtheit beitragen kann. Wo könnten wir den Einfluß der Kultur auf die Mathematik besser untersuchen als in einer Welt, die sich von der unseren so sehr unterscheidet und von ihr in Raum und Zeit so weit entfernt ist?

Mein nächstes Reiseziel ist Akaba an der Grenze zwischen Ägypten und Jordanien. Hier werde ich Jusuf al-Flayli treffen, der als Astronom an der Universität Kairo wirkt. Seit langem erforscht er die frühe arabische Astronomie, mehr oder weniger als Nebenbeschäftigung, wie man zugeben muß. Wie ich meiner Korrespondenz mit ihm entnahm, scheint sich al-Flayli besonders für die Beziehung zwischen Mathematik und Astronomie zu interessieren, die nicht nur von den Arabern nach dem Aufkommen des Islam erforscht wurde, sondern zuvor schon von den Babyloniern, den Indern und den Griechen der ptolemäischen Zeit. Al-Flayli hatte mir versprochen, mich zu einer kleinen Expedition in die Wüste mitzunehmen, wo er das nachvollziehen wollte, was er die alte Vorstellung vom Universum nennt. Er hatte auch angeboten, die Paradigmenwechsel zu erläutern, die sich seit jenen frühen Tagen vollzogen haben, einschließlich jenes der kopernikanischen Revolution. Auch hier hoffe ich, daß mein Gesprächspartner mir helfen wird, die Stränge der Kultur von den harten Realitäten zu trennen, die der frühen Astronomie oder der Mathematik zugrunde lagen.

Meine Reise führt mich dann weiter nach Venedig, wo ich mit Maria Canzoni verabredet bin, einer Physikerin, die früher am Kernforschungszentrum CERN in Genf geforscht hat. Derzeit lehrt sie Wissenschaftsgeschichte an der *Università Cà Foscari di Venezia*. Ich wurde im Internet auf Canzoni aufmerksam; sie vertritt den, wie sie sagt, modernen Platonismus. Sie glaubt, daß der Platonismus (in der eingeschränkten Form, die ich oben skizziert habe) in der modernen Welt nicht nur möglich, sondern für ein volles Verständnis der – philosophisch ausgedrückt – Beziehung zwischen Physik und Kosmos notwendig ist, einem Kosmos, den die Physik zu beschreiben behauptet. Die Mathematik ist der Schlüssel zu dieser Beziehung. Canzoni hegt offenbar keinen Zweifel an der unabhängigen Realität der Mathematik.

Schließlich reise ich nach England und treffe dort Sir John Brainard, einen der führenden Mathematiker des zwanzigsten Jahrhunderts; er wirkt an der Universität Oxford. Ich war be-

sonders froh, diesen Termin zu bekommen, nicht nur wegen
Brainards großer Bedeutung, sondern auch angesichts seines
hohen Alters. Von meinen vier Gesprächspartnern weiß ich
über ihn am wenigsten. Trotz seiner Kenntnisse über die Com-
putertheorie (und verwandte Gebiete) lehnt Brainard es ab,
per E-Mail zu korrespondieren. Ich habe lediglich einen etwas
rätselhaften Brief von ihm, in dem er verspricht, mir ohne Umschweife die Verknüpfung der Mathematik mit der Realität
nahezubringen. Der Brief klingt ein wenig barsch, und ich sehe
unserer Begegnung mit gemischten Gefühlen entgegen. Trotzdem setze ich in das Treffen mit Brainard die größten Hoff-
nungen auf eine Klärung meiner Fragen. Er gilt als der letzte
lebende Mathematiker, der die Mathematik im Ganzen versteht
– soweit das überhaupt möglich ist.

*Mesdames et Messieurs, nous allons dans quelques instants
commencer l'embarquement du vol Air France 372 à destina-
tion d'Athène…*

Ich fliege also auf den Flügeln der Mathematik zuerst nach
Osten, dann zurück nach Westen – aber wie kann ich fliegen,
wenn ich herausfinden sollte, daß es für das Flugzeug keinen
hinreichenden Grund gibt, in der Luft zu bleiben?

Teil I

Der Holos

KAPITEL 1

Der Tod eines Traums

Izmir, Türkei, 22. Juni 1995

Welch ein merkwürdiger Tag! Ich verbrachte ihn in Milet, besser gesagt dort, wo Milet um 500 v. Chr. lag. Hier – wenn überhaupt irgendwo – wurde die Mathematik zu einer Wissenschaft. Milet war das unvergleichliche Zentrum von Handel, Philosophie und Künsten. Hier lebten Thales, der erste Wissenschaftler, sowie Anaximander, der Philosoph, und Timotheus, der Dichter. Hierher kam der große Pythagoras aus seiner Heimat Samos, um zu lernen und zu lehren.

Wie kam ich überhaupt hierher? Ich bin gestern auf dem Flughafen von Athen gelandet und in ein anderes Fugzeug umgestiegen, das mich in einer Stunde über die Ägäis in die Türkei nach Izmir brachte, eine Autostunde nördlich von Milet. Heute morgen habe ich in Izmir einen Fiat Uno gemietet und bin in sengender Hitze durch einige schöne Täler nach Süden gefahren. Dabei kam ich an die ägäische Küste und fuhr an ihr entlang. Die Luftfeuchtigkeit wurde immer unerträglicher, doch schließlich erreichte ich Milet, eine Ansammlung von Ruinen mit unzähligen Kritzeleien von Touristen und überfüllten Parkplätzen. Die Stätte, an der die antike Stadt gelegen hatte, ist inzwischen zum größten Teil verschlammt und oder vom Fluß Mäander abgetragen, diesem Prototyp aller windungsreichen Flüsse. Ich parkte außerhalb eines abgezäunten Areals und suchte den Weg zum Tempel des Apollon, wobei ich an etlichen Gebäuden der alten Stadt vorbeikam, die teilweise restauriert waren. Dort nahmen etliche Touristen ihre Taschen und Kameras wieder an sich und gingen einzeln oder in Gruppen zu den wartenden Bussen.

Beim Besuch alter Stätten wird man zuweilen sogar im hellen Tageslicht von der antiken Gegenwart wie von Geistern überwältigt. Um das spüren zu können, darf man aber nicht mit einer Touristengruppe kommen, sondern muß allein sein. Dieses Gefühl erfüllte mich nun, als ich vor dem Tempel des Apollon Delphineus stand, mit seinen Treppen und Säulen, verknüpft mit Erinnerungen, die nicht die meinen waren. Ich blickte mich nach Petros Pygonopolis um, den ich hier treffen wollte, konnte aber niemanden finden.

Als ich die Stufen zum Tempel hinaufstieg, sah ich einen Mann knien, als sei er im Gebet vertieft. Er beugte sich über die perfekt gearbeiteten quadratischen Steinplatten, die dem Boden ein regelmäßiges Muster verliehen. Während ich leise näherkam, bemerkte ich, daß er die Steine mit einem Bronzelineal vermaß. Er war groß gewachsen und hatte volles schwarzes Haar, das an den Schläfen schon grau war. Sein Teint war leicht gebräunt. Er wirkte hier etwas deplaziert, denn er trug einen eleganten weißen Anzug. Als ich mich räusperte, blickte er erschrocken auf. Er sah mich unter seinen buschigen Augenbrauen leicht verwirrt an, tastete in der Jackentasche nach seiner Brille und setzte sie auf. Ein Lächeln überzog dann sein Gesicht. Wer konnte er sein, wenn nicht Pygonopolis? Er erhob sich, schlug den Staub von seiner Hose und verbeugte sich.

„Sie müssen Dewdney sein. Entschuldigen Sie bitte, daß ich Sie nicht gesehen habe. Danken Sie den Göttern, daß die Touristen endlich gegangen sind. Dies ist nicht die richtige Kleidung, um draußen zu arbeiten, nicht wahr? – Natürlich nicht!" beantwortete er seine eigene Frage. „Ich bin Petros Pygonopolis, Wissenschaftshistoriker und Spezialist für griechische Mathematik, das heißt, für die antike griechische Mathematik."

Wir gaben uns die Hand und traten beide ein wenig zurück, um uns anzusehen.

„Willkommen in Milet und willkommen bei Ihren intellektuellen Wurzeln", fuhr Pygonopolis fort. „Die Fragen, die Sie in

Ihrem Brief gestellt haben, sind – nach meiner unmaßgeblichen Meinung – genau die richtigen. Wird die Mathematik entdeckt oder wird sie erfunden? Hat sie eine unabhängige Existenz? Wie erfrischend, daß Menschen solche Fragen noch stellen können! Die Antworten darauf setzen bei dem an, was ich gerade tat, als ich mit diesem Lineal die Fliesen ausgemessen habe." Er hob das Bronzelineal hoch. „Das ist der Pechys, die antike griechische Elle."

Pygonopolis war sehr sympathisch und charmant, wirkte jedoch ein bißchen nervös und unruhig, als erwarte er von unserem Treffen etwas Entscheidendes. Lag es daran, daß so wenige Menschen an seiner Arbeit Anteil nahmen?

„Das ist ein merkwürdiges Lineal", sagte ich, „es hat keine Teilstriche".

„Es hat deshalb keine", erklärte Pygonopolis, „weil ich diese Fliesen nicht auf die übliche Weise vermesse. Ich interessiere mich nicht für die Abmessungen der Steine oder des Gebäudes, sondern möchte nur wissen, mit welcher Einheit die Baumeister gearbeitet haben. Wenn die Maße mit Vielfachen des Pechys übereinstimmen, dann haben sie als Einheit diese Elle verwendet. Wenn nicht, dann muß ich es mit einer anderen Einheit versuchen." Pygonopolis sah zu einigen Bronzelinealen hinüber, die an einer restaurierten Säule lehnten. Die alten Griechen, so erklärte er, haben nicht weniger als 20 verschiedene Maßeinheiten gekannt.

„Sogar während ich nur meine Neugier befriedige, folge ich den Schritten des großen Pythagoras." Diese geheimnisvolle Bemerkung erklärte er nicht näher, sondern beschrieb mit dem Lineal, das er in der Hand hielt, einen weiten Bogen. „Lassen Sie uns sehen, ob der Tempel auf dem Pechys gegründet ist. Wenn diese Elle keine Übereinstimmung mit den verwendeten Steinen ergibt, werden wir es mit dem Pygon versuchen. Ich fange noch einmal ganz von vorn an, damit Sie genau sehen können, was ich mache."

Er ging in den hinteren Teil des Tempels und kniete wieder auf den Boden, mit Elle und Bleistift in der Hand. Nun legte er die Elle an die Seite einer der großen quadratischen Fußbodenplatten. Die Elle ragte etwas über die Mitte des Steins hinaus. Pygonopolis markierte mit dem Bleistift auf dem Stein das vor-

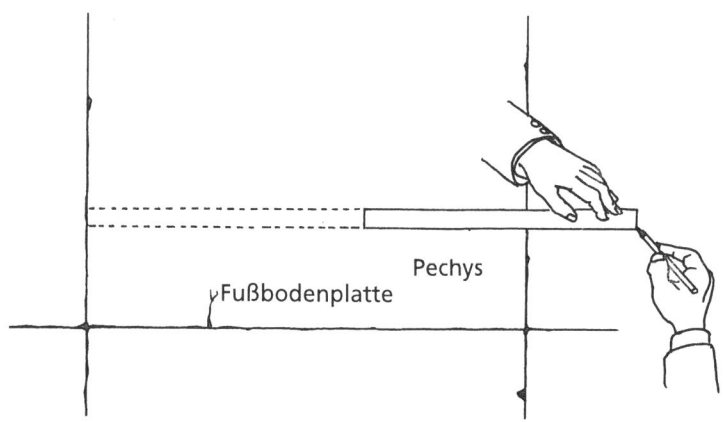

Der Meßvorgang.

dere Ende der Elle. Dann schob er sie sachte in gleicher Richtung weiter, bis ihr hinteres Ende genau an der Markierung lag.

Jetzt befand sich das vordere Ende der Elle ein Stückchen jenseits der Fuge zwischen zwei Steinen. Ich riskierte die Vermutung, daß der Pechys wohl nicht die Maßeinheit war, mit der dieser Tempel gebaut worden war. Pygonopolis murmelte nur etwas, das nach „abwarten und sehen" klang. Er brachte eine neue Markierung an und schob die Elle wiederum weiter. Es schien ihn nicht zu stören, daß ihr vorderes Ende nicht in die Nähe einer Fuge kam. Er wiederholte die Prozedur mehrmals, bis er die Vorderfront des Tempels erreicht hatte. Währenddessen sprach er zu mir.

„Früher oder später wird – wenn dies die richtige Längeneinheit ist – das vordere Ende der Elle genau auf eine Fuge treffen. Natürlich kann der Pechys auch die falsche Einheit sein. – Na, wer sagt's denn!"

In der Nähe des Säulengangs hatte das vordere Ende der Elle nun genau eine Fuge getroffen. Sichtlich aufgeregt zog Pygonopolis ein kleines Notizbuch aus der Brusttasche und schrieb etwas hinein.

„Das war Glück", meinte er. „Es war keineswegs sicher, daß der erste Maßstab, mit dem ich es versuchte, schon passen würde. Schauen wir nach: Bei dem gesamten Meßvorgang, also beim Abwarten, ob und wann die Elle wieder auf eine Fuge trifft, habe ich fünf Steine passiert. Dabei habe ich den Pechys achtmal angelegt. Daraus können wir die genaue Kantenlänge der Steine in Pechys ermitteln, nicht wahr?"

Er sah mich erwartungsvoll an. Ich sollte bald dahinterkommen, daß er immer, wenn er eine Frage auf diese Weise abschloß, von mir eine Antwort erwartete. Nun überlegte ich schnell. Wenn 5 Steine insgesamt 8 Pechys lang waren, dann mußte ein Stein $1/5$ dieser Strecke lang sein, also $8/5$ eines Pechys. Das verkündete ich auch gleich: „Acht Fünftel eines Pechys oder, wenn Sie so wollen, $1\,3/5$ Pechys."

„Ja und nein. Ich hätte Ihnen vielleicht etwas über die Arithmetik in der Antike sagen sollen. Die Griechen im klassischen Altertum hatten nämlich kein so ausgereiftes Zahlensystem wie wir. Ihr Verfahren, Zahlen symbolisch zu schreiben, ähnelte dem der römischen Ziffern und war daher für Berechnungen irgendwelcher Art völlig ungeeignet. Außerdem kannten die Griechen noch keine Methode, Brüche wie $8/5$ auszudrücken. Statt dessen sprachen sie von Verhältnissen ganzer Zahlen, also von 8 zu 5.

Zurück zu unserer Messung. Wichtig ist hier nur, daß der Meßvorgang eine ganze Zahl von Maßeinheiten ergab. Ich habe mit Hilfe der Elle einen gewissen Abstand in Pechys gemessen und dabei eine bestimmte Strecke, also einige Kantenlängen der Steine, zurückgelegt. Plötzlich fielen beide Gesamtstrecken zusammen. Immer wenn das geschieht, entspricht die Gesamtstrecke jeweils einer ganzen Anzahl der beiden Maßeinheiten. Die ganzen Zahlen sind in diesem Fall 8 und 5. Die gemeinsame Maßeinheit ist hier $1/5$ eines Pechys. Der Pechys ist 5 dieser Einheiten lang und jeder Stein 8 dieser Einheiten."

„Arbeiteten die Baumeister dieses Tempels also in Fünfteln eines Pechys?" fragte ich.

„Das ist durchaus möglich", erwiderte Pygonopolis. „Aber was mich wirklich interessiert, ist nicht, welche Einheit die Baumeister verwendeten. Vielmehr möchte ich auf etwas Grundsätzlicheres hinaus. Es kommt letzten Endes nicht auf den Pechys an, sondern auf ein anderes Maß, auf eine besondere Einheit, bei der alle Messungen ganze Zahlen ergeben."

„Ich kann nicht ganz folgen", warf ich etwas verwirrt ein.

Pygonopolis beugte sich plötzlich vor und senkte verschwörerisch die Stimme. „Es kann gut sein", fuhr er fort, während er umherblickte, „daß der junge Pythagoras in gerade diesem Tempel stand und diese Steine ebenso vermaß, wie ich es gerade getan habe. Er ermittelte aber nicht einfach die Ausmaße des Tempels, sondern klärte eine viel tiefgründigere Frage." Nun komplimentierte mich Pygonopolis zur Vorderseite des Tempels, von wo aus wir das Ägäische Meer sehen konnten.

„Schauen Sie hinüber!" Er wies auf eine langgestreckte, bergige Insel, die westlich von einer Meerenge lag. „Das ist Samos, wo Pythagoras um 582 v. Chr. geboren wurde. Pygonopolis machte eine ausladende Armbewegung über die Meerenge hinweg. „Zu jener Zeit gehörte dieses ganze Gebiet zu Ionien, einem lockeren Bund griechischer Stadtstaaten. Hier, im Tempel des Apollon Delphineus, stehen wir im Zentrum von Milet, der mächtigsten Stadt Ioniens, des Handelszentrums und der Wirkungsstätte vieler Philosophen im wahren Sinne des Wortes, also von Freunden des Wissens in allen Bereichen. Hier lebte der große Thales, Mathematiker und Lehrer des jungen Pythagoras. Thales war auch Händler und unternahm viele Reisen. Aus Ägypten, Arabien und dem fernen Indien brachte er mathematische Schätze mit, die zu den Grundlagen der griechischen Mathematik werden sollten. Und niemand war beim Errichten dieser Fundamente einflußreicher als Pythagoras. Aber täuschen Sie sich nicht – in dieser Geschichte steckt viel mehr als nur Mathematik!

Irgendwie, vielleicht beeinflußt von Thales, wurde Pythagoras zum Anhänger einer erstaunlichen Lehre, die direkt auf Ihre Frage nach der unabhängigen Existenz der Mathematik führt. Die Mathematik, wie Pythagoras sie sah, hatte nicht nur eine unabhängige Existenz, sondern auch großen Einfluß auf das Leben. Das beantwortet Ihre zweite Frage. Pythagoras glaubte, daß das, was wir die reale Welt nennen, nicht nur mit Hilfe von Zahlen zu vermessen und nicht nur mit Hilfe von Zahlen zu beschreiben, sondern im Grunde aus Zahlen aufgebaut ist – und ich könnte hinzufügen: nicht aus irgendwelchen Zahlen, sondern aus ganzen Zahlen. Dann kann man die Welt als ganzzahliges Universum bezeichnen, vielleicht auch als eine Art digitales Universum.

Können Sie sich vorstellen, was das bedeutet? Diese Idee ist weit kühner als die zurückhaltende Lehre, die Demokrit 100 Jahre später aufstellte. Darin postulierte er eine Welt, die aus Atomen aufgebaut ist, aus harten, unteilbaren Einheiten. Das waren immerhin materielle Gebilde, während die Einheiten, die Pythagoras vorschwebten, immateriell waren, nämlich ganze Zahlen. Können Sie sich etwas weniger materielles als Zahlen vorstellen? Was für eine Idee! Glauben Sie mir, mein Freund, wir werden Pythagoras noch verstehen."

Diese Gedanken erschlugen mich fast. Mit einer solchen Flut hatte ich nicht gerechnet. Pygonopolis hatte auch etwas von einem Magier an sich, einen Wesenszug, dem ich nicht so ganz vertrauen konnte. Wir setzten uns auf die Tempeltreppe und blickten nach Samos hinüber. Pygonopolis hing seinen Gedanken nach. Allmählich schien das alte Milet um uns lebendig zu werden, erfüllt von Ideen, die niemals sterben würden.

„Ich habe Grund zu glauben, daß Pythagoras hierher oder an andere Orte ging, um mit der – äh – Kommensurabilität zu experimentieren. Was für ein häßliches Wort: ‚Kommensurabilität'! Können Sie erklären, was es bedeutet?"

„Nun, ich will es versuchen." Ich kramte die Definition aus meinem Gedächtnis hervor. „Zwei Längen sind kommensurabel, wenn sie eine Einheit gemeinsam haben, nicht wahr?"

„Genau. Der Pechys und die Kantenlänge dieser Steinplatten sind kommensurabel, weil beide Vielfache derselben Maßeinheit sind, die hier $1/5$ Pechys lang ist."

Hier unterbrach ich Pygonopolis. „Gestatten sie mir eine Frage? Die meisten Menschen sehen wohl keine Notwendigkeit für einen so schwierigen Begriff wie den der Kommensurabilität, weil sie meinen, daß zwei Längen immer eine gemeinsame Maßeinheit haben, nicht wahr?" So weit hatte er mich schon.

„Richtig. Und das können wir ihnen durchaus nachsehen, denn Pythagoras selbst dachte irgendwann auch so. Aber wir überholen uns im Moment sozusagen selbst.

Die Kommensurabilität ist leichter zu verstehen, wenn wir das Pferd anders herum aufzäumen. Fangen wir mit der Maßeinheit oder einfach Einheit an. Nehmen wir an, wir haben irgendeine Einheit. Es ist gleichgültig, welche das konkret ist, und sie kann auch sehr klein sein. Wenn wir zwei Längen mit

je einem ganzzahligen Vielfachen dieser Einheit realisieren,
dann sind diese Längen kommensurabel. Die Längen betragen
beispielsweise 5 Einheiten bzw. 8 Einheiten. Wenn unser Maßstab 5 Einheiten lang ist und die Steine eine Kantenlänge von 8
Einheiten haben, dann wird unser Meßverfahren mit absoluter
Sicherheit zu einem glatten Ergebnis führen. Das war ja auch
der Fall, als ich den Fußboden des Tempels ausgemessen hatte.
Indem ich die Elle mehrmals aneinanderlegte, bestimmte ich ja
eine Gesamtlänge in Fünfteln eines Pechys:

$$5 \quad 10 \quad 15 \quad 20 \quad 25 \quad 30 \quad 35 \quad 40.$$

Nun addieren sich auch die Kantenlängen der Steine, die ich
vermessen habe:

$$8 \quad 16 \quad 24 \quad 32 \quad 40.$$

Sie sehen, ich gelangte zur selben Zahl, nämlich 40. Früher
oder später paßten die 5 Einheiten lange Elle und die 8 Einheiten langen Steine wieder zusammen. Diese Übereinstimmung
ergab sich, weil die beiden Längen eine gemeinsame Einheit
haben. Dabei kommt es aber nicht auf die konkreten Zahlenwerte an, sondern nur darauf, daß dies *ganze Zahlen* sind.

Die Länge dieser Elle ist kommensurabel mit der Kantenlänge der Steine hier hinter uns, denn die Messung ging ja auf. Der
Zusammenhang ist natürlich nicht selbstverständlich, und ich
werde ihn später erklären. Entscheidend ist, daß meine Elle
zum Schluß genau auf einer Fuge landete. Aber im mathematischen Sinne gab es keine Garantie dafür, daß die Elle irgendwann wieder auf eine Fuge kam, selbst dann nicht, wenn der
Fußboden des Tempels unendlich lang wäre! Wenn die Elle
auf einem unendlich langen gefliesten Boden irgendwann wieder auf eine Fuge trifft, so sind beide Längen – die der Elle und
die jedes Steins – kommensurabel. Dann stellt sich heraus, daß
sie eine gemeinsame Maßeinheit haben, eben unser Fünftel eines Pechys.

Aber wir haben bisher sehr schlampig argumentiert. Wir
müssen bei unserer Definition sozusagen noch Fleisch an die
Knochen bringen, denn wir müssen eine exakte Probe auf die
Kommensurabilität zweier Längen konzipieren. Wir lösen uns
nun von den Steinen und betrachten im folgenden zwei Lineale.

Das sind natürlich keine richtigen Lineale, sondern nur zwei
Metallstreifen bestimmter Länge. Das eine Lineal soll die Länge
x haben und das andere die Länge y. Wir können uns für die
Längen x und y jeweils irgendein beliebiges Maß vorstellen.
Was ich im folgenden sagen möchte, gilt für diese beiden unter-
schiedlichen Längen.

x

y

Das Linealspiel.

Dieser Test auf Kommensurabilität ist eine Art Spiel. Wir
spielen es mit den zwei Linealen und beginnen, indem wir deren hintere Enden nebeneinanderlegen. Dann schieben wir das
kürzere der beiden nach vorn, bis sein hinteres Ende dort ist,
wo zuvor sein vorderes war. Damit habe ich Ihnen die einzige
Regel dieses Spieles genannt: Nehmen Sie stets das Lineal, dessen vorderes Ende weiter hinten ist, und schieben Sie es genau
um seine Länge vorwärts. Das ist alles. Die Frage ist: Werden
die beiden Lineale je miteinander abschließen, so daß ihre vor-
deren Enden an der gleichen Stelle sind? Wenn ja, dann gewinnen Sie das Spiel. Die beiden Längen x und y sind dann – äh –
kommensurabel. Wenn die beiden Lineale nie auf die gleiche
Position gelangen, dann verlieren Sie. In diesem Fall sind die
Längen der Lineale nicht kommensurabel."

„Hmm", brummelte ich, „könnte man das nicht sogar ewig
lange spielen?"

„Theoretisch ja, aber das wissen nur wir als Nutznießer der
modernen Mathematik. Uns ist im Gegensatz zu Pythagoras
bekannt, daß es Paare von Längen gibt, für die das Linealspiel
niemals erfolgreich enden wird. Pythagoras wußte natürlich,
daß das theoretisch möglich ist, aber er glaubte, daß es nie geschehen würde. Er war überzeugt, daß die Welt so beschaffen
ist, daß man das Linealspiel letztlich immer gewinnt, gleichgültig, mit welchen Linealen man es spielt.

Wie ich schon erwähnte, war das pythagoreische Universum auf ganzen Zahlen gegründet. Praktisch bedeutete dies, daß alle Längen, ob von Steinen, Linealen oder anderen Gegenständen, letztlich ganzen Zahlen entsprechen. Es gab demnach eine fundamentale Einheit, für die sich herausstellen müßte, daß alle Dinge ein ganzzahliges Maß haben. Diese Theorie könnte mit Hilfe des Linealspiels überprüft werden, das in einer solchen Welt zwangsläufig immer gewonnen würde.

Das Konzept einer fundamentalen Maßeinheit vereinigte Arithmetik und Geometrie auf eine besonders einfache Weise miteinander. Die Arithmetik befaßt sich mit Zahlen und die Geometrie mit Längen. Für jede Länge gab es eine besondere Zahl – eine ganze Zahl –, die eben die jeweilige Länge angab. Früher oder später würde sich herausstellen, daß jede ganze Zahl der Länge von irgend etwas entsprach.

Für Pythagoras wie auch für Thales und andere Griechen der Antike waren Arithmetik und Geometrie bereits verschiedene Erscheinungen der gleichen grundlegenden Realität. Ein Korb mit Feigen enthielt stets eine bestimmte Anzahl von Feigen, und ein Stein hatte immer eine bestimmte Größe. Nun war die erste bekannte Art von Zahlen die der ganzen Zahlen. Aber was für eine Zahl könnte man einem Stein zuweisen? Jeder Maßstab hatte seine Länge, die in der jeweiligen Einheit angegeben wurde, und die Abmessung eines Steins konnte kaum jemals exakt einer ganzen Zahl entsprechen. Es war keineswegs offensichtlich, daß es ein ganz besonderes Lineal gäbe, das in diesen fundamentalen Maßeinheiten, von denen ich schon sprach, geeicht wäre und mit dem die Länge dieses Steins und die Längen aller Steine und aller anderen Gegenstände in ganzen Zahlen meßbar wären."

Pygonopolis hielt inne. „Hören Sie mir nun bitte besonders aufmerksam zu und kümmern Sie sich nicht um Ihren Kassettenrecorder. Sie werden gleich erkennen, wie die gesamte griechische Mathematik aus diesen Überlegungen hervorging, so wie das Goldene Vlies aus den Sonnenstrahlen.

Zuerst möchte ich zeigen, wie Pythagoras die enge Verknüpfung des Linealspiels mit seinem ‚ganzzahligen Universum' bewiesen hätte. Aber das ist eher nebensächlich, verglichen mit dem, was dann folgte. Sein ganzzahliges Universum brach in

sich zusammen, als er ein Paar inkommensurabler Längen entdeckte. Das war für Pythagoras eine ernste Krise. Eine ganz
bestimmte kleine geometrische Figur aus Ägypten hatte zwei
Längen, von denen bewiesen werden konnte, daß sie nicht
kommensurabel sind."

Über Samos zogen sich dunkle Wolken zusammen. Pygonopolis warf einen besorgten Blick in ihre Richtung.

„Nun, worin besteht der Zusammenhang zwischen dem Linealspiel und dem ganzzahligen Universum? Das ist ganz einfach: Im ganzzahligen Universum gewinnen wir das Linealspiel
immer. Und wenn wir das Linealspiel immer gewinnen, müssen wir umgekehrt in einem ganzzahligen Universum sein.
Pythagoras hätte nicht lange gebraucht, um das zu beweisen."

Pygonopolis hielt kurz inne, um Luft zu holen. So warf ich
ein: „Ich wüßte gern, wie Pythagoras solch einen Beweis hätte
führen können, wo die frühen Griechen doch keine Algebra
kannten, nicht einmal multiplizieren oder dividieren konnten,
geschweige denn mit Variablensymbolen arbeiteten."

Punkt-Anordnungen für die Zahl 10.

„Wir modernen Mathematiker können x und y verwenden,
um die unbekannten Längen darzustellen. Dann wenden wir
die Algebra an, um das Ergebnis zu beweisen. Sie haben ganz
recht, wenn Sie darauf hinweisen, daß die Griechen der Antike
weder Algebra betrieben noch ein leistungsfähiges Zahlensystem besaßen. Aber sie hatten etwas beinahe ebenso Gutes,
wenn es darum ging, Ergebnisse zu beweisen. Was die Zahlen
betrifft, verwendete Pythagoras eine Art symbolische Geometrie, in der Zahlen durch bestimmte Anordnungen von Punkten
dargestellt wurden. Diese Anordnungen oder Konfigurationen
konnten Linien, Dreiecke oder Rechtecke sein, jeweils aus
Punkten zusammengesetzt. Beispielsweise konnte er die Zahl
zehn durch 10 Punkte in einer Reihe darstellen, aber auch durch
ein Rechteck, das 2 Punkte breit und 5 Punkte lang ist, oder

durch die berühmte Tetractys-Figur. Sie besteht aus einem
Dreieck mit 4 Punkten auf der Grundlinie, 3 Punkten in der
nächsten Reihe, 2 Punkten in der dritten Reihe und 1 Punkt an
der Spitze. Welche Darstellung er für eine Zahl verwendete,
hing davon ab, was er damit erreichen wollte.

Zum Darstellen algebraischer Zusammenhänge, also von
Verhältnissen oder Produkten unbekannter Größen, verwendete Pythagoras demnach eine geometrische Figur, vielleicht eine,
die das erfolgreiche Ergebnis des Linealspiels für zwei bestimmte Lineale darstellte. Die Abbildung zeigte dann, welche
Positionen von den beiden Linealen eingenommen wurden,
wenn sie auf ihrem Weg zum letzten Ergebnis waren.

Angesichts der Bedeutung von Diagrammen und geometrischen Darstellungen in der griechischen Mathematik bin ich
mir übrigens sicher, daß bei ihrer Entwicklung die Erde selbst
sozusagen als Wandtafel gedient hat. Es heißt ja, Archimedes
sei von einem römischen Soldaten getötet worden, während er
über eine interessante Zeichnung im Sand nachdachte. Ich hoffe
nur inständig, daß es hier keine römischen Soldaten mehr gibt!"
Pygonopolis zeichnete nun die folgende Skizze in den Sand:

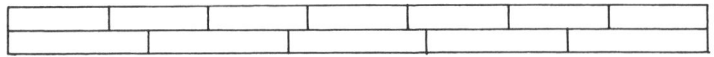

Die beiden Lineale kommen auf die gleiche Gesamtlänge.

„Natürlich weiß niemand genau, wie Pythagoras seine Beweise führte. Nur eines ist gewiß: Die Anwendung von Zeichnungen als Teil strenger Beweise kennzeichnet den einzigarti-
gen Erfolg der griechischen Mathematik. Es ist sehr schwierig,
ein detailliertes Bild zu einer Aufgabe im Kopf zu behalten,
während man über die einzelnen Aspekte nachdenkt. Um den
Geist von dieser Last zu befreien, lernten die Griechen der Antike, Abbildungen mit entsprechender Genauigkeit in den Sand
zu zeichnen. Das war ein einzigartiger technischer Fortschritt.
Das Geniale lag darin, das geometrische Denken der einen oder
anderen Art auf diese Zeichnungen anzuwenden. Dadurch er-
setzten sie die Algebra, über die sie nicht verfügten, durch die
geometrische Logik, die ihnen zu Gebote stand.

Hier liegt ein solcher Fall vor. Wieviel leichter ist es doch mit einer solchen Skizze, über das Linealspiel nachzudenken! Pythagoras hätte es sich wohl etliche Minuten lang angesehen und vielleicht ein paar Bemerkungen über die beiden Längen in seinen Bart gemurmelt. Irgendwann aber hätte er ‚Aha!' ausgerufen. Er hätte nämlich einen Beweis dafür gefunden, daß das Verhältnis der Länge des langen Lineals zu der des kurzen Lineals dem Quotienten zweier ganzen Zahlen entspricht. Von da aus wäre es nur noch ein kleiner Schritt zu der Folgerung gewesen, daß ein gemeinsamer Maßstab existiert. Darauf werden wir noch näher eingehen.

Im ersten und entscheidenden Schritt hätte Pythagoras jedes kurze Lineal in der oberen Reihe einem langen Lineal in der unteren Reihe zugeordnet. Bei diesem Abzählen hätte er dann bemerkt, daß er in der oberen Reihe noch vor dem Ende war, als er es in der unteren Reihe bereits erreicht hatte. Das sah etwa so aus.“ Pygonopolis markierte die entsprechenden Lineale mit einem Kreuz.

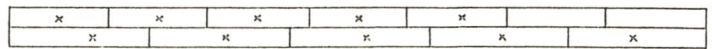

Zuordnen von Linealen in den beiden Reihen.

„Jetzt haben wir in der unteren Reihe alle Lineale markiert, aber in der oberen Reihe nur einen Teil. Weil beide Reihen gleich viele markierte Lineale enthalten, muß das Verhältnis der markierten Gesamtlängen dasselbe sein wie das Verhältnis der Längen der Lineale, die die markierten Gesamtlängen bilden. Das ist doch so, oder?“

Ich antwortete, das sei doch völlig klar. Wenn man die beiden ganzen Zahlen in diesem Verhältnis durch die Anzahl der jeweils markierten Lineale teile, so habe das keinen Einfluß auf den Wert des Verhältnisses. Obwohl dies modernes Denken war oder zumindest zu sein schien, ließ ich es so durchgehen. Wahrscheinlich hatten die Griechen der Antike einen geometrischen Beweis dafür.

„Jetzt sehen wir, wie schön das ist! Pythagoras stellte sich sodann vor, daß die langen Lineale der unteren Reihe alle schrumpften oder gestaucht würden, bis sie die Länge der kurzen Lineale annähmen." Pygonopolis zog rasch ein paar neue Linien in den Sand:

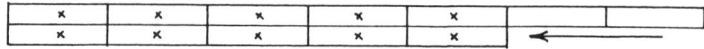

Stauchen der längeren Lineale.

„Sehen Sie nun, was passiert?"

Als mir klar wurde, daß die gestauchte untere Reihe ebenso lang war wie alle markierten Lineale in der oberen Reihe, hatte ich mein Aha-Erlebnis. Ich deutete auf die beiden gleich kurzen Reihen in den beiden Skizzen.

„Sie sind gleich! In beiden Fällen ist das Verhältnis der längeren Reihe zur kürzeren dasselbe. In der vorigen Skizze sahen wir, daß dies einfach das Verhältnis der Länge der langen Lineale zu der der kurzen Lineale war. In der zweiten Skizze ist es das Verhältnis der Anzahl kurzer Lineale zu der der langen Lineale. Aber beide Anzahlen sind natürlich ganze Zahlen. Daher ist das Verhältnis der Lineallängen der Quotient zweier ganzer Zahlen."

Pygonopolis hatte den entscheidenden Beweis geliefert, aber es fehlte noch etwas. Ich bat ihn zu erklären, warum das Verhältnis ganzer Zahlen bedeutete, daß die beiden Längen eine gemeinsame Maßeinheit hatten.

„Dieser Teil ist der leichteste. Teilen Sie das längere Lineal einfach in so viele gleiche Abschnitte, wie die größere der beiden ganzen Zahlen im eben erwähnten Quotienten angibt. Entsprechend teilen Sie das kürzere Lineal in so viele gleiche Abschnitte, wie die kleinere der beiden ganzen Zahlen angibt. Weil das Verhältnis der Längen dem Verhältnis der Anzahlen von Abschnitten entspricht, aus denen die Lineale bestehen, müssen die Abschnitte der beiden Lineale jeweils gleich lang sein und der Maßeinheit entsprechen."

Der Beweis war nicht schwierig gewesen, aber mir schwirrte jetzt doch der Kopf. Die frühe griechische Mathematik unterscheidet sich doch sehr von unserer heutigen, eher algebraischen Denkweise. Ich riskierte nun eine Frage: „Sie haben ge-

rade gezeigt, wie Pythagoras bewiesen haben könnte, daß der
Gewinn des Linealspiels gleichbedeutend ist mit der Existenz
einer gemeinsamen Maßeinheit. Wir würden heute anders vorgehen und mit dem symbolischen Verhältnis x/y arbeiten und
algebraische Methoden anwenden, um das Ergebnis zu beweisen. Ich befürchte, daß meine Frage ein wenig einfältig ist, aber
ich muß sie stellen: Warum sollten zwei völlig unterschiedliche
Denkweisen zum gleichen Schluß kommen?"

Anstatt auf meine Frage unwirsch zu reagieren, wie ich be-
fürchtet hatte, wirkte Pygonopolis eher erfreut.

„Das illustriert sehr schön, wie zwei ganz unterschiedliche
Züge mathematischen Denkens sozusagen im selben Bahnhof
ankommen. Das ist ein ganz besonderes Phänomen, über das
man näher nachdenken sollte. Zwei vollkommen verschiedene
Herangehensweisen an ein Problem – unser moderner algebraischer und der alte geometrische Ansatz – führen zu genau
demselben Ergebnis. Ist das Zufall? Wenn Sie in der Mathematik eine rein kulturelle Betätigung sehen, dann entgeht Ihnen
ein entscheidender Punkt: Meiner Ansicht nach ist es nämlich
kein Zufall." Nun lachte er.

„Wenn manche Menschen über das kulturelle Element in
der griechischen Mathematik sprechen, dann fürchte ich, sie
stellen sich Pythagoras vor, der zum Klang einer Bouzouki am
Strand tanzt wie Alexis Sorbas."

Ein kurzes Donnergrollen zog aus der Ferne über die Meerenge von Samos, wo sich Gewitterwolken zusammengeballt
hatten. Pygonopolis schauderte leicht und blickte schweigend
auf die Zeichnungen im Sand. Nun war ich am Zug.

„Wenn es kein Zufall ist, was ist es dann?" fragte ich.

„Es ist im Grunde das Phänomen der unabhängigen Entdek-
kungen: Die gleiche Idee findet einen ganz verschiedenen Ausdruck durch zwei Menschen oder Gruppen von Menschen, die
räumlich und zeitlich oder durch ihre Kultur voneinander getrennt sind. Dieses Phänomen tritt unzählige Male in der Geschichte der Mathematik auf. Es deutet jeweils darauf hin, daß
sich in der Mathematik etwas Besonderes ereignet. Ich nehme
an, daß meine Überzeugungen sich in diesem Punkt von denen
des Pythagoras nicht sehr unterscheiden. Denn sogar nachdem
sein ganzzahliges Universum zerbrochen war, glaubte Pythago-

ras weiterhin, daß die Mathematik eine unabhängige Existenz habe, allerdings nicht in einem materiellen Sinne. Aber wie, so frage ich mich, nannte er sie?

Pythagoras war ein *Mystiker* im traditionellen Sinn, also jemand, der sozusagen eine innere Disziplin übte, um auf neue Verständnisebenen zu gelangen. Vielleicht werde ich morgen mehr darüber sagen. Im Augenblick kann ich Ihnen nur meine Ansicht darlegen. Er hatte sicher einen Namen für den Ort, an dem die Mathematik existiert. Ich habe versucht, mir vorzustellen, wie dieser Name lauten könnte. Meine wohl beste Annahme ist: der Holos."

„Der Holos?" – Dieses Wort kannte ich nicht.

„Der Holos ist die Heimstatt der Mathematik. Er steht mit dem Kosmos in einer ganz besonderen Verbindung. Der Holos ist die Idee, und der Kosmos ist die Verkörperung."

Pygonopolis hielt wieder inne, um zu verschnaufen. Das neue Wort ging mir im Kopf herum. Der *Holos*, ein schönes Wort, dessen Anfang mit einem weichen ch-Laut ausgesprochen wird, wie der griechische Buchstabe *chi*.

„Vorhin beschrieben Sie das pythagoreische Universum der ganzen Zahlen", bemerkte ich, „aber inzwischen haben Sie eine Tragödie angedeutet. Was war geschehen?"

„Wie ich schon sagte", antwortete er geduldig, „war die wichtigste Stütze des ganzzahligen Universums, wie Pythagoras es sich vorstellte, das, was wir die Hypothese von der kosmischen Kommensurabilität nennen könnten: Zwei Längen sollten stets kommensurabel sein, nicht nur in der Praxis, sondern auch im Prinzip. Es gibt wohl kaum einen Zweifel daran, daß Pythagoras zu der Zeit, als er an dieser Hypothese festhielt, sich alle Mühe gab, sie zu beweisen. Er arbeitete mit geometrischen Mitteln und versuchte einen Ansatz nach dem anderen, aber alles blieb erfolglos. Wie sehr er sich auch wünschte, daß die Hypothese zuträfe – er konnte sie nicht beweisen. Trotzdem stellte er sich weiterhin vor, daß die ganzen Zahlen, insbesondere die Zahl eins, der *Atomos* waren, aus dem die Götter alles erschaffen hatten. Oh, was für ein Schock das war!"

„Was geschah denn?" fragte ich.

„Sein wichtigster Traum wurde zerstört, als Pythagoras das erste Paar inkommensurabler Größen fand. Vielleicht hatte sein alter Lehrer Thales vorgeschlagen zu überprüfen, ob Seitenlänge und Diagonale eines Quadrats kommensurabel sind. Sehen Sie, hier sind die beiden Längen aufgezeichnet:

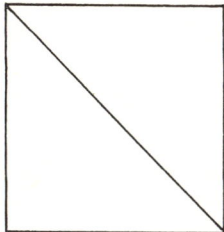

Ein Quadrat mit seiner Diagonalen.

Wenn das Universum auf ganzen Zahlen beruhte, so wären zwei beliebige Längen stets kommensurabel, auch die beiden verschiedenen Längen in dieser so harmlos erscheinenden Skizze. Eine der Längen ist die Seitenlänge des Quadrats, dessen vier Seiten ja alle gleich lang sind. Die einzige andere Länge in dieser Zeichnung ist die der Diagonalen. Es kommt nicht darauf an, wie groß das Quadrat gezeichnet wird, wenn wir nach dem Verhältnis der beiden Längen fragen. Ist das nun ein Quotient zweier ganzer Zahlen oder nicht?

Pythagoras hat darüber vielleicht länger nachgegrübelt, als es eigentlich nötig war. Manchmal erkennen die Mathematiker die Wahrheit über ihre Lieblingsidee erst allmählich, weil sie sich so sehr wünschen, daß sie wahr ist, und daher ständig nach einem Beweis forschen. Sie versuchen dann nie ernsthaft, sie zu widerlegen. Aber jetzt hatte Pythagoras einen neuen Fall vor sich. Wie lange mag es wohl gedauert haben, bis er darin ein klassisches Gegenbeispiel für die Hypothese erkannte?

Eines Tages war es dann soweit. Die Erkenntnis erschütterte ihn, denn sie brachte den auf ganzen Zahlen beruhenden Kosmos zum Einsturz. Doch als Pythagoras den Schock überwunden hatte, fühlte er eine ungeheure Dankbarkeit, denn endlich war die Frage der Kommensurabilität entschieden – allerdings negativ, wie sich herausstellte. Bis dahin kannten die griechischen Mathematiker nur zwei Arten von Zahlen, nämlich die ganzen Zahlen und deren Quotienten. Nun schien eine mysteriöse dritte Art von Zahlen aufzutreten, die eine ganz neue Denkweise erforderte. Eine neue Welt hatte sich eröffnet.

Hier kommt das kulturelle Element ins Spiel. Pythagoras' Dankbarkeit war so groß, daß er in einen Tempel ging (vielleicht gerade in diesen hier) und einen Ochsen als Opfer darbrachte. Wir modernen Menschen können derartige Opfer nicht verstehen. Stellen Sie sich vor, Sie seien wegen irgendeines wunderbaren Ereignisses zutiefst dankbar, wollten ihr Herz von dieser ungeheuren Last der Freude befreien – und kauften einen Mercedes, um ihn in Brand zu setzen!

Die Überlegung, durch die Pythagoras die Inkommensurabilität von Seite und Diagonale eines Quadrats erkannte, ist ganz einfach, wenn wir sie in der modernen Schreibweise formulieren. Aber wir wollen den Beweis hier mehr oder weniger auf dieselbe Weise führen wie Pythagoras. Wir benutzen also keine Algebra, aber wir bezeichnen bestimmte Teile der Skizze, das heißt die Strecken, mit Buchstaben. Die kurze Seitenlänge nennen wir x und die (längere) Diagonale y. Das sind, da werden Sie zustimmen, keine algebraischen Variablen. Wir beginnen mit der Zeichnung, die Pythagoras von Thales übernahm.

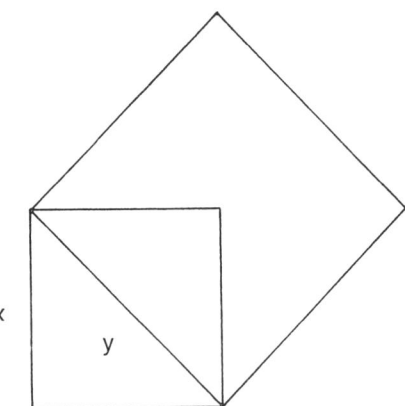

Das Quadrat mit dem Quadrat über seiner Diagonalen.

Thales war in Ägypten gewesen und hatte dort von den Priestern vieles gelernt, darunter diesen interessanten Zusammenhang zwischen Seitenlänge und Diagonale des Quadrats."

Pygonopolis zeichnete nun das zweite Quadrat ein, das gegenüber dem ersten verdreht war. Die Seitenlänge des neuen Quadrats war die Diagonale des ersten.

„Die Ägypter, die unter denselben Beschränkungen wie die Griechen litten, waren aber so findig gewesen, eine besondere Beziehung zwischen den beiden Quadraten zu erkennen. Das größere hat nämlich eine doppelt so große Fläche wie das kleinere. Die Ägypter bewiesen das auf recht einfache Weise. Wir fügen zwei neue Linien hinzu – ich zeichne sie hier gestrichelt – und erkennen dann leicht, daß das große Quadrat dadurch in vier Dreiecke geteilt wird, während das kleine Quadrat durch seine Diagonale in zwei ebenfalls gleiche Dreiecke geteilt wird. Nun ist 4 gleich 2 mal 2. *Quod erat demonstrandum* – was zu beweisen war –, wie die Lateiner später sagen sollten."

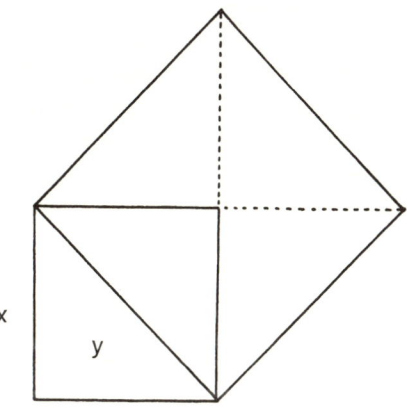

Der ägyptische Beweis.

Pygonopolis löschte jetzt die beiden Hilfslinien, indem er den Sand behutsam glattstrich. So entstand wieder die vorige Zeichnung. Geistesabwesend wischte er sich die Hände am Anzug ab und ärgerte sich sofort darüber: „Oh, wie ungeschickt von mir! Sehen Sie nur, was ich getan habe!" Er brauchte dann ein Weilchen, um den Sand wieder aus seinem Anzug zu klopfen, und runzelte die Stirn.

„Nach einigen vergeblichen Versuchen, wie sie Mathematiker ja gewohnt sind, fand Pythagoras den ersten Schritt für sei-

nen Beweis. Wenn die Strecken x und y kommensurabel wären,
dann hätten sowohl x als auch y ganzzahlige Längen, gemessen
in der Einheit ihrer Kommensurabilität. Pythagoras achtete darauf, daß diese ganzen Zahlen die kleinsten waren, die diese
Eigenschaft aufwiesen. Das bedeutete, daß sie keinen gemeinsamen Faktor haben konnten.

Er konnte nicht nur die Strecken x und y als Reihen von
Punkten (Einheiten) darstellen, sondern auch aufzeichnen, wie
die beiden Quadrate aus solchen Punkten gebildet werden.
Insbesondere mußte die Anzahl von Punkten im großen Quadrat eine gerade Zahl sein, denn es hatte ja eine zweimal so
große Fläche wie das kleine Quadrat, enthielt also doppelt so
viele Punkte. Nun fragte sich Pythagoras: ‚Kann eine ungerade
Zahl beim Quadrieren eine gerade Zahl ergeben?'"

Hier unterbrach ich: „Mein lieber Professor Pygonopolis, ich
entnahm Ihren Ausführungen, Pythagoras habe keine Algebra
gehabt. Und das bedeutet doch, er konnte nicht quadrieren."

„Keineswegs, Kollege Dewdney. Wie ich schon erläutert habe, konnten die alten Griechen mit Hilfe der Geometrie multiplizieren, also auch quadrieren. Dabei stellten sie eine Zahl als
eine Reihe von Punkten dar. Um die Zahl geometrisch zu quadrieren, machten sie buchstäblich ein Quadrat daraus. Sie füg-
ten genau so viele Punktreihen hinzu, daß insgesamt so viele
Reihen entstanden, wie die ursprüngliche Reihe Punkte hatte.
Dabei ergab sich zwangsläufig ein Quadrat, wie ich es hier
zeichne. In jedem Fall war die gesamte Anzahl von Punkten
im Quadrat gleich dem Produkt aus den Punktanzahlen der
Grundlinie und einer der senkrechten Seiten.

Pythagoras wußte zweifellos schon – und hatte es auch bewiesen –, daß bei diesem geometrischen Quadrieren einer ungeraden Zahl die Gesamtzahl von Punkten im großen Quadrat
auch immer ungerade ist. Und beim Quadrieren einer geraden
Zahl ergibt sich stets eine gerade Zahl. Wie die Ägypter erkannt
hatten, hat das größere Quadrat eine zweimal so große Fläche
bzw. Punktanzahl wie das kleine. Das bedeutet also, daß die
Fläche des großen Quadrats, das heißt die Punktanzahl in ihm,
immer gerade sein muß. Wie wir aber schon gesehen haben,
kann das nur dann der Fall sein, wenn die Seitenlänge, die
quadriert wird (nämlich y) auch eine gerade Punktanzahl hat.

○ ○ ○ ○ ○ ○ ○ ○
○ ○ ○ ○ ○ ○ ○ ○
○ ○ ○ ○ ○ ○ ○ ○
○ ○ ○ ○ ○ ○ ○ ○
○ ○ ○ ○ ○ ○ ○ ○
○ ○ ○ ○ ○ ○ ○ ○
○ ○ ○ ○ ○ ○ ○ ○
○ ○ ○ ○ ○ ○ ○ ○

Das geometrische Quadrieren einer Zahl.

Jetzt kommt der springende Punkt. Wenn y eine gerade Anzahl von Punkten hat, dann hat sein Quadrat nicht nur eine doppelte (und deshalb ebenfalls gerade) Anzahl von Punkten, sondern gleichzeitig eine vierfache. Wir würden heute sagen, das Quadrat von y ist ein Vielfaches von 4.

Erinnern wir uns nun an die Erkenntnis der Ägypter, nach der das Quadrat von y doppelt so groß ist wie das Quadrat von x. Aber das Quadrat von y ist ebenso das Vierfache einer Zahl bzw. ein Vielfaches von 4. Das bedeutet wiederum, daß das Quadrat von x das Zweifache einer Zahl bzw. ein Vielfaches von 2 sein muß. Sehen Sie, wohin das führt?"

„Wenden Sie die Argumentation jetzt auch auf x an?"

„Ja. Als Pythagoras für x denselben Gedankengang durchführte, wie er es zuvor für y getan hatte, erkannte er schließlich, daß diese beiden Längen aus einer geraden Anzahl der fundamentalen Einheiten bestehen, aus denen sie aufgebaut sind. Das bedeutet aber: Wenn man jede der zwei ganzen Zahlen halbiert, erhält man neue, kleinere ganze Zahlen, die ebenfalls die Eigenschaft aufweisen, daß ihr Verhältnis gleich dem von x zu y ist. Weil aber die anfangs angesetzten ganzen Zahlen schon als kleinstmöglich angenommen wurden, ergibt sich ein Widerspruch. Die Logik hat in eine Sackgasse geführt. Die griechischen Mathematiker wußten – ebensogut wie wir heute –, daß in einem solchen Fall eine der anfänglichen Annahmen, die in den Beweis eingingen, falsch sein mußte. Hier gab es jedoch nur eine Annahme: Die Längen x und y sollen kommensurabel sein. Der aufgetretene Widerspruch bedeutet daher, daß sie nicht kommensurabel sein können."

Pygonopolis seufzte tief auf. „Können Sie ermessen, was dieser Moment für Pythagoras bedeutete? Da lag zweifellos ein neues Ergebnis auf dem Tisch. Anstatt den lange gehegten Grundsatz zu beweisen, daß zwei beliebige Längen stets kommensurabel sind, hatte er genau das Gegenteil bewiesen: ‚Es existiert zumindest ein Paar inkommensurabler Längen.‘ Obwohl das seiner bisherigen Lehre widersprach, wenigstens in ihrer damals aktuellen Form, wage ich zu behaupten, daß Pythagoras insgeheim froh war. Er spürte, daß er noch höher steigen, gar den Olymp erklimmen könnte. Der numerische *Atomos* war tiefgründiger und komplizierter, als er vermutet hatte. Es war also auch eine andere Art von Zahlen im Holos und damit auch im Kosmos verborgen. Diese Zahlen waren weder ganze Zahlen noch Quotienten ganzer Zahlen. Wir nennen sie heute irrationale Zahlen."

Es hatten sich noch mehr Wolken über der Meerenge von Samos zusammengeballt. Immer häufiger rollte heftiger Donner über das Meer.

Inzwischen war es später Nachmittag geworden. Pygonopolis nahm seinen Hut und ging langsam in den Tempel. Ich blieb noch leicht benommen stehen und sah ihm nach, wie er seine Aktentasche holte. Dann kam er lächelnd die Treppe herunter.

„Ich habe das Gefühl, als ob ich Sie etwas überfahren habe. Bitte verzeihen Sie mir, aber die Geschichte von Pythagoras und den inkommensurablen Längen ist für mich sehr aufregend. Sie offenbart so vieles über die frühe Mathematik, und wir müssen unsere Phantasie nur ein wenig anstrengen, um zu verstehen, wie unsere frühen Kollegen gearbeitet haben."

Ich nickte dazu, und wir gingen zu unseren beiden Autos. Es regnete heftig, als wir nordwärts nach Izmir fuhren. Ich hatte gehofft, auf der Fahrt über das nachdenken zu können, was ich gerade gelernt hatte. Aber es blieb mir kein ruhiger Moment dafür, denn ich hatte Mühe, Pygonopolis mit seinem gemieteten Mercedes zu folgen. Er fuhr wie ein Verrückter, trotz des schlechten Straßenzustands. Ich war sehr erleichtert, als wir die Vororte von Izmir erreichten.

Pygonopolis und ich aßen im Hotel gemeinsam zu Abend. Es gab Meeresfrüchte aus dem Mittelmeer. Ich fragte Pygonopolis nach näheren Einzelheiten zum Holos und konnte daher

essen, während er meistens sprach. So war ich lange vor ihm
fertig. – „Was genau ist denn der Holos Ihrer Ansicht nach?"
begann ich.

„Der Holos ist der Ort, an dem alle Mathematik existiert, die
bekannte und die noch unbekannte", antwortete er recht unbeschwert. „Hier befinden sich die Definitionen, die Axiome, die
Deduktionsregeln, die Lehrsätze und die Beweise. Hier befinden sich zudem alle Zahlen, Zahlensysteme, Mengen, Gruppen
und so weiter und so fort."

Ich hakte nach: „Aber was ich wirklich wissen will, ist, *wie*
diese Dinge existieren können. Existieren sie selbständig, wie
dieser Stuhl?"

„Das ist eine schwierige Frage", entgegnete er, „denn die
Existenz dieser Dinge scheint vom menschlichen Geist abzu-
hängen, aber in Wahrheit ist das nicht so. Denken Sie beispielsweise an die Zahl drei. Wo es von irgend etwas drei gibt, ist die
Zahl drei gegenwärtig, nicht nur als Begriff.

Zum Beispiel sind auf meinem Teller noch drei Garnelen
übrig. Genau drei. Diese ‚Dreiheit' von Garnelen legt nun fest,
wie viele Garnelen ich noch essen kann, ohne nachzubestellen.
Kurz gesagt, ich kann nicht mehr Garnelen essen, als auf meinem Teller liegen. Die Dreiheit der Garnelen zeigt sich nicht nur
unseren Sinnen und unserem Geist, sondern sie hat auch eine
funktionale Bedeutung, die über meine Vorstellung von einer
Dreiheit hinausgeht. Daß ich nicht in der Lage bin, mehr als
drei Garnelen von meinem Teller zu essen, hat nichts mit meiner Vorstellung von einer Dreiheit zu tun, nicht einmal mit der
Tatsache, daß ich es bin, der hier sitzt. Jeder andere stünde den
gleichen Möglichkeiten gegenüber. Und wenn ich zehn weitere
Garnelen bestellte, könnte ich mir ausrechnen, daß dann drei-
zehn Garnelen auf meinem Teller lägen. In dieser Weise – zuweilen einfach und zuweilen komplizierter – bestimmt die Mathematik die Welt. So greifen Holos und Kosmos ineinander."

„Wenn ich Sie richtig verstehe", hakte ich nach, „ist der
Holos ein realer Ort, allerdings nicht in der gewöhnlichen Bedeutung dieses Wortes, nach der er in unserem Universum
oder Kosmos lokalisierbar wäre. Jedoch regelt er zumindest
in gewissem Ausmaß das, was in unserer Welt, im Kosmos,
geschieht. Soweit kann ich Ihnen folgen; allerdings ist mir nicht

ganz klar, wieviel von dieser Theorie auf Petros Pygonopolis und wieviel auf Pythagoras zurückgeht."

„Die Theorie des Holos, wie ich ihn beschreibe, ist vollständig von mir. Eine etwas strapazierte Phantasie, wenn Sie so wollen. Aber ich kann mich des Eindrucks nicht erwehren, daß Pythagoras über die Mathematik in recht ähnlicher Weise dachte. Er hatte erkannt, wie Zahlen geradezu verschwinden, wenn man sich überlegt, was alle Ansammlungen von drei Dingen gemeinsam haben. Er hatte auch erkannt, wie Linien verschwinden, wenn sie noch genauer gezeichnet werden, fein eingeritzt in glatte, ebene Steinflächen. Er hatte dann (wie das heutzutage jedem möglich ist) erlebt, wie diese Vorstellungen, wenn man sie näher untersucht, zurückweichen, als würden sie zum Holos zurückfliehen. Doch sie schreiten fort, um zu anderen Zeiten die Führung zu übernehmen."

„Heute nachmittag machten Sie einen Scherz über Pythagoras, der zu Bouzouki-Klängen am Strand tanzte." Ich hatte nicht verstanden, worauf sich das bezog. „Ich nehme an, er tat das nicht wirklich; aber welche Rolle spielte die frühe griechische Kultur in der griechischen Mathematik?"

„Lassen Sie mich eine Analogie heranziehen. Die Mathematik ist wie das Rad. Fast jede Kultur hat ihr Rad, und die Räder, die in verschiedenen Kulturen angefertigt werden, sehen jeweils anders aus. Das Rad eines ägyptischen Streitwagens unterscheidet sich sehr von dem eines mittelalterlichen europäischen Ochsenkarrens, und diese beiden Räder sind wiederum kaum vergleichbar mit denen eines Autos. Und doch funktionieren alle Räder nach genau dem gleichen Prinzip.

Trotzdem sind kulturelle Aspekte entscheidend, wenn man die griechische Mathematik verstehen will – nicht so sehr ihre Gültigkeit oder ihre Allgemeinheit als vielmehr ihre Richtung. Zum einen werden Sie nichts finden, was von meinen Vorgängern entdeckt wurde und nicht auch von einem Südseeinsulaner hätte entdeckt werden können. Aber Sie könnten auch feststellen, daß der Südseeinsulaner an Pythagoras' Problemen nicht sonderlich interessiert ist, so daß es recht unwahrscheinlich ist, daß er diese Fragen überhaupt behandelt. Es war die antike griechische Kultur, die Pythagoras' Denken formte. Im Zentrum dieser Kultur residierten die Götter. Er nahm sie als vollkommen real an, und seine tiefschürfendsten Gedanken über die prinzipielle Anlage des Kosmos schlossen zwangsläufig die Götter ein. Er glaubte an ein lenkendes Wesen wie Zeus, der von anderen Wesen im Pantheon unterstützt wurde. Aber das war in der Analogie das Pferd, das Pythagoras' Wagen zog, und nicht der Wagen selbst. Diese göttlichen Wesen spornten ihn in seiner Forschung an, inspirierten ihn sogar, spielten aber keine Rolle bei dem, was Pythagoras wirklich entdeckte – abgesehen natürlich von ..."

Pygonopolis war nach dem etwas reichlichen Essen stark ins Schwitzen geraten. Er hielt inne und wischte sich mit dem Taschentuch das Gesicht ab.

„Lassen Sie uns über Pythagoras nur sagen, daß das lenkende Wesen Anhaltspunkte über sich selbst hinterließ und daß Pythagoras sich in seinem Bestreben, den Olymp zu erklimmen, die Rolle eines kulturellen Halbgotts zuschrieb. Er sah in der Mathematik den Weg zu der Erkenntnis, wie sie nur Göttern eigen ist. Logische Konsequenzen waren in das Gefüge der realen Existenz eingebunden. Es war sicher, zu wissen, wie die Götter *wirkten*."

Pygonopolis sah mich mit seinen dunkelbraunen Augen durchdringend an. Mir schauderte ein wenig, als ich für einen Augenblick das Gefühl hatte, er wisse viel mehr, als er erkennen ließ. Ich ertappte mich bei dem Gedanken, daß Pygonopolis im Grunde an die alten Götter glaubte – aber plötzlich verflog diese Stimmung.

„Morgen früh nehmen wir das Flugzeug nach Athen. Es ist spät geworden."

Pygonopolis blickte auf seine Armbanduhr. Dabei sah ich auf seiner linken Hand einen kleinen blauen Stern eintätowiert. Ich schaute schnell weg, als Pygonopolis mich wieder ansah.

Als wir uns trennten, sagte er zu mir: „Sie können gar nicht ermessen, was es für mich bedeutet, einen wirklichen Zuhörer zu haben."

KAPITEL 2

Ein Lehrsatz entsteht

Am frühen Morgen fuhren Pygonopolis und ich mit einem Zubringerbus zum Flughafen und stiegen in das Flugzeug nach Athen. Wir waren bald hoch über der Ägäis, und die Insel Samos glitt unter uns nach Süden hinweg. Die Sonne strahlte und vertiefte das Blau des Meeres. Pygonopolis wies mich auf einen Öltanker hin, der scheinbar unbeweglich verharrte, aber dennoch ein helles Kielwasser hinter sich her zog.

„Sie müssen sich das Mittelmeer und seine Umgebung vor 2500 Jahren vorstellen", sagte er. „Nicht mit derart riesigen Schiffen, sondern mit kleinen Segelbooten, die wir von hier oben kaum sehen könnten. Ah, was waren das für Zeiten! Stellen Sie sich vor: Griechen, Ägypter, Phönizier, Berber und all die anderen. Das Mittelmeer war das Zentrum einer erhabenen Welt, die zu Zeiten Homers von den Göttern beherrscht wurde. Wir könnten aus dieser Höhe wahrscheinlich auch nicht das kleine Schiff erkennen, das Pythagoras von Milet nach Kroton brachte, einer griechischen Kolonie in Italien. Dort gründete er dann eine Schule, die sich dem logischen Denken und den Mysterien widmete."

„Den Mysterien?" fragte ich.

„Ja, so etwas wie Eleusinischen Mysterien, einer geheimnisvollen Schule mit sorgfältig ausgewählten Studenten, die die

Arbeit des Pythagoras nach seinem Tode fortführen sollten.
Wenn uns die Götter wohlgesonnen sind" – hier blinzelte er mir
zu, um anzudeuten, daß er nicht im Ernst sprach – „werden wir
am Nachmittag in meinem Büro an der Athener Universität
sein, und ich werde Ihnen die Geschichte von Pythagoras'
größter Leistung erzählen. Inzwischen möchte ich noch einige
Fragen beantworten, die gestern abend offen geblieben sind."

„Welche Fragen meinen Sie?"

„Über Irrwege und über Zahlen. Vor dem Einschlafen habe
ich überlegt, wie Irrwege und die Möglichkeit, jeden eigenen
falschen Schritt zu verfolgen, die mathematische Forschung
vorantreiben. Nicht jeder versteht, was Francis Bacon meinte,
als er sagte: ‚Die Wahrheit kommt durch Fehler leichter voran
als durch Verwirrung.' Mit anderen Worten, es ist besser, an
einer Hypothese zu arbeiten, die sich letztlich als falsch her-
ausstellt, als gar keine Hypothese zu haben."

„Glauben Sie, Pythagoras wußte, daß seine Vorstellung von
einem Kosmos, der sich auf ganzen Zahlen gründet, falsch sein
könnte?" fragte ich.

Pygonopolis setzte sich in gespieltem Erstaunen steil auf.

„Natürlich. Wir Griechen haben ja den Begriff *Hypothese* geprägt. *Hypo* bedeutet zugrundeliegend, und *These* meint die
Vorstellung oder Theorie, zumindest in diesem Zusammenhang. Es ist ein wichtiges Prinzip, daß man eine Hypothese zuerst überprüfen muß, bevor man weitere Argumente darauf
gründet. Jene kleine Zeichnung aus Ägypten mit der Diagonalen des Quadrats hat das Fundament zerstört. Sie zwang Pythagoras, seine Hypothese aufzugeben. Andererseits war er frei, sie
zu modifizieren, was er wohl auch getan hat. Wir wissen nicht
im einzelnen, wie er vorging. Aber weil er und die Gemeinschaft der Pythagoreer, die er später gründete, die Zahlen weiterhin als die Basis der Realität ansahen, mag er einen angemes-
senen Platz für die neuen Zahlen gefunden haben. Schließlich
versprachen sie das Bindeglied zwischen Geometrie und Arithmetik zu sein; und das bringt mich auf die zweite offene Frage
von gestern.

Es ist merkwürdig, daß jene Geraden, aus denen die frühen
Mathematiker ihre geometrischen Gebilde formten, die neuen
Zahlen in sich integrierten. Sie wußten sehr gut über Folgendes

Bescheid: Wenn man einen Punkt auf einer geraden Linie an-
bringt und dann darauf in einer Richtung voranschreitet, dann
liegt jeder Punkt auf dieser Geraden in einer bestimmten Entfernung vom Ausgangspunkt. Bis zur Katastrophe der Inkommensurablen hätte Pythagoras behauptet, daß alle Entfernungen auf der Geraden rationalen Zahlen entsprechen.

Wenn man die Seitenlänge des ägyptischen Quadrats als eine Einheitsstrecke in irgendeinem Maßstab ansetzt, dann wird
die Fläche dieses Quadrats auch eine Einheit sein, also gleich 1.
Wie Sie vielleicht von gestern in Erinnerung haben, ist die Fläche des Quadrats über der Diagonalen zweimal so groß, also
gleich 2. Das bedeutet, daß die Länge der Diagonalen nach dem
Quadrieren den Wert 2 ergibt. Pythagoras wußte daher, daß
diese neue inkommensurable Größe – die nicht mit irgendeiner
ganzen Zahl oder einer rationalen Zahl vereinbar ist – gleich der
Quadratwurzel aus 2 ist. Ich finde es interessant, daß Pythagoras diese neue Art von Zahlen αλογοσ [a-logos] nannte, was
soviel wie ‚unlogisch' bedeutet. Wir sprechen heute von irrationalen Zahlen und meinen damit, daß sie keinem Verhältnis
zweier ganzer Zahlen entsprechen.

Die Wurzel aus 2 ist also keine rationale Zahl, und das kann
umgekehrt nur bedeuten, daß ihre Interpretation durch so ein
einfaches Objekt wie eine normale abgemessene Strecke leider
unvollständig war. Keine gerade Linie, die einer rationalen Zahl
entspricht, paßt genau in die Strecke, die die Quadratwurzel
aus 2 repräsentiert. Es bleibt vielmehr immer eine, wenn auch
sehr geringe Differenz. Und was wäre nun, wenn es noch viele
weitere irrationale Zahlen gäbe, ganz zu schweigen von anderen Arten irrationaler Zahlen? Erst im neunzehnten Jahrhundert
erhielten wir ein vollständiges Bild des sogenannten Kontinu-
ums, das mit Hilfe der Zahlengeraden dargestellt wird. Wie
sich herausstellte, sind die irrationalen Zahlen eine unvorstell-
bar gewaltige Menge, die noch mächtiger ist als die auch schon
unendlich vielen rationalen Zahlen. Doch wir entdeckten außerdem, daß es auf der Zahlengeraden keine weiteren Zahlen-
arten gibt, sondern nur die ganzen, die rationalen und die irrationalen Zahlen."

Hier warf ich ein: „Sah Pythagoras die irrationalen Zahlen
wirklich als ‚unlogisch' an?"

„Nun, ‚unlogisch‘ ist im Grunde keine gute Übersetzung des Begriffs *alogos*. Pythagoras fand die irrationalen Zahlen ja durch logisches Denken, so daß man sie eigentlich nicht unlogisch nennen darf. *Alogos* bedeutet etwas anderes, nämlich etwas jenseits der Grenzen des Erlaubten.“

Unser Flugzeug landete in Athen, und wir fuhren vom Flughafen zur Universität. Dabei kamen wir an der Akropolis vorbei, die vom Parthenon beherrscht wird. Auf manchen Straßen unterhalb der alten Tempel und des antiken Stadtzentrums sahen wir Prostituierte, Männer wie Frauen. Pygonopolis gluckste leise und brach dann plötzlich in Gelächter aus. „Was wir hier sehen, erinnert mich an einen Witz. Welches ist das zweitälteste Gewerbe der Welt?“

Ich gestand, das nicht zu wissen. „Die Mathematik natürlich!“ Pygonopolis schlug sich vor Vergnügen auf die Knie. Als er sich wieder gefaßt hatte, fragte er: „Auf welchem anderen Gebiet menschlicher Forschung gibt es denn Ergebnisse, die 2 500 Jahre alt sind und heute noch verwendet werden?“ Ich nickte, während er das Auto parkte.

Aus seinem Büro hatte man einen schönen Blick auf einen Hof mit Oliven- und Feigenbäumen. „Ich würde gern hinuntergehen und Skizzen in den Boden kratzen“, sagte Pygonopolis, „aber die Wandtafel ist doch praktischer. Ich möchte jetzt die Geschichte von Pythagoras zu Ende führen. Gestern hörten Sie vom Untergang einer Theorie, und heute berichte ich Ihnen von der Geburt eines Lehrsatzes, seines bedeutendsten. Ich glaube, Sie wissen, welchen ich meine.“

Pygonopolis zeichnete ein rechtwinkliges Dreieck an die Tafel und beschriftete die Seiten des Dreiecks mit den Buchstaben *a*, *b* und *c*, wie es nebenstehend dargestellt ist.

Dann errichtete er über jeder Dreieckseite deren Quadrat und schrieb an die Seite *c* den Begriff „Hypotenuse“.

„Der Satz des Pythagoras besagt, wie Sie wissen, daß zwischen den Quadraten der Seitenlängen eines rechtwinkligen Dreiecks eine bestimmte Beziehung besteht.

Das Quadrat über der Hypotenuse ist gleich der Summe der Quadrate über den beiden anderen Seiten. Algebraisch schreiben wir:

$$c^2 = a^2 + b^2.$$

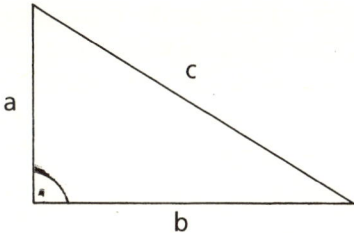

Ein rechtwinkliges Dreieck mit den Seiten a, b und c.

Es ist ein seltsamer Lehrsatz, einer, der sich Anfängern nur langsam erschließt. Wenn ich ihnen erkläre, daß die Fläche des großen Quadrats über der längsten Seite gleich der Summe der Flächen der beiden anderen Quadrate ist, dann werden die meisten nur sagen: ‚Na und?' Darauf erwidere ich, daß diese Aussage ausnahmslos auf jedes nur mögliche rechtwinklige Dreieck zutrifft. Und ich füge hinzu, daß die Wahrheit dieser Aussage durchaus nicht offensichtlich ist. Großer Zeus! Warum in aller Welt sollten die Quadrate über den drei Seiten diese besondere Beziehung zueinander haben? Warum nicht eine andere? Warum überhaupt eine?

Und wenn das noch nicht überzeugt, füge ich hinzu, daß der Satz nicht nur wahr ist, sondern auch die Basis aller geometrischen Zusammenhänge darstellt und bei unzähligen Berechnungen, die wir tagtäglich ausführen, eine entscheidende Rolle spielt. Beispielsweise lokalisieren wir Punkte in unserem dreidimensionalen physikalischen Raum durch ihre Koordinaten, die wir in der Ebene hier einfach x und y nennen wollen."

Pygonopolis schrieb nun auch die Koordinaten der Hypotenuse an die Tafel. „Solche Koordinaten definieren, beispielsweise auf einer ebenen Landkarte, jeden Punkt mit Hilfe zweier Zahlen, die den Abstand von einem Bezugspunkt angeben, der nicht unbedingt auf der Karte liegen muß. Es gibt einen horizontalen Abstand, die x-Koordinate, und einen vertikalen, die y-Koordinate. Wie lang sind nun die beiden Seiten a und b am rechten Winkel unseres Dreiecks? Nun, ihre Längen sind einfach gleich den Differenzen $(x_1 - x_2)$ und $(y_2 - y_1)$. Jetzt quadrieren wir diese Längen und addieren die erhaltenen Werte. Das ergibt nach dem Satz des Pythagoras das Quadrat des Abstands

zwischen den beiden Punkten. Wir ziehen also die Quadratwurzel daraus und erhalten den Abstand selbst. Derartige Berechnungen werden jeden Tag millionenfach in Navigations-
computern von Flugzeugen, Schiffen und Raumfahrzeugen
durchgeführt.

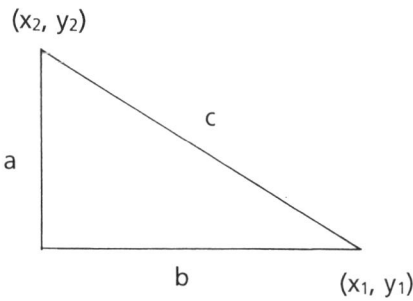

Der Lehrsatz hat viele Anwendungen.

Wenn wir uns das vor Augen halten, dann wird uns die
schier unglaubliche Macht der Mathematik klar. Wäre der Satz
des Pythagoras nicht absolut richtig, so würden Flugzeuge ab-
stürzen, Schiffe stranden und Raumfahrzeuge in den Weiten
des Weltraums auf ewig verlorengehen. Warum würde das geschehen? Weil der Raum natürlich genau die Eigenschaften auf-
weist, die der Lehrsatz voraussetzt. Ich könnte darüber noch
viel mehr sagen, aber ich befürchte, abzuschweifen."

„Eigentlich wollen wir darauf hinaus, wie ein Lehrsatz entsteht", warf ich ein. „Erzählen Sie mir später von den Anwendungen, wenn Sie so freundlich sein wollen."

„Wie fand Pythagoras diesen erstaunlichen Lehrsatz? Sie
werden sich erinnern, daß seine Zahlenwelt mit der Entdek-
kung inkommensurabler Zahlen zusammenbrach. Gestern deutete ich an, daß Pythagoras insgeheim erleichtert war. Er spürte,
daß höhere Ziele vor ihm lagen und er den Olymp erklimmen
könnte. Eine andere Art von Zahlen harrte der Entdeckung, in
der Geometrie und daher auch in der Welt.

Wo sonst könnte er dieses mysteriöse neue Universum
erkunden als in der Zeichnung, die sich zunächst als so ‚wider-
spenstig' erwiesen hatte? Ich meine jenes vertrackte kleine Quadrat aus Ägypten." Pygonopolis skizzierte das ursprüngliche

Quadrat mit seiner Diagonalen und wischte die Hälfte davon
weg, so daß ein rechtwinkliges Dreieck übrigblieb. Dann bezeichnete er die Diagonale mit c und die anderen beiden Seiten
mit a und b. Weil dieses Dreieck einem halben Quadrat entspricht, ist in diesem Falle $a = b$.

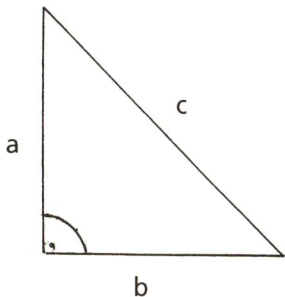

Das erste Beispiel für den Lehrsatz.

„Gestern hatten wir bewiesen, daß hier $c^2 = 2a^2$ ist. Das war
der Kern der Überlegung, die zeigte, daß a und c nicht kommensurabel sein können. Wie praktisch, daß die Quelle des Problems, diese verwünschte ägyptische Frage, sozusagen als Entschädigung ein völlig neues Ergebnis hervorbrachte! Denn die
Aussage, deren Gültigkeit Pythagoras schon vermutete, steckte
direkt in dieser Zeichnung. Er erkannte, daß c^2 gleich $a^2 + b^2$ ist.
Mit anderen Worten: Das Quadrat über der Hypotenuse (c) ist
gleich der Summe der Quadrate über den anderen beiden Seiten. Hier sind die Seiten a und b gleich lang. Das war doch we-
sentlich für den Lehrsatz, oder nicht?"
Er wartete nicht auf meine Antwort, sondern fuhr fort:
„Natürlich nicht! Das gleiche galt nämlich auch für andere
rechtwinklige Dreiecke. Die Ägypter kannten beispielsweise
schon Jahrhunderte zuvor eine besondere Figur, das sogenannte 3-4-5-Dreieck oder Maurerdreieck. Ihre Baumeister benutzten
es offenbar häufig als bequeme Möglichkeit, einen rechten
Winkel zu realisieren. Sie nahmen ein langes Seil und knoteten
seine beiden Enden zusammen. Zwei weitere Knoten im Seil
teilten es in insgesamt drei Teile, deren Längen beispielsweise 3,
4 bzw. 5 Ellen betrugen. Wenn sie dieses Seil auf dem Boden

ausbreiteten, wie in der Skizze gezeigt, und an jedem Knoten einen Pflock in den Boden schlugen, dann entstand ein rechtwinkliges Dreieck. Mit einem derart einfachen Instrument konnten sie einen rechten Winkel realisieren, dessen Genauigkeit für den Bau von Gebäuden oder Grabmalen völlig ausreichte.

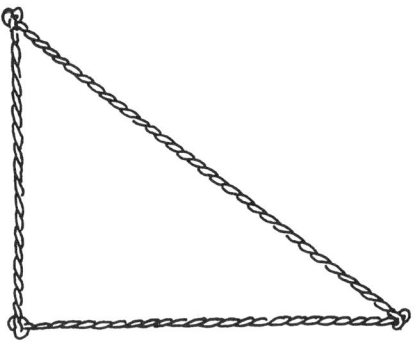

Der ägyptische Seiltrick.

Zweifellos hatte Thales dem Pythagoras diese Methode geschildert. Wie konnten sie beide übersehen, daß die drei Seitenlängen eine besondere Beziehung zueinander haben, wenn man sie quadriert?

$$3^2 + 4^2 = 5^2.$$

Und wie konnte Pythagoras daran vorbeikommen, daß Entsprechendes auch für andere rechtwinklige Dreiecke gilt? Er untersuchte zunächst solche rechtwinkligen Dreiecke, bei denen alle Seiten – in derselben Einheit gemessen – ganzzahlige Längen haben, zum Beispiel das 3-4-5-Dreieck. Solche Dreiecke heißen heute pythagoreische Dreiecke. Er gab ihnen vermutlich einen anderen Namen, und ich möchte sie hier *Atomagons* nennen. Die Seitenlängen solcher Dreiecke sind also, anders als beim oben dargestellten ‚verwünschten‘ Dreieck, sämtlich ganzzahlig und daher völlig kommensurabel. Nirgendwo lauert eine Quadratwurzel aus 2. Pythagoras wußte: Wenn der Lehrsatz für alle rechtwinkligen Dreiecke gilt, mit kommensurablen oder mit nicht kommensurablen Seiten, dann gilt er auch für alle Atomagons. So hoffte Pythagoras, daß der Weg zum Beweis über die Atomagons führen könnte. Er lag damit, wie sich herausstellen sollte, keineswegs falsch.

Ganz sicher hat sich Pythagoras ziemlich viele Atomagons angesehen, während er sich zu dem Satz durchkämpfte, der heute seinen Namen trägt. Es ist recht einfach, ein Computerprogramm zu schreiben, das beliebig viele Atomagons erzeugt. Einige von ihnen hatte sicher auch Pythagoras gefunden. Wie auch anders? Sie waren ja schon im Holos enthalten und warteten nur darauf, entdeckt zu werden. Hier habe ich alle Atomagons mit Seitenlängen bis 25 zusammengestellt."

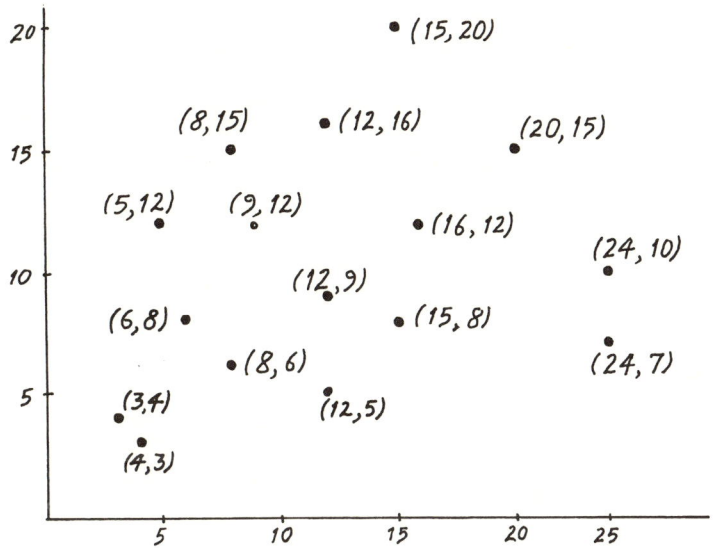

Eine graphische Darstellung mit einigen Atomagons.

Ich sah mir die Zeichnung gründlich an. Sie enthielt keine Dreiecke, wie ich erwartet hatte, sondern Zahlenpaare. Ziemlich schnell erkannte ich, daß das Paar (3, 4) das 3-4-5-Dreieck repräsentierte; entsprechend stellte jedes andere Zahlenpaar die Längen von zwei Seiten eines rechtwinkligen Dreiecks dar. Um die jeweilige Hypotenuse zu finden, mußte man die beiden Zahlen quadrieren, die Ergebnisse addieren und aus der Summe die Quadratwurzel ziehen.

Für das Atomagon $(24, 7)$ ergab sich zum Beispiel die Summe

$$24^2 + 7^2 = 625.$$

Das ist das Quadrat von 25, der Länge der Hypotenuse.

„Aber das ist noch gar nichts, angesichts der heutigen Möglichkeiten der Computer. Doch schon Pythagoras hatte einen Weg gefunden, auch ohne technische Hilfsmittel Atomagons beliebiger Größe zu erzeugen. Seine Methode beruhte auf dem sogenannten *Gnomon* oder Winkelmaß, wie es die Zimmerleute bereits im Altertum verwendeten. Das ist ein flaches Instrument aus zwei rechteckigen Streifen, die rechtwinklig miteinander verbunden sind.

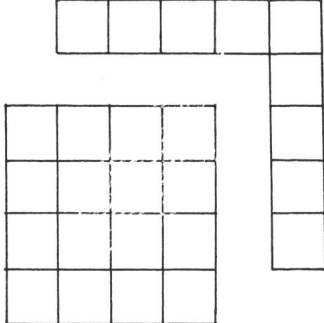

Anfügen eines Gnomons an ein Quadrat.

Um ein Atomagon zu konstruieren, begann Pythagoras mit einem Quadrat der Seitenlänge a, die einer kleinen ganzen Zahl entsprach. Dann setzte er an einer Ecke des Quadrats ein Gnomon an, dessen Streifen eine Einheit breit waren. Dadurch entstand ein etwas größeres Quadrat, dessen Seitenlänge um eine Einheit größer war als die des ursprünglichen Quadrats. War die Seitenlänge des ersten Quadrats $a = 4$, wie hier dargestellt, dann hatte das neue Quadrat die Seitenlänge $a = 4 + 1 = 5$.

Die Fläche des Gnomons, also die Anzahl seiner Einheitsquadrate mit der Seitenlänge 1, war offenbar immer ungerade, nicht wahr? Das Gnomon hat ja zwei gleich lange ‚Arme', die zusammen eine gerade Anzahl von Einheitsquadraten aufweisen; hinzu kommt das Einheitsquadrat an seiner Ecke. Wenn es sich so ergab, daß diese (ungerade) Anzahl der Einheitsquadrate des Gnomons ebenfalls eine Quadratzahl war, wie hier die Zahl 9, dann entsprach sie der Größe b^2. Pythagoras war damit am Ziel, denn jetzt hatte er drei Quadratzahlen. Die erste stammte vom ursprünglichen Quadrat mit der Seitenlänge a (hier 4) und die zweite vom Gnomon, das zwar kein Quadrat war, dessen Anzahl von Einheitsquadraten aber auch eine Quadratzahl war. Die dritte Quadratzahl ergab sich aus dem geometrischen Quadrat, das aus dem Anfügen des Gnomons an das erste Quadrat resultierte. Nun war klar, daß die Summe der ersten beiden Quadratzahlen gleich der dritten war, oder?"

„Ja, natürlich", antwortete ich, „aber wie in aller Welt fand er den Wert b, für den dieses Schema funktionierte?"

„Pythagoras mußte nur die ungeraden Zahlen durchgehen: 1, 3, 5 und so weiter. Jedesmal wenn er dabei auf eine Quadratzahl traf, hatte er ein neues Atomagon. Versuchen Sie es. Ist 7 ein Quadratzahl? Nein. Und 9? Ja. Das entsprechende Atomagon hatte daher die Seitenlängen 3, 4 und 5, wie bei dem alten ägyptischen Seiltrick.

Natürlich unterlag dieses Verfahren einer Beschränkung. Das Gnomon war immer ein Streifen der Breite 1, so daß die erzeugten Atomagons stets Seitenlängen hatten, die sich um nur eine Einheit unterschieden. Ich muß allerdings hinzufügen – ohne hier in die Tiefe zu gehen –, daß Pythagoras bald einen Weg fand, seine Methode zu erweitern, so daß er schließlich alle Atomagons erzeugen konnte.

Nachdem Pythagoras die Erforschung der Atomagons abgeschlossen hatte, kannte er nun den Lehrsatz für alle rechtwinkligen Dreiecke mit ganzzahligen Seitenlängen. Vielleicht opferte er wieder einen Ochsen. Mit Hilfe der ägyptischen Zeichnung, die Thales ihm gezeigt hatte, fand er heraus, daß es rechtwinklige Dreiecke gab, die keine Atomagons waren. Die Frage war nun: Konnte seine Erklärung der Atomagons die entscheidende Erkenntnis liefern, die er noch benötigte, um den Lehrsatz über die Quadrate der Seitenlängen vollenden zu können? Wenn ja, worin lag diese Erkenntnis? Wir sehen hier seine Lieblingszeichnung aus jener Zeit, nämlich die Skizze, auf die er intuitiv gekommen war. Vielleicht hat er sie Stunde um Stunde angestarrt, erfüllt von dem Gefühl, daß die Lösung vor ihm lag."

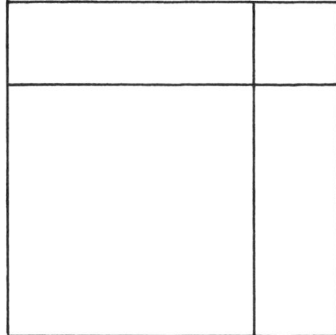

Ein Quadrat mit angefügtem Gnomon.

Pygonopolis erklärte die Skizze: „Wie Sie hier sehen, hatte Pythagoras das Gnomon leicht verändert, nämlich das Quadrat an dessen Ecke markiert. Die gesamte Figur bestand nun aus einem großen Quadrat, einem kleinen Quadrat und dem Rest des Gnomons, nämlich zwei Rechtecken. Er suchte nun eine oder zwei Hilfslinien, die das Geheimnis vielleicht enthüllen könnten. Eines Tages zeichnete er eine Diagonale in einem Arm des Gnomons ein." Das tat auch Pygonopolis; das Ergebnis ist hier auf der nächsten Seite gezeigt.

„Das war der Durchbruch. Es war der Zenit der griechischen Mathematik und für Pythagoras ein erhebender Augenblick. Er erkannte, daß der Arm des nun geteilten Gnomons ein rechtwinkliges Dreieck enthielt. Konnte dies das rechtwinklige Dreieck sein, aus dem sein Lehrsatz hervorgehen könnte? Die kleinste Seite dieses Dreiecks gehörte zum Quadrat in der Ecke des Gnomons. Die nächstgrößere Seite, die mit der kleinsten einen rechten Winkel bildete, gehörte zum ursprünglichen Quadrat, dem das Gnomon angefügt wurde. Und wozu gehörte die Hypotenuse? Pythagoras war so kühn und so klug, eine neue Zeichnung zu konzipieren. In dieser erschien ein neues Quadrat." Pygonopolis zeichnete wieder das große Quadrat, aber mit vier „Kopien" des Gnomon-Arms innen an den vier Seiten. Dadurch entstand innerhalb des großen Quadrats ein neues, das aber geneigt war. „Das war es," rief Pygonopolis aus und klopfte mit der Kreide auf die Zeichnung, „das war es!"

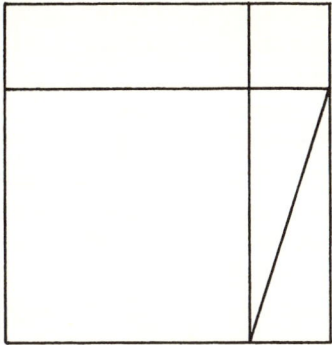

Gnomon mit Diagonale.

Ich erinnerte mich, diese Konstruktion schon einmal gesehen zu haben, aber erst jetzt offenbarten sich mir ihre wunderbaren Eigenschaften. Das geneigte Quadrat, das durch die beschriebene Prozedur entstand, war einfach das Quadrat über der Hypotenuse des rechtwinkligen Dreiecks im Arm des Gnomons. Pygonopolis hatte zuvor auf die anderen beiden Quadrate an den zwei Seiten hingewiesen, nämlich eines an der Ecke des Gnomons und das andere an zwei Seiten vom Gnomon eingefaßt.

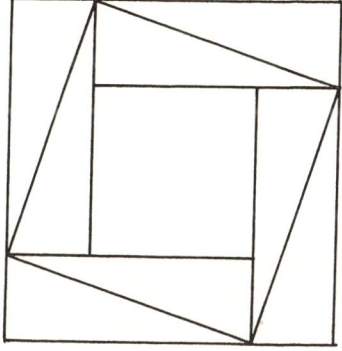

Drei Quadrate.

Man konnte die drei Quadrate, die in der neuen Zeichnung enthalten waren, leicht erkennen, aber welche Beziehung bestand zwischen ihnen? Hier wurde die Fläche des großen, alles einschließenden Quadrats in zwei Teile geteilt: in das geneigte Quadrat und – an seiner Außenseite – in vier Kopien des rechtwinkligen Dreiecks. Wenn man diese vier Kopien wegnahm, blieb nur das geneigte Quadrat übrig. In der vorigen Zeichnung konnte man die zwei Arme des Gnomons wegnehmen, von denen jeder aus zwei der länglichen rechtwinkligen Dreiecke bestand. Mit anderen Worten: In beiden Zeichnungen wurde das ursprüngliche Quadrat auf zwei unterschiedliche Weisen geteilt. Wenn man nun das Äquivalent von vier der rechtwinkligen Dreiecke wegnahm, so blieb genau die gleiche Fläche übrig. Die restliche Fläche in der vorigen Zeichnung war also einfach die Summe von zwei anderen Flächen, nämlich die der Quadrate über den kleineren Seiten des rechtwinkligen Dreiecks. Die restliche Fläche in der zweiten Zeichnung war einfach die des geneigten Quadrats über der Hypotenuse des rechtwinkligen Dreiecks.

„Das ist wunderschön!" entfuhr es mir. „Mir war noch niemals so klar –"

„Sie verstehen jetzt, warum Pythagoras gleich noch einen weiteren Ochsen opferte?"

„Ich wußte noch gar nicht, wieviel man über diese Entdeckung weiß", erwiderte ich. „Steht das irgendwo?"

„Oh", seufzte Pygonopolis, „nicht genau in dieser Form. Der Beweis, den ich gerade skizziert habe, ist derjenige, der Pythagoras üblicherweise zugeschrieben wird, und es ist wahrscheinlich auch seine Beweisführung. Aber die Abfolge von Ereignissen, die dazu führten – die Erforschung der Atomagons, dann die lange Denkpause bis zur entscheidenden Erkenntnis –, das ist meine Spekulation. Die lange Pause müßte eigentlich stattgefunden haben. Kaum jemand hätte sofort erkannt, daß das große Quadrat, das hier auf zwei unterschiedliche Weisen geteilt wurde, keines der Quadrate war, die in die Beziehung eingingen, wie sie sich bei der Erforschung der Atomagons ergab. Alles in allem glaube ich einfach, daß dies die natürlichste Abfolge der Erkenntnisse war, die zum pythagoreischen Lehrsatz führten." Pygonopolis wirkte etwas traurig, als befiele ihn eine schmerzliche Erinnerung.

„Stimmt etwas nicht?"

„Im Alter von 53 Jahren geriet Pythagoras in Konflikt mit Polykrates, dem Herrscher von Samos. Den Anlaß dafür kennen wir nicht, aber ich vermute, Pythagoras hatte bereits mit seinen spirituellen Aktivitäten begonnen, mit denen wir heute die Pythagoreer assoziieren. Vielleicht fühlte sich Polykrates durch Pythagoras' zunehmenden Einfluß bedroht. Auf jeden Fall emigrierte Pythagoras nach Kroton, einer griechischen Kolonie in Süditalien. Dort begründete er seine Schule, die viel mehr als nur eine Schule war. Die Pythagoreer, ein sehr verschwiegener Bund, zu dem auch Frauen gehörten, vertraten eine Lehre, nach der die Zahl die Basis der Realität sei. Seine Mitglieder mußten über jegliche Entdeckungen und Erkenntnisse – alte wie neue – schweigen. Beispielsweise blieb die Entdeckung irrationaler oder inkommensurabler Zahlen geheim, bis ein Angehöriger des Bundes sie ausplauderte. Es heißt, er sei zur Strafe ertränkt worden, als sich bei einem Schiffbruch die Gelegenheit ergab.

Dieser Bund der Pythagoreer hatte auch eine ausgesprochen geistliche Ausrichtung. Seine Angehörigen trugen weiße Kleidung und übten sich in Askese. Auf ihre Hand wurde ein fünfzackiger Stern tätowiert. Der Bund wurde zudem durch seine Lehre von der Seelenwanderung berühmt, die möglicherweise einer alten hinduistischen Lehre entlehnt war. Der Körper war danach der Tempel der Seele und sollte in einem Tier wiedergeboren werden, wenn die Seele auf eine eher einem Tier gemäße Stufe der Zügellosigkeit abgesunken sei. Aber wenn sie eine gewisse Vollkommenheit erreichte, würde sie der ewigen Abfolge der Wiedergeburten entrinnen und schließlich bei den Göttern wohnen. Weil einige Tiere also wiedergeborene Menschen seien, war es den Pythagoreern verboten, Fleisch von Tieren zu essen."

„Waren sie die ersten Vegetarier?" fragte ich.

„Nun, sie aßen vermutlich zumindest kein Fleisch von Säugetieren. Die Pythagoreer vertraten auch die Lehre des logischen Zusammenhangs; so sollte der menschliche Geist auch mit dem Kosmos verknüpft sein. Dies bereitete ihn für das Leben mit den Göttern vor."

Die Vorstellung, daß unser Geist und der Kosmos zusammenhängen, erinnerte mich an meine ursprünglichen Fragen.

„Vorausgesetzt, daß alles, was Sie gesagt haben, richtig ist",

fragte ich also, „was bedeutet das pythagoreische Gedankengebäude für die Fragen, die wir gestern abend diskutiert haben?
Warum finden wir, die wir in einer ganz anderen Kultur leben
als die alten Griechen, beispielsweise den Beweis ebenso überzeugend wie Pythagoras? Eine zweite Frage: Hat Pythagoras
diesen Lehrsatz geschaffen oder hat er ihn entdeckt? Und drittens: Wie hängt der Holos mit all dem zusammen?"

„Wir finden diesen Beweis heute so überzeugend, weil er
richtig ist. Unsere Kultur ist vielleicht anders geartet, aber der
eigentliche Inhalt des pythagoreischen Lehrsatzes ist das, was
ich *transkulturell* nennen möchte, denn er besteht unabhängig
von jeder Kultur. Ich verstehe, daß Ihnen solche Fragen auf den
Nägeln brennen, aber erinnern Sie sich bitte an meine Analogie
mit dem Rad. Sie ist ja ein gutes Beispiel für einen transkulturellen Inhalt. Das Rad erfüllt seinen Zweck mehr oder weniger
gleich gut – in allen Kulturen, die es anwenden.

Strenggenommen kann man sagen, daß die Verwendung
von Punkten zur Darstellung von Zahlen, ja sogar die Verwendung der griechischen Sprache zum Formulieren des Beweises
kulturelle Elemente sind, daß aber der mathematische Sachverhalt für alle Kulturen und Zeiten gleichermaßen wahr ist.
Schauen Sie in irgendeine mathematische Zeitschrift. Darin
können Beweise auf englisch oder auf chinesisch beschrieben
sein, und die Bezeichnungen können sich von Autor zu Autor
etwas unterscheiden – doch jeder kundige Leser weiß, was die
Worte und die Symbole wirklich bedeuten. Kurz gesagt, es gibt
eine Art von Übersetzungsprozeß, der im Hintergrund abläuft
und durch den die Arbeiten zweier Autoren, die den gleichen
Lehrsatz gefunden haben, sich ineinander umformen lassen, so
daß sie fast austauschbar sind."

„Abgesehen vom Einfluß der Kultur", spann ich den Faden
weiter, „hat Pythagoras seinen Lehrsatz nun entdeckt oder geschaffen?"

„Er hat ihn natürlich entdeckt. Verlassen Sie sich darauf:
Wenn Pythagoras diesen berühmten, inzwischen nach ihm benannten Satz nicht entdeckt hätte, dann hätte es ein anderer
getan. In diesem Sinne war der Lehrsatz ‚präexistent'. Meine
Güte! Was kann man anderes sagen? Wenn Christoph Kolumbus im Jahre 1492 nicht nach Westen gesegelt wäre, dann wäre

ein anderer 1496 oder etwas später nach Amerika gelangt. Und in der Tat hatten ja die Wikinger Nordamerika lange vor Kolumbus entdeckt. Nordamerika existierte natürlich bereits früher, und genauso gab es auch den Lehrsatz des Pythagoras schon immer.

Was nun das Erschaffen des Lehrsatzes anbelangt, muß man fragen: Wie groß ist die Wahrscheinlichkeit, daß zwei Maler, die nichts voneinander wissen, die *Mona Lisa* malen? Null, mein Freund, null. *Das* ist Erschaffen! Und wie ist es mit dem Einfluß der Kultur auf die Mathematik? Kreativität steht ja heute hoch im Kurs. Daher wollen etliche Mathematiker – allerdings noch nicht viele – als kreativ gelten. Ohne zu erkennen, daß sie schon bei der Suche nach den Wegen zu den Lehrsätzen kreativ sind, bestehen sie darauf, so etwas wie Künstler zu sein, und wollen ihre Lehrsätze als Kunstwerke gewürdigt wissen."

„Das ist doch aber harmlos, nicht wahr?" warf ich ein.

„Unsere heutige Kultur empfindet ein großes Unbehagen gegenüber Einschränkungen, ob sie nun durch autoritäre Haltungen oder durch absolute Vorstellungen über richtig oder falsch verursacht werden. Und sie bewertet die Unpersönlichkeit der Mathematik als abstoßend. Warum das so ist, weiß ich nicht. Es ist wohl entscheidend, daß die Mathematik etwas ist, das von außerhalb kommt und uns herausfordert."

Pygonopolis war ziemlich außer Atem, denn er hatte sich ein wenig ereifert. Er setzte sich wieder, während ich aus dem Fenster sah. Dann sprach er weiter, nun sehr leise.

„Lassen Sie mich Ihnen zeigen, wie der Satz des Pythagoras uns heute noch angeht."

Er stand wieder auf, trat an die Tafel und schrieb folgende Formel an:

$$x^2 + y^2 = z^2.$$

„Hierbei ist z die Länge der Hypotenuse eines rechtwinkligen Dreiecks, und x und y sind die Längen der anderen beiden Seiten, der Katheten. In einem beliebigen Koordinatensystem, bei dem x und y die Koordinaten eines Punktes sind, können wir mit dieser Formel die Entfernung zwischen zwei Punkten berechnen. In manchen Geräten führt der Computer ständig solche Berechnungen durch, zum Beispiel in Navigationsanlagen von Flugzeugen, Schiffen und neuerdings auch Autos, außerdem in Satelliten sowie in den verschiedensten Vorrichtungen auf der Erde. Ich wage zu behaupten, daß die pythagoreische Gleichung heute eine der meistverwendeten überhaupt ist. Und ein Indiz dafür, daß sie ausnahmslos gilt, ist die Antwort auf die Frage: Wieviele Flugzeuge, glauben Sie, würden sicher landen, wenn der Lehrsatz falsch wäre? – Keines!"

Da fiel mir wieder ein, worüber ich am vorigen Abend nachgedacht hatte, bevor ich eingeschlafen war. „Weil wir gerade von Computern sprechen", warf ich ein, „vor kurzem kam mir der Gedanke, daß wir immer noch in einer pythagoreischen Welt leben, dem ersten Kosmos aus ganzen Zahlen und rationalen Zahlen, von dem Pythagoras träumte."

„Ja?" Pygonopolis setzte sich aufrecht hin.

„In einem praktischen Sinne", erklärte ich, „leben wir noch in der pythagoreischen Welt rationaler Zahlen. Wir benutzen niemals irrationale Zahlen, wenn wir etwas messen oder berechnen. Zum einen hat eine irrationale Zahl eine unendliche Anzahl von Dezimalstellen, und kein Computer hat einen unendlich großen Speicher. Deshalb sind wir gezwungen, eine irrationale Zahl – beispielsweise die Quadratwurzel aus 2 – durch eine rationale Zahl, zum Beispiel 1,4142, anzunähern, die für den jeweiligen praktischen Zweck genau genug ist. Diese Zahl ist eindeutig rational, denn sie ist gleich dem Quotienten zweier ganzer Zahlen, nämlich 14142 und 10000."

„Oh ja", bestätigte Pygonopolis, „die Welt des Pythagoras lebt in den Computern erneut auf. Was für eine wunderbare Vorstellung! Das werde ich in meiner nächsten Vorlesung über die Geschichte der griechischen Mathematik anbringen."

Dieser Abend war mein letzter in Athen. Pygonopolis holte mich vom Hotel ab, und wir gingen in ein ziemlich vornehmes Restaurant. Ein gutes Essen inspiriert immer den Philosophen in mir. Wenn man in behaglicher Atmosphäre gut speist, was kann man dann anderes tun, als über den Kosmos nachzudenken – oder in diesem Falle über den Holos?

„Wollen Sie mit mir in den Holos gehen?" fragte er mich vorsichtig. „Es ist ganz einfach. Wir können direkt hineingehen." Er hatte schon einiges an Retsina getrunken. Was hatte er jetzt für Dummheiten vor?

„Um den Holos aufsuchen zu können, müssen Sie ein beliebiges Axiomensystem annehmen. Wir haben uns noch nicht über Axiome unterhalten, aber alle griechischen Mathematiker erkannten in unterschiedlicher Klarheit, daß ihrer Arbeit ein System von Annahmen oder Axiomen zugrunde lag. Zur Zeit von Euklid, zwei Jahrhunderte nach Pythagoras, war die axiomatische Methodik bestens eingeführt. Das bedeutet, alle Lehrsätze gründeten sicher auf Axiomen oder auf anderen Lehrsätzen, die gleichermaßen gesichert waren. Euklid stellte eine Liste von Axiomen oder Postulaten zusammen, auf deren Grundlage alle Lehrsätze in seinen *Elementen der Geometrie* herzuleiten waren. Sie betrafen natürlich die Geometrie, verkörperten aber einen anderen, viel einfacheren Satz von Axiomen.

Sobald Sie sich im Holos befinden, sobald Sie einen Satz von Axiomen akzeptiert haben, bewegen Sie sich quasi zwangsläufig innerhalb des Holos. Sie werden schnell herausfinden, daß es darin Orte gibt, die Sie aufsuchen und an denen Sie sich aufhalten können, aber auch solche, die Sie nicht erreichen werden. Versuchen Sie das trotzdem, dann stoßen Sie mit Ihrem Kopf gegen etwas, das viel härter und dauerhafter als Stein ist, gegen etwas, das immer da war und immer da sein wird."

„Was meinen Sie genau mit ‚sich darin bewegen'?"

„Sie gehen von den Axiomen aus und suchen dann nach Erkenntnissen, die auf ihnen gründen. Wenn Sie sich etwas ausdenken, das wahr sein könnte, so können Sie versuchen, es aus den Axiomen zu folgern. Gelingt Ihnen das nicht, dann kann das natürlich an Ihren eigenen Grenzen liegen, aber vielleicht auch am Holos selbst. Was Sie für wahr gehalten haben, kann also unwahr sein. Es kann Ihnen andererseits aber auch gelingen, etwas aus den Axiomen zu folgern, das daher wahr ist. In einem solchen Fall haben Sie sich sozusagen bewegt, nämlich von den Axiomen auf einen neuen Grund.

Es ist nicht ganz einfach, ein einfaches Axiomensystem zu präsentieren, das diese Prinzipien demonstriert. Deshalb muß ich auf ein Rätsel zurückgreifen, um diese Vorstellung zu veranschaulichen."

Pygonopolis zog einen Kugelschreiber aus der Jackentasche. Dann nahm er eine der teuren Leinenservietten und skizzierte die hier abgebildete Landkarte.

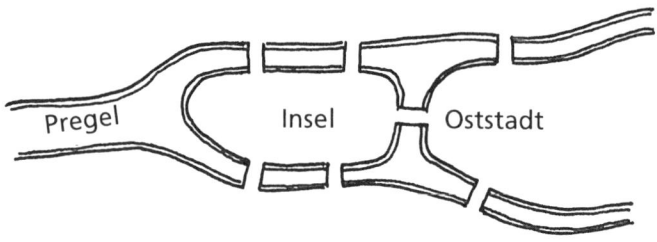

Die Brücken von Königsberg.

Während er auf die Serviette malte, erklärte er leise: „Viele Menschen nehmen Rätsel nicht ernst. Wenn ich versuche, anhand eines Rätsels einen mathematischen Gedankengang zu erläutern, dann glauben sie, ich scherze. Aber sehr oft stellen sich durchaus reale mathematische Systeme als Rätsel heraus – und umgekehrt. So war der große Schweizer Mathematiker Leonhard Euler von dem kleinen Rätsel, das ich jetzt beschreiben möchte, äußerst fasziniert. Indem er es löste, schuf er die Grundlage einer neuen mathematischen Disziplin, die wir heute Topologie nennen.

Hier haben wir die alte Stadt Königsberg, in der sich der Alte und der Neue Pregel zum Pregel vereinigen. Im 18. Jahrhundert waren die einzelnen Stadtteile durch sieben Brücken miteinander verbunden. Viele Bürger von Königsberg versuchten auf ihren Sonntagsspaziergängen eine Route zu finden, die sie einmal, aber nur einmal, über jede der sieben Brücken führte. Solch eine Route wollen wir hier einen ‚Weg' nennen.

Bevor wir uns das zugrundeliegende Axiomensystem ansehen, muß ich mich für einen Moment entschuldigen. Bis ich zurück bin, können Sie versuchen, die Aufgabe zu lösen."

„Was muß ich dazu machen?" Ich war ein bißchen verwirrt angesichts des Spiels, das er mir vorgeschlagen hatte.

„Stellen Sie sich einfach vor, Sie seien ein Bürger von Königsberg. Starten Sie, von wo Sie wollen, und zeichnen Sie mit dem Kugelschreiber Ihre Route in den Stadtplan ein, wobei Sie natürlich auf den Straßen und Brücken bleiben müssen, also nicht über das Wasser gehen können. Versuchen Sie, einen Weg zu finden, der Sie einmal und nur einmal über jede der Brücken führt."

„Muß ich zum Schluß wieder da ankommen, von wo ich los-
gegangen bin?" fragte ich.

„Das ist eine gute Frage." Pygonopolis, der sich schon erhoben hatte, um die Toilette aufzusuchen, trat verlegen von einem
Fuß auf den anderen und dachte einen Moment nach. Dann
erklärte er, während er schon ging, recht laut: „Nun, Sie dürfen
losgehen und ankommen, wo Sie wollen, aber ein geschlossener
Weg beginnt und endet an derselben Stelle." Natürlich wurden
einige Gäste im Restaurant aufmerksam und schauten verwun-
dert herüber. „Und vergessen Sie nicht: Sie müssen genau einmal über jede Brücke gehen!"

Ich nahm die Serviette zur Hand und seufzte leicht auf. Ich
hatte keinen Kugelschreiber und versuchte daher, mit meinem
Finger eine Route zu verfolgen. Meine ersten Versuche, einen
Weg zu finden, bei dem jede Brücke einmal beschritten wurde,
scheiterten; das führte ich darauf zurück, daß ich vergessen
hatte, wo ich schon gewesen war. Nach einigen Minuten hatte
ich jedoch den Bogen raus, wie ich mich an die zurückgelegte
Strecke erinnern konnte.

„Nun? Sind Sie fertig?" Pygonopolis war zurückgekommen.

„Offen gesagt, ich war im Lösen von Rätseln noch nie besonders gut", entgegnete ich, plötzlich ein wenig gereizt.

„Oh, es kommt überhaupt nicht darauf an, wie gut Sie Rätsel
lösen können. Ich könnte draußen bleiben, bis die ganze Ägäis
ausgetrocknet ist, und Sie würden nie eine Lösung finden!"

„Ich nehme an, daß Sie das beweisen können", antwortete
ich skeptisch.

„Das kann ich tatsächlich. Aber lassen Sie mich zuerst das
Axiomensystem erklären. Es betrifft Punkte und Linien, fast wie
in der Geometrie, aber die Linien können beliebig gewunden
sein. Das bedeutet, es kommt nicht auf ihre Form an, denn sie
dienen nur dazu, Punkte miteinander zu verbinden."

Er drehte die Serviette um und schrieb die folgenden Axiome nieder:

1. Ein Netz besteht aus einer endlichen Anzahl von Punkten
   und Linien.
2. Jede Linie in einem Netz verbindet zwei Punkte miteinander.

„Diese Axiome legen die Grundregeln für ein sogenanntes ,Netz' fest. Ein Netz besteht aus Punkten und Linien. Die Punkte nennen wir ,primitive Elemente'; sie werden nicht eigens definiert, sondern können auf die gewöhnliche Weise interpretiert werden. Dagegen wird eine Linie anhand von Punkten definiert, weil sie jeweils zwei Punkte miteinander verbindet. Ich könnte mich noch präziser ausdrücken und sagen, daß eine Linie aus einem Paar von Punkten besteht. Auf jeden Fall versetzen diese Axiome uns an die Schwelle eines ganzen Universums von Netzen. Unsere Arbeit als Mathematiker besteht nun darin, Erkenntnisse über Netze zu gewinnen. Dabei können wir interessante Strukturen entdecken, denen wir besondere Namen geben können. Zudem erarbeiten wir Definitionen, wie auch jetzt gerade."

Ich sah mir die Axiome noch einmal genau an und drehte die Serviette dann um. Ich konnte kaum einen Zusammenhang zwischen den Axiomen und dem Stadtplan erkennen, abgesehen davon, daß Pygonopolis Linien verwendet hatte, um den Plan zu zeichnen. Außerdem konnte ich die Punkte nicht finden, von denen in den Axiomen die Rede war. – „Ich bitte um Verzeihung", sagte ich, „aber ich sehe nicht, was die Axiome mit dem Stadtplan von Königsberg zu tun haben".

„Das eben war das Genie von Euler. Schauen Sie sich diese Skizze an."

Pygonopolis nahm die Serviette und zeichnete in jeden der vier Stadtteile einen Punkt ein. Dann zog er über jede Brücke eine Linie. Diese verband einen Stadtteil jeweils mit einem benachbarten. Anders gesagt: Sie verband deren beide Punkte miteinander.

„Jetzt sehen Sie, wie diese kleine Skizze uns zum Kern des Problems führt. Jedes Netz, das Sie für diese vier Stadtteile von Königsberg konzipieren können, läßt sich auf ein Netz zurückführen, das dem Euler-Netz gleichwertig ist. Sie können in jedem Stadtteil herumgehen, wie Sie wollen, also eine beliebig gewundene Linie zeichnen. Aber solange Sie sich in einem Stadtteil bewegen, befinden Sie sich im Prinzip an dessen Punkt, der hier den Stadtteil repräsentiert. Jede Route, die Sie mit Ihrem Kugelschreiber einzeichnen können, kann daher auf eine Abfolge von Linien in diesem Netz reduziert werden.

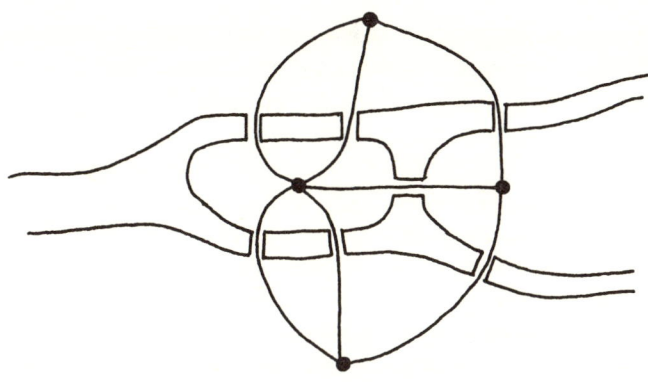

Die Brücken von Königsberg und das zugehörige Netz.

Nun war es für Euler, sobald er dieses kleine Netz gezeichnet hatte, natürlich sofort klar, warum die Bürger von Königsberg sich so schwer taten, einen Weg über die sieben Brücken zu finden, der die gewünschte Eigenschaft hatte. Wenn ich durch die Stadt gehe und auf einer Linie an einen Punkt komme, so muß ich den Punkt auf einer anderen Linie verlassen. Und für einen richtigen Weg – eine Route, die die Bedingung erfüllt – muß ich eine gerade Anzahl von Linien zu den anderen Punkten verwenden. Hier sehen wir, daß alle vier Punkte mit einer ungeraden Anzahl von Linien verbunden sind. Daher existiert kein Weg, und daher hat das Rätsel keine Lösung.

Wie Sie nun schon wissen, ist diese Zeichnung von Euler ein Beispiel für ein Netz. Es erfüllt, wie Sie leicht überprüfen können, die Axiome, die für ein Netz gelten. Es besteht aus Punkten und Linien, und jede Linie verbindet zwei Punkte miteinander. Als Mathematiker wollen Sie ja den Holos erforschen, also in diesem Falle Fragen zu den Netzen stellen und darauf Antworten in Form von Lehrsätzen suchen.

Nehmen wir einmal an, Sie glauben, jedes Netz habe einen Weg. Zunächst definieren Sie, was Sie unter einem Weg verstehen." Pygonopolis drehte die Serviette wieder um und schrieb:

Ein Weg ist eine Abfolge von Linien, in denen aufeinanderfolgende Linien einen Punkt gemeinsam haben und jede Linie des Netzes in der Abfolge genau einmal auftritt.

„Wenn Sie als Mathematiker glauben, Sie seien auf dem besten Wege, eine neue Erkenntnis zu finden, dann stellen Sie eine Behauptung auf, eine Art mathematischer Hypothese. Wir schreiben also:

Behauptung: Jedes Netz hat einen Weg.

Sie können versuchen, Ihre Behauptung zu beweisen, wodurch sie zu einem Lehrsatz würde, aber Sie können dabei auch scheitern, was hier sicher der Fall wäre. Sie können auch versuchen, ein Gegenbeispiel zu finden, hier also Eulers kleine Zeichnung. Und so etwas – Sie erinnern sich – war Pythagoras widerfahren. Er vermutete, alle Längen seien kommensurabel, bis Thales ihm die ägyptische Zeichnung zeigte, die sich als Gegenbeispiel herausstellte. In unserem Fall erfüllt Eulers Netz genau den gleichen Zweck. Die Behauptung, jedes Netz habe einen Weg, trifft nicht zu, weil beispielsweise Eulers Netz keinen Weg hat. Der Holos hat gesprochen.

Aber dann kommt Ihnen eine andere Idee. Sie bemerken, daß bei Eulers Netz kein Weg zu finden ist, weil sich an den Punkten jeweils eine ungerade Anzahl von Linien trifft. Deshalb fragen Sie sich, ob die Behauptung zutrifft, wenn man sie auf Netze beschränkt, in denen an allen Punkten eine *gerade* Anzahl von Linien zusammentrifft." Pygonopolis schrieb:

Behauptung: Wenn an sämtlichen Punkten in einem Netz eine gerade Anzahl von Linien zusammentrifft, dann hat das Netz einen Weg.

„Das müßte stimmen", bemerkte ich, „denn jedesmal, wenn wir in einem solchen Netz an einen Punkt kommen, dann können wir ihn garantiert auf einer der anderen Linien wieder verlassen."

„Sie könnten es mit diesem Ansatz versuchen", entgegnete er, „und die Behauptung in eine formale Aussage umsetzen. Aber Sie würden beim Beweis wiederum scheitern. Hier ist nämlich ein Gegenbeispiel."

Pygonopolis zeichnete ein neues Netz, in dem jeder Punkt mit einer geraden Anzahl von Linien verbunden war. Aber es hatte offensichtlich keinen Weg.

Nun hatte er mein Interesse endgültig geweckt. Ich vermutete, daß die Behauptung richtig sei, wenn die Teile des Netzes miteinander verbunden wären.

Ein Gegenbeispiel.

Nun schrieb Pygonopolis erneut auf die Serviette:

Behauptung: Wenn an allen Punkten in einem zusammenhängenden Netz eine gerade Anzahl von Linien zusammentrifft, dann hat das Netz einen Weg.

Dazu erklärte er: „Wir müssen natürlich sagen, was wir unter ‚zusammenhängend' verstehen. Ich schlage dafür folgende Definition vor:

Definition: Ein Netz N heißt ‚zusammenhängend', wenn es für jede Teilmenge seiner Punkte und Linien, die nicht dem gesamten Netz N entspricht, eine Linie von N gibt, die nicht zur Teilmenge gehört, aber auf irgendeinen Punkt der Teilmenge trifft.

Diese Definition scheint unserer intuitiven Vorstellung von dem zu entsprechen, was ‚zusammenhängend' hier bedeuten könnte – aber ist sie dem Problem angemessen?

Ich glaube, daß ich einen Beweis habe", schloß Pygonopolis. Er faltete die Serviette auseinander, um sozusagen ein neues Blatt zu haben, und schrieb:

Satz: Wenn an allen Punkten in einem verbundenen Netz eine gerade Anzahl von Linien zusammentrifft, dann ist das Netz durchlaufbar, das heißt, es hat einen Weg.

Beweis. Ein Weg in einem solchen Netz kann stets folgendermaßen konstruiert werden: Man beginnt an irgendeinem Punkt des Netzes und wählt irgendeine Linie aus, die auf ihn trifft. Diese Linie ist das erste Glied einer Abfolge von Linien. Jedesmal, wenn eine neue Linie (einschließlich der ersten) zu dieser Abfolge hinzugefügt wird, sind zwei Fälle möglich:

1. Der neue Punkt ist nicht der Anfang des Weges. In diesem
   Fall kann nur eine ungerade Anzahl von Linien, die diesen
   Punkt treffen, zur Abfolge der Linien gehören. Begründung:
   (a) Für jede Linie, die den Punkt trifft, gibt es eine Linie, die
   ihn verläßt, so daß sich eine gerade Anzahl solcher Linien
   ergibt. (b) Die Linie, die gerade hinzugefügt wurde, läßt die
   gesamte Anzahl ungerade werden. Andererseits gehen von
   dem Punkt eine gerade Anzahl von Linien im gesamten
   Netz aus, so daß eine Linie übrigbleibt, die der Abfolge zu-
   gefügt werden kann. Die Linie soll daher auf diese Weise
   hinzugefügt bleiben.

2. Der neue Punkt ist der erste Punkt des Weges. Dann ist der
   Weg entweder geschlossen, oder es gibt Linien, die noch
   nicht enthalten sind. Im letzteren Fall muß es – da das Netz
   zusammenhängend ist – eine Linie geben, die noch nicht zur
   Abfolge der Linien gehört, aber einen der Punkte in ihr trifft.
   Schließlich enthält die bis dahin konstruierte Abfolge eine
   Teilmenge der Punkte und Linien des Netzes.

Pygonopolis erklärte diesen Beweis näher:

„Wir konstruieren nun eine neue Abfolge von Linien, die an
diesem Punkt beginnt und auf die gleiche Weise fortgeführt
wird. Nach den eben angestellten Überlegungen muß die neue
Abfolge letztlich zu ihrem Ausgangspunkt zurückkommen,
denn alle Punkte des Netzes sind weiterhin mit einer geraden
Anzahl von Linien verbunden, die nicht in der ersten Abfolge
enthalten sind. Wir setzen die neue Abfolge am fraglichen
Punkt an die vorige an, so daß eine neue, längere Route entsteht. Wenn die neue, erweiterte Abfolge von Linien kein Weg
ist, dann gibt es eine Linie, die einen Punkt der neuen Abfolge
trifft, der nicht in der Abfolge enthalten ist. Wir fügen weitere
Abfolgen von Linien auf diese Art zusammen, bis keine Linien
mehr vorhanden sind, die anzufügen wären. Die resultierende
Abfolge muß dann ein Weg sein."

Pygonopolis sah auf die Uhr.

„Um Himmels willen! Ich habe Sie ungebührlich lange auf-
gehalten. Sie waren sehr geduldig mit mir. Im Grunde weiß ich
ja, daß das meiste eigentlich alte Kamellen sind, wie Sie sagen
würden."

Unser Ausflug in den Holos war zu Ende. Pygonopolis bat den Ober, die Rechnung zu bringen. Inzwischen sagte er: „Mein Freund, ich habe Ihnen erzählt, was ich über die frühe griechische Mathematik denke, und ich habe Ihnen von Pythagoras und vom Holos berichtet. Ich weiß nicht, ob ich Ihre Fragen so beantwortet habe, wie Sie es sich gewünscht hatten, aber ich habe es versucht. Mein letztes Wort zum Holos ist dieses: Sie sind nicht gezwungen zu glauben, daß er auf irgendeine Art wirklich existiert, aber Sie werden niemals ein Gegenbeispiel finden, das diese Überzeugung widerlegt."

Pygonopolis verabschiedete sich und ging hinaus zu seinem Auto. Ich blickte auf die zusammengefaltete Serviette, die noch auf dem Tisch lag; sie war durch Skizzen und Notizen verunstaltet. Ich hob sie auf und zeigte sie dem Ober. Er war entsetzt. „Hier, bitte", sagte ich ein wenig verlegen und gab ihm 2000 Drachmen, von denen ich hoffte, daß sie eine angemessene Entschädigung wären.

Als Andenken war die Serviette diesen Betrag wohl wert.

Teil II

Die Höhere Welt

KAPITEL 3

Al Jabr

Akaba, Jordanien, 24. Juni 1995

Am nächsten Tag meiner mathematischen Reise flog ich zunächst von Athen nach Amman. Während des Fluges grübelte ich über den Holos, die Geometrie und die Zahlen nach. In Amman stieg ich in ein Flugzeug nach Akaba um, das an einem der nördlichen Ausläufer des Roten Meeres liegt. Dort traf ich hinter der Zollkontrolle des kleinen Flughafens meinen Gastgeber Jusuf al-Flayli, einen ägyptischen Astronomen. Er besaß ein Sommerhaus in den Hügeln über dem Hafen. Al-Flayli beschäftigte sich mit der frühen islamischen Astronomie und Mathematik. Er war ein sehr schlanker, etwas nervöser Mann, der – wie ich später feststellen sollte – gern die Klassiker zitierte und eine Art sanften Nachdrucks an den Tag legte.

„Willkommen hier in Akaba, Professor Dewdney. Ich bin Professor al-Flayli. Ich würde mich freuen, wenn Sie mich Jusuf nennen. Mein Sohn Ahmed wollte eigentlich Ihr Gepäck übernehmen, aber er hat noch einen Parkplatz gesucht, und ich weiß nicht, wo er gerade ist."

Wir standen im Flughafengebäude und hielten Ausschau nach seinem Sohn. Plötzlich verschwanden wir in einer Staubwolke, die von einem Propellerflugzeug aufgewirbelt worden war. Jemand ergriff mein Gepäck und rief mir ins Ohr: „Ja, Sayed. Gehen Sie weiter. Wir sind gleich da." Als der Staub sich

gelegt hatte, sah ich, daß ein Junge mein Gepäck trug. Er lächelte mich ein wenig ernst an.

„Lassen Sie ihn die Koffer tragen", sagte al-Flayli. „Es ist
nicht weit, und er braucht das Geld. Allah ist mit den Mitfüh-
lenden." Der Junge war offenbar nicht sein Sohn Ahmed.

Wir gingen ins Terminal zurück, wo wir im kleinen Foyer
al-Flaylis Sohn fanden, der sich gerade Bücher ansah. Noch
keine zwanzig, glich Ahmed ansonsten ganz seinem Vater. Er
lächelte strahlend, als wir bekanntgemacht wurden. Wir gingen
mit ihm zum Parkplatz und fanden den Landrover zwischen
zwei anderen Autos eingekeilt vor. Wir konnten das Gepäck
erst einladen, nachdem Ahmed mindestens 20mal vor- und zu-
rückgesetzt hatte, um das Auto freizubekommen. Ich hatte
nicht gedacht, daß er es schaffen würde. Der Junge, der mein
Gepäck getragen hatte, lief davon, erfreut über die Dinare, die
ich ihm gegeben hatte. Al-Flaylis Gesicht erhellte sich etwas, als
wir in den Landrover einstiegen.

Ich saß neben Ahmed, der den Wagen steuerte. Wir gelangten von der Flughafenstraße schnell auf die Hauptstraße nach
Akaba. Ich hatte mich darauf gefreut, den berühmten Hafen zu
sehen, aber die Straße streifte ihn nur am Nordrand und führte statt dessen an zahlreichen Wohnhäusern und einer großen
Plantage mit Dattelpalmen vorbei. Wir kamen bald auf eine
andere Hauptstraße, die nach Norden führte. Dort gab es frei-
stehende, kleine, weiß getünchte Häuser ohne Fenster, und die
Vegetation wurde immer karger. Die Straße führte allmählich
auf die Anhöhen hinter Akaba. Al-Flayli saß hinter uns und
wies auf einen Hügel zur Rechten. Dort oben stand sein Haus.

Ahmed nahm mein Gepäck, und al-Flayli führte mich ins
Haus, das in Größe und Form einem Vorortbungalow glich.
Nach Süden hatte es eine große Veranda. Die untergehende
Sonne tauchte die Hügel in gleißendes Gold und beschien ge-
rade noch die Spitzen der Minarette in Akaba. Das Meer war
tiefblau, und die Küste ähnelte einer riesigen Parabel, an deren
Scheitel der Hafen unter uns lag.

„Bitte sehr. Sie sind sicher müde", sagte al-Flayli und deutete
auf eine Liege auf der Veranda. Kaum hatte er das gesagt,
fühlte ich auch schon meine Müdigkeit und setzte mich.

Ahmed trug einen kunstvoll geschnitzten Holztisch herbei,

der mit Einlegearbeiten aus Elfenbein verziert war. Darauf stellte er einige Schalen mit Früchten, außerdem eine Platte mit Fladenbrot, Oliven, Aprikosenmarmelade und Hummus (eine Soße aus Kichererbsen und Sesambrei).

„Wenn Sie nicht zu müde sind, dann würde ich mich freuen, wenn Sie mir von Ihrer bisherigen Reise erzählen und vielleicht auch von Ihrer Suche nach der Bedeutung der Mathematik berichten könnten.

Dann sagte er halblaut zu Ahmed: „Sag deiner Mutter, sie möge bitte kommen".

Ich hatte den Eindruck, al-Flayli habe eine Art Inszenierung im Sinn, und begann daher etwas theatralisch: „Ich komme gerade aus der altehrwürdigen Stadt Milet am Ägäischen Meer. Dort hatte ich mich mit Professor Pygonopolis getroffen, der mir an einem Nachmittag die Wurzeln der griechischen Mathematik nahebrachte, die sowohl in der Kultur der antiken Griechen als auch in etwas anderem, das über die Kultur hinausreicht, zu finden sind."

Jetzt kam al-Flaylis Frau Amina hinzu und setzte sich in einen der Sessel. Bei jedem meiner Sätze lächelte sie und nickte aufmunternd. Ich erzählte die Geschichte von Pythagoras und seiner anfänglichen Überzeugung, das Universum werde von ganzen Zahlen und deren Verhältnissen regiert. Ich berichtete von der verzwickten Zeichnung aus Ägypten (dabei lächelte al-Flayli) und schließlich vom Satz des Pythagoras. Al-Flayli lauschte meiner ganzen Erzählung sehr aufmerksam. Sein Sohn Ahmed blickte ständig zwischen seinem Vater und mir hin und her, während seine Augen vor Erstaunen immer größer wurden. Ich beendete meinen Bericht mit dem Holos.

„Offen gestanden", sagte al-Flayli, „ich habe dieses Wort noch nie gehört. Ist das ein Begriff, den Ihr griechischer Freund geprägt hat?"

Verblüfft von al-Flaylis Erkenntnis, mußte ich dies zugeben.

„Nun, auf jeden Fall hatte er irgend etwas erkannt. Schließlich braucht man Namen für die Dinge!"

Die Sonne war inzwischen untergegangen, und die Nacht senkte sich auf die Täler oberhalb von Akaba, als ergösse sich ein Strom von Dunkelheit über sie. Die Luft wurde kühl. Die al-Flaylis entschuldigten sich und zogen sich zum Abendgebet zurück, während ich mich im kleinen, aber üppig möblierten Wohnzimmer damit vergnügte, die Titel der Bücher in den Regalen durchzusehen. Ich fand viele arabische und auch zahlreiche englische Werke, teilweise offenbar Übersetzungen; sie trugen Titel wie *Der ummauerte Garten der Wahrheit, Das Parlament der Vögel, Majnun, Laila* und so weiter.

Nach den Gebeten widmeten wir uns einem recht ausgiebigen Abendessen, mit vielen Delikatessen in zahlreichen Schüsseln oder auf Tellern. Ich aß, bis ich schier nicht mehr konnte, und immer noch nötigte Amina mir etwas auf. Dann schleppten wir uns ins Wohnzimmer, um uns auf weichen Polstern niederzulassen.

„Sie müssen sicher Ihre Briefe und Notizen durchsehen. Sagen Sie mir bitte, wie wir Ihnen bei Ihren Nachforschungen helfen können." Er sprach sehr leise, fast sanft, aber irgendwie spürte ich in seinem Verhalten eine gewisse Wachsamkeit. Daher wählte ich meine Worte sehr sorgfältig.

„Ich interessiere mich dafür, was Sie mir über den arabischen Beitrag zur Mathematik sagen können und darüber, wie und in welchem Ausmaß sie von der arabischen Kultur beeinflußt wurde. Doch ich würde auch gern Ihre Meinung zu dem nichtkulturellen oder transkulturellen Element hören, wie Professor Pygonopolis es nannte, also zu dem – wie auch immer gearteten – Aspekt der Mathematik, von dem man sagen könnte, er sei außerhalb von uns entstanden. Wurde die Mathematik erfunden, wurde sie entdeckt, oder geschah beides irgendwie kombiniert? Und erklärt das, falls sie entdeckt wurde, den Aspekt, den manche ihre ‚unerklärliche Wirksamkeit' bei der Beschreibung der Welt nennen? Um es deutlich zu sagen, wenn die Mathematik präexistent war, kann sie dann –"

„Sehr gut. Jetzt verstehe ich. Sie wollen auf den von Ihnen so bezeichneten Holos hinaus, aber Sie scheuen sich, ihn beim Namen zu nennen, wie jemand, der nicht an eine Sache zu glauben wagt, weil sie zu schön ist, um wahr zu sein. Nun, ich glaube, Sie – und im Grunde wir alle – haben ein Recht, angesichts dieser Sachlage mißtrauisch zu sein. Aber lassen Sie mich diese Fragen so behandeln, wie sie in der Entwicklung der Mathematik im Nahen Osten vom zehnten bis zum fünfzehnten und sechzehnten Jahrhundert nach christlicher Zeitrechnung offenbar wurden. Ich möchte ein wenig ausholen und Ihnen von dieser Entwicklung erzählen. Zunächst sei daran erinnert, daß das islamische Reich seine Blütezeit vom siebten bis zum sechzehnten Jahrhundert hatte. Es bestand also über doppelt so lange wie der christliche Westen von der Renaissance bis heute. In den gut 1100 Jahren seiner Existenz wuchsen die wissenschaftlichen Kenntnisse ganz enorm an, sowohl in der Mathematik als auch in den Naturwissenschaften. Auf meinem Gebiet, der Astronomie, gab es vielleicht die größten Fortschritte, aber alle unsere Leistungen standen unter einem Unstern: Sie krankten an einem Fehler in der Wahrnehmung, den wir von den Griechen erbten und der im Grunde allen Menschen auf dieser Erde gemeinsam ist."

Nun stellte Ahmed das Licht etwas dunkler, und al-Flayli legte eine Platte mit arabischer Musik auf. Der Klang des Oud, einer Art Laute, und des Nay, einer Flöte, hüllte nun seine Worte ein und schuf eine Atmosphäre, als befänden wir uns in einer viel früheren Zeit und außerdem weit weg von hier.

„Die Mathematik in diesem Teil der Welt hat ihre Wurzeln in Babylonien, Indien und dem alten Ägypten der Pharaonen wie auch später der Ptolemäer. Ihre erste Blütezeit hatte sie in den Gärten der Weisheit von Bagdad während der Herrschaft des Kalifen al-Mamun. Das war im neunten Jahrhundert, in der Frühzeit des islamischen Reiches.

In weniger als zwei Jahrhunderten, zwischen 620 und 800, war der Islam, ausgehend von der Offenbarung in Mekka, zu einer religiösen Gemeinschaft geworden, die sich von Spanien im Westen bis nach Persien im Osten erstreckte. Und er förderte auch ein weltliches Reich mit Ministern, Diplomaten und einem großen Beamtenapparat. Der Friede innerhalb seiner Grenzen und der Wohlstand seiner Länder ermöglichten es Herrschern wie al-Mamun, der Kreativität Raum zu geben und sich mit Kunst und Wissenschaften zu beschäftigen. Al-Mamun war in mancher Hinsicht ein harter und unduldsamer Mann, aber er schätzte Erkenntnis und Weisheit über alles. Er entsandte Kundschafter, die sich auf die Suche nach den besten Gelehrten begaben – innerhalb und außerhalb des Reiches. Sie sollten an seinem Hofe wirken, den er *Bayt al Hiqma* nannte, soviel wie Haus der Weisheit.

Das war im Grunde eine Schule des Denkens, eine unbe-
schwerte, freie Universität. Den eingeladenen Gelehrten wurde
Unterhalt gewährt, und sie hatten Zugang zu allen Anlagen
und Einrichtungen, die al-Mamun bieten konnte. Er förderte
die Übersetzung griechischer Werke ins Arabische; dazu zähl-
ten Euklids *Elemente der Geometrie*, Archimedes' *Sandrechnungen*,
Platons *Republik* und Ptolemäus' *Almagest*. Auch die *Siddhantas*
oder ‚Sammlungen' der indischen Wissenschaftler Brahmagup-
ta und Aryabhata waren zu übersetzen. Die neuen Bücher wurden geradezu verschlungen, sie wurden immer häufiger abge-
schrieben und verteilt. Al-Mamun gründete eine große Bibliothek, in der sämtliche erreichbaren Schriften aus allen Teilen
der islamischen und der übrigen Welt gesammelt wurden. Er
finanzierte zudem den Bau zweier größerer und einiger kleinerer Sternwarten. Es war ein goldenes Zeitalter, das auch nach
dem Tode des Kalifen andauerte. Zu jener Zeit lebte der bedeutendste arabische Mathematiker: al-Chwarismi.
    Strenggenommen war al-Chwarismi kein Araber, sondern
Perser. Er hieß ursprünglich Mohammad Ibn Musa und
stammte aus der Stadt Chwarism. Er kam nach Bagdad als junger Gelehrter, der sich schon mit einigen Zahlensystemen vertraut gemacht hatte, die in der Welt verwendet wurden, vor
allem mit dem indischen.
    Die meisten dieser Systeme begannen mit I, II, III, ..., ähnlich
wie das römische. Dabei wurden die ersten drei ganzen Zahlen
einfach als Striche dargestellt. Danach folgten unterschiedliche
Zeichen, die teilweise wiederholt auftraten, meist mit eigenen
Symbolen für die Zahlen 10 und 100 oder – im babylonischen
System – für die Zahlen 60 und 600. Wollte man in diesen
Systemen zwei Zahlen addieren, so war es einfacher, sich der
Finger zu bedienen, und es kam sehr zu leicht Fehlern. Handel
zu treiben, mußte im Vergleich zu heute ungeheuer kompliziert
gewesen sein.
    Stellen Sie sich vor, wie angetan al-Chwarismi vom Zahlen-
system der Inder gewesen sein muß. Es hatte neun verschiedene Symbole für die ersten neun natürlichen Zahlen und außerdem eines für eine sehr wichtige neue Zahl, die Null. Damit
wiederholten sich die Ziffern auf angenehmste Weise in Zeh-
nerschritten. Und am wichtigsten war dabei, daß sich die Zah-

len bestens für Rechenoperationen eigneten. Das Geheimnis lag im neuen Stellenwertsystem, bei dem die Position einer Ziffer in einer Zahl über ihren jeweiligen Wert bestimmt.

In diesem System bestand jede Zahl aus Ziffern, und jede Ziffer drückte ein Vielfaches einer Potenz von 10 aus, wie Sie wissen. Es ist so einfach, dieses Zahlensystem als selbstverständlich hinzunehmen, denn wir Araber leben seit über 1000 Jahren damit. Aber wenn man genauer darüber nachdenkt, ist es wirklich wunderbar, geradezu magisch. Die Zahl 375 beispielsweise enthüllt uns ihren Wert erst dann, wenn wir nicht nur einfach ihre Ziffern betrachten, sondern deren Positionen berücksichtigen. Sie setzt sich zusammen aus 5 Einern (also 5), 7 Zehnern (also 70) und 3 Hunderten (also 300). Ihr Wert ist dann die Summe dieser drei einzelnen Zahlen. Nun eignet sich eine Zahl, die als Summe solcher Teile geschrieben werden kann, bestens zu Additionen oder anderen Berechnungen, weil diese für die Teilzahlen jeweils separat ausgeführt werden können. Um beispielsweise 375 und 193 zu addieren, zählen wir zuerst die Einer zusammen: 5 plus 3 gleich 8; also wird 8 die niedrigstwertige Ziffer des Ergebnisses sein. Jetzt addieren wir die zwei jeweils nächsten Ziffern: 7 plus 9 gleich 16, also 6 Zehner und 1 Hunderter. Daher wird 6 die nächsthöhere Ziffer des Ergebnisses sein. Die 1 wird auf die nächste Position übertragen, bei der wir 3 und 1 addieren müssen. Dies ergibt 4 und mit der übertragenen Einheit schließlich 5. Dies ist die letzte, höchstwertige Ziffer, und wir erhalten 568.

Um in diesem System arbeiten zu können, muß man nur die Additionstabellen für die ersten 10 Zahlen null bis neun kennen. Das gleiche gilt für die Multiplikation. Das Stellenwertsystem kann ohne die Ziffer 0 nicht funktionieren, das heißt, die Zahlen würden ohne die Null sozusagen zusammenbrechen. Wir könnten dann etwa die 704 auch als 74 schreiben, und das Chaos wäre komplett.

Die neue 0, das *sifr*, wie es auf arabisch heißt, machte viele Menschen, die zum ersten Mal mit dem System zu tun hatten, völlig ratlos. Welchen Sinn hatte eine Zahl, die keinen Wert hat, sozusagen für *nichts* steht? Wenn nichts da ist, dann ist ja auch keine Zahl notwendig, um es zu zählen. Das war ein gefundenes Fressen für die Spaßvögel.

Der Unterschied zwischen der neuen und der alten Zahlen-
schreibweise bringt mich auf eine fast banale, aber entscheidende Beobachtung, die sich auf ihre beiden Fragen bezieht: auf
die nach dem Einfluß der Kultur und auf die, ob die Mathematik erschaffen oder entdeckt wird. Beispielsweise wußte
al-Chwarismi – wie jeder andere, der das neue Zahlensystem
verwendete – auch von den anderen Systemen. Dieselben Zahlen wohnten sozusagen in allen Systemen. Die römische Zahl
XLII zum Beispiel war eine alte Schreibweise für die Zahl, die
im neuen System als 42 geschrieben wurde. Auf den ersten
Blick schienen beide Zahlen sich zu unterscheiden, aber es gab
eine zugrundeliegende Identität. Der Unterschied war kultur-
bedingt, also erfunden, doch die Gleichartigkeit bestand unabhängig von der Kultur. Ich möchte behaupten, die Mathematik
wurde entdeckt. Was kann man anderes dazu sagen?"

Ich hatte den Eindruck, daß in der Gleichartigkeit die Antwort auf meine Frage zur Entdeckung lag. Deshalb antwortete
ich mit der direktesten aller hier möglichen Fragen: „Worin,
bitte, besteht denn die Gleichartigkeit? Kann ich die Zahl zwei-
undvierzig direkt und ohne zwischengeschaltete Symbole interpretieren?"

Al-Flayli sah mich an und lächelte leicht betrübt. „Natürlich
weiß ich, was Sie meinen, aber Sie sind wirklich etwas zu anspruchsvoll. Versuchen Sie es mit der Zahl 2 oder, noch besser,
mit der Zahl 1. Und denken Sie an die englischen Wörter *one*
und *two* oder an die arabischen Wörter *wahid* und *ethnain*, die
nicht nur ungefähr, sondern genau dasselbe bedeuten. Oder
stellen Sie sich vor, Sie seien ein Römer, der *unum* und *duo* sagt.
Können Sie sich diese kleinen Zahlen direkt vorstellen? Ich bin
nicht sicher, daß Sie es können. Sie könnten sich selbst etwas
vormachen und denken, Sie nähmen die Zahl 2 in ihrer reinen
Form wahr, während Sie sich in Wirklichkeit zwei nebeneinan-
dergezeichnete Punkte vorstellen."

„Haben Sie denn eine Erklärung dafür, warum das so ist?"
fragte ich.

„Nein, ich habe keine. Ich kann nur sagen, daß wir die Zahlen ausschließlich durch unsere Schreibweise, unsere Wörter,
wahrnehmen. Aber wir können auf diese Träger ebensowenig
verzichten, wie wir ohne Füße gehen können. Sie sehen, eine

reine Zahl gehört zu dem, was einige arabische Mathematiker
die ‚Höhere Welt' nannten. Lassen Sie mich Ihnen etwas vorle-
sen." Al-Flayli griff hinter sich, und zog – ohne hinzusehen –
ein Buch aus dem Regal.

„Das ist eine Übersetzung eines sehr alten Buches mit dem
Titel *Die Episteln*. Es enthält eine Sammlung von Aufsätzen über
Künste und Wissenschaften; die Verfasser sind ungenannte
Mitglieder einer Akademie *Die Brüder der Reinheit*. Sie erlebte
ihre Blütezeit im zehnten Jahrhundert, und es gibt Hinweise
darauf, daß sie während der gesamten islamischen Ära aktiv
war." Al-Flayli las nun vor:

DIE BEDEUTUNG DER ZAHL

*Die Gestalt der Zahlen in der Seele entspricht der Gestalt des
Seins in der Materie (griechisch hyle). Sie [die Zahl] ist ein Teil
der Höheren Welt, und durch das Wissen darüber wird der
Jünger zu den anderen mathematischen Wissenschaften geführt,
wie auch zur Physik und zur Metaphysik. Die Wissenschaft
von der Zahl ist die Wurzel der Wissenschaften, das Fundament der Weisheit, die Quelle der Erkenntnis und die Säule der
Bedeutung. Sie ist das erste Elixier und der große Stein der
Weisen. ...*

Hierzu erklärte Al-Flayli: „Das ist die klarste Aussage, die
Sie über die zugrundeliegenden Zahlen jemals finden können.
Nach dieser Sichtweise existieren die Zahlen in der Seele oder
im Geist, jedoch liegt ihr Ursprung außerhalb des Geistes. Zahlen existieren in gewissem Sinne in materiellen Gegenständen,
aber darüber hinaus entstehen reine Zahlen – nicht verknüpft
mit irgendeinem bestimmten Gegenstand – in der sogenannten
Höheren Welt.

Sie dürfen nicht vergessen, daß alle diese Gelehrten Muslime
waren und ihre Philosophie sich innerhalb der Offenbarungen
des Korans bewegte. Mit anderen Worten, die Höhere Welt,
soweit sie sich auf die Wahrheit von Sachverhalten bezieht,
ist auf jeden Fall ein Teil Gottes. Allah hat 99 andere Namen,
darunter Al-Haq oder Wahrheit. So gehören Zahlen und alle
Erkenntnisse, die sich auf sie beziehen, zur Wahrheit Gottes
oder Al-Haqs."

„Ist dies ein Ort?" fragte ich.

„Ist was ein Ort?"

„Die Höhere Welt. Wo ist sie?"

Al-Flayli lachte leise in sich hinein. „Nun, ich wage die Behauptung, daß sie sehr nahe beim Holos liegt, wenn Sie wissen, wo sich dieser befindet."

„Wer waren die Brüder der Reinheit eigentlich?" fragte ich, indem ich einen anderen Aspekt unseres Themas wieder aufnahm. – „Gelehrte, wie ich schon sagte, oder genauer: Anhänger einer Lehre, deren Wurzeln im Altertum lagen. Die Bruderschaft kam in Mesopotamien auf, und ihre Geschichte kann vermutlich in gerader Linie auf die Pythagoreer zurückgeführt werden. Dies hier hat eines ihrer Mitglieder geschrieben:

Wisse, Bruder (Gott möge dir und uns mit Seinem Geist beistehen), daß dieser Pythagoras ein einmaliger Weiser war, der großes Interesse an der Wissenschaft von den Zahlen und ihrem Ursprung hatte und bis in alle Einzelheiten ihre Eigenschaften, Einteilung und Abfolge untersuchte. Er sagte einmal: ‚Die Kenntnis der Zahlen und ihres Ursprungs aus der Einheit ist gleichbedeutend mit dem Wissen von der Einheit Gottes – Er sei gepriesen; und das Wissen von den Eigenschaften der Zahlen, ihrer Einteilung und Abfolge ist das Wissen von den Lebewesen, die vom Erhabenen Schöpfer erschaffen wurden. Die Wissenschaft von den Zahlen ist in der Seele gegründet, und es ist kaum nähere Überlegung und Erinnerung nötig, um das zu erklären und zu beweisen.'

Sicher, Pythagoras lebte lange vor dem Aufkommen des Islam, aber wir Muslime glauben, daß es den Islam hier auf der Erde schon immer gab. Daher haben die Brüder der Reinheit vermutlich Zeus mit Allah identifiziert und behauptet, die Götter seien im Grunde Aspekte der Gottheit oder Emanationen von Zeus, also aus ihm hervorgegangen. Wie auch immer – wir haben deutliche Hinweise darauf, daß es die Pythagoreer bis in die islamische Ära hinein gab, wobei sich ihre mathematische und philosophische Orientierung gar nicht so sehr von dem unterschied, was Pythagoras selbst gelehrt hatte.

Kommen wir noch einmal auf die zugrundeliegende Realität der Zahlen. Hierzu kann ich nur sagen, daß es eine Art funktionaler Identität gab. Der Beweis dafür war einfach: Wenn ein Römer XLII Schafe von einem arabischen Händler kaufte, dann wurde er richtig bedient, wenn der Araber ihm 42 Schafe überließ, denn das war ja die Anzahl, die der Römer bestellt hatte, nicht mehr und nicht weniger. Dieses einfache Beispiel veranschaulicht die Realität der Zahlen in der Welt. Gleichzeitig war der Begriff der Zahl im Geist des Römers und in dem des Schäfers derselbe. Und deswegen konnten beide XLII oder 42 in irgendeiner anderen Ansammlung von Gegenständen erkennen, seien es Steine, Früchte oder andere Dinge. Wenn wir nun über die Erschaffung oder die Entdeckung der Mathematik sprechen, so möchte ich nur so weit gehen: Der menschliche Geist erschafft Zahlen im gleichen Sinne, wie er Farben erschafft. Jedoch entsprechen die Farben, die wir wahrnehmen, etwas Realem außerhalb des Geistes. In diesem letztgenannten Sinne können wir Zahlen immer entdecken. Wieviele Seiten hat dieses Buch? Wieviele Menschen sitzen in jenem Bus? Wieviele Dinare habe ich in der Tasche?

Apropos Dinare: Wir können von den Zahlen aus noch einen Schritt weitergehen, nämlich zum Rechnen. Dann können wir das neue Zahlensystem untersuchen, das al-Chwarismi am Hofe von al-Mamun eingeführt hatte. Wer das neue Rechensystem erlernt hatte und es auf Geld anwandte, sah die Vorteile sofort. Die Summe zweier Geldbeträge ergab sich, fast wie durch Zauberei, mit Hilfe der neuen Additionsregel und entsprach immer genau der Summe, die man mit Kerbholz oder Strichliste erhalten hatte. Ein Geldbetrag, den man für eine bestimmte Rechnung bezahlt hatte, konnte in den Büchern ganz einfach subtrahiert werden.

Die neue Mathematik ermöglichte auch einfachere ökonomische Prognosen und Planungen. Die möglichen Gewinne aus Geschäften ließen sich ganz leicht errechnen, indem man den Stückpreis mit der Anzahl der Stücke multiplizierte und dann den gesamten Einkaufspreis oder die aufzubringenden Kosten davon subtrahierte.

Ein großes Hindernis war nun beiseite geräumt. Die Zahlen waren jetzt viel leichter zu handhaben, und man konnte sie auf eine neue Weise interpretieren."

Nach diesem langen Vortrag von al-Flayli stand Amina auf

und entschuldigte sich. „Wir sehen uns morgen beim Frühstück, bevor Sie zu dritt zum Wadi Rum fahren."

Ahmed war auf der Couch inzwischen immer weiter nach
vorn gerutscht und fiel fast herunter. „Papa, erzähl' unserem
Gast doch bitte vom Haus der Weisheit."

Al-Flayli lächelte, hielt einen Moment inne und sagte dann
mit seiner leisen, eindringlichen Stimme: „Ich habe Ahmed
einmal davon erzählt, und seitdem drängt er mich immer wieder dazu. Vielleicht ist – wenn Sie erlauben – die Zeit nun gekommen, auch Ihnen davon zu berichten.

Das Haus der Weisheit war eine besondere Residenz, die
al-Mamun eingerichtet hatte. Wir kennen weder ihre Form noch
ihre Größe, aber wir stellen uns einen großen Saal vor, mit
Sandkästen zum Rechnen, mit Bücherregalen, mit Tischen zum
Lesen und Schreiben sowie mit Astrolabien, Armillarsphären
und anderen mathematischen und wissenschaftlichen Instrumenten. Von einem besonderen Pult aus konnte man zu den
anderen sprechen. In diesem Haus hielt sich al-Mamun, präch-
tig gekleidet und mit edlem Schmuck versehen, oft auf und
applaudierte auch den kühnsten Ideen, um seine Wissenschaftler weiter zu ermutigen.

Hunain Ibn Ishaq, ein christlicher Gelehrter und Arzt, übersetzte hier Bücher aus dem Griechischen. Die Banu Musa, Söh-
ne von Shakr Ibn Musa, waren tüchtige Geometer, die Dutzende griechischer Schriften sammelten und übersetzten. Al-Hallaj
wurde berühmt durch seine Übersetzung von Euklids *Elementen*
ins Arabische. Habash al-Hasib stellte umfangreiche, ziemlich
genaue Tabellen mit astronomischen Beobachtungen auf und
erreichte Fortschritte auf dem schwierigen Gebiet der Trigonometrie. Thabit ben Korrah, der Astronom des Kalifen, leitete die
Sternwarte von Bagdad. Ihm gelangen zahlreiche mathematische Entdeckungen. Al-Kindi und al-Farghani schrieben die
ersten eingehenden Abhandlungen zur Astronomie. Al-Nairizi
verfaßte einen Kommentar zum *Almagest* des Ptolemäus und
entwickelte das kugelförmige Astrolabium. Im Haus der Weisheit wirkten außerdem viele Dichter und Musiker, beispielsweise al-Mawsili und sein Sohn.

Wie arbeitete man in diesem Haus der Weisheit zusammen?
Bei den Zusammenkünften erklärte derjenige, der gerade an der

Reihe war, beispielsweise die Theorie der Harmonie. Dazu ließ
er auf dem Oud die Saiten schwingen und demonstrierte Okta-
ven, Quinten, Terzen und so weiter. Auf dieser Grundlage pro-
duzierten die Musiker zuweilen recht komplizierte Klänge und
Melodien. Die Zuhörer waren angetan von der intellektuellen
und ästhetischen Schönheit.

Dann deklamierte ein anderer: ,O Herrscher der Gläubigen,
Abglanz von Gottes Wille auf Erden, Licht unserer Augen: Dir,
o Herr, und dieser ehrwürdigen Versammlung möchte ich einen Mann vorstellen, der jüngst aus Chwarism im unteren Mesopotamien zu uns kam. Sein Name ist Mohammad Ibn Musa
al-Chwarismi, und er kann uns etwas über die Zahlen und über
die Systeme berichten, mit deren Hilfe man sie erstellen kann.'

Al-Chwarismis Vortrag über die Zahlen und deren Systema-
tik überzeugte den Kalifen. Andere Angehörige des Hauses der
Weisheit, selbst hervorragende Mathematiker, verstanden die
neuen Ideen sofort. Al-Chwarismi wurde von al-Mamun nach
Kräften gefördert. Vermutlich schon ein knappes Jahr darauf
vollendete al-Chwarismi ein wunderbares Buch und widmete
es dem Kalifen. Der arabische Titel des Werkes bedeutete soviel
wie *Das große Buch über das Rechnen mit Hilfe von Ausgleich und
Gegenüberstellung*. Das Wort ,Ausgleich' ist dabei die Übersetzung des arabischen Begriffs *al jabr*, aus dem das heutige Wort
Algebra hervorging.

Das Wesen der Algebra erschließt sich in den Gleichungen.
Jede Gleichung weist – ausdrücklich oder implizit – ein Gleichheitszeichen auf, das zwei Ausdrücke miteinander in Beziehung setzt. Die Ausdrücke können unterschiedlich aussehen
oder auf verschiedene Weise formuliert werden, aber ihre Beziehung zueinander, eben die Gleichheit, bringt nachhaltige
Beschränkungen mit sich.

Das Wort ,Gegenüberstellung' im Titel von al-Chwarismis
Werk bezieht sich darauf, daß beiderseits des Gleichheitszei-
chens je ein Ausdruck steht, und das Wort ,Ausgleich' deutet
eben deren Gleichheit an. Sie bleibt nur dann erhalten, wenn
man beide Ausdrücke genau gleich behandelt. Was wir mit
dem einen Ausdruck machen, müssen wir also auch mit dem
anderen tun. Wenn wir eine bestimmte Größe von einem Ausdruck subtrahieren oder ihn mit einer Zahl multiplizieren, so

müssen wir genau dasselbe mit dem anderen Ausdruck tun.
Wenn beide Ausdrücke vor jeder dieser Operationen gleich
waren, dann sind sie es auch hinterher."

Al-Flayli holte ein Blatt Papier und einen Stift. Dann schrieb
er folgende Gleichung auf:

$$(1/12) \, x^2 = x + 24.$$

„Das ist ein Beispiel aus al-Chwarismis Buch, allerdings in
moderner Schreibweise. Zum Lösen der Gleichung nach seiner
Methode multiplizieren wir zunächst auf beiden Seiten mit 12.
Das ergibt

$$12 \cdot (1/12) \, x^2 = 12 \cdot x + 12 \cdot 24,$$

also

$$x^2 = 12 \, x + 288.$$

Dann subtrahieren wir $12 \, x$ von beiden Seiten der Gleichung
und erhalten

$$x^2 - 12 \, x = 12 \, x - 12 \, x + 288.$$

Das ist dasselbe wie

$$x^2 - 12 \, x = 288.$$

Nun bemerkte al-Chwarismi, daß sich etwas sehr Interessantes ergibt, wenn man auf beiden Seiten 36 addiert:

$$x^2 - 12 \, x + 36 = 288 + 36 = 324.$$

Jetzt ist der Ausdruck auf der linken Seite ein perfektes
Quadrat, nämlich das von $x - 6$. Mit anderen Worten: Wenn wir
den Ausdruck $x - 6$ mit sich selbst multiplizieren, ergibt sich x^2
$- 12 \, x + 36$. Der Ausdruck auf der rechten Seite ist hier eine ein-
fache Zahl und ebenfalls ein perfektes Quadrat, nämlich 18^2.
Wenn zwei Quadrate gleich sind, dann sind es auch deren
Quadratwurzeln:

$$x - 6 = 18.$$

Wenn wir jetzt auf beiden Seiten 6 addieren, haben wir die
Gleichung gelöst:

$$x = 24.$$

Ich gebe zu, daß das ein bißchen langweilig und mühsam ist,
aber wir haben bei jedem Schritt das Prinzip des Gleichgewichts

oder der Gleichheit beachtet, und fast wie durch Zauberhand erscheint zum Schluß die Lösung. Es gibt hier eine und nur eine Zahl, die die Gleichung erfüllt, nämlich 24. Zu Anfang wußte al-Chwarismi ja nicht, welche Zahl dies sein würde, und bezeichnete sie daher mit x. Diese so unscheinbare, offenbar simple Maßnahme war jedoch eine der bahnbrechendsten Erfindung in der Mathematik.

Allerdings will ich Sie nicht in die Irre führen. Machen Sie sich also bitte auf einen Schock gefaßt. Al-Chwarismi schrieb in Wahrheit weder x für die Unbekannte, noch setzte er überhaupt Gleichungen an. Alles wurde in Worten ausgedrückt. Statt x benutzte er das arabische Wort *shay*, soviel wie *Ding*. Wir wollen es ein kleines bißchen moderner ausdrücken und sagen statt dessen ‚Größe'. Dann lautete die Gleichung etwa so:

Ein Drittel der Größe, multipliziert mit einem Viertel dieser Größe, ergibt die Größe zuzüglich der Zahl 24. Dies ergibt ein Zwölftel des Quadrats der Größe; also ist das Quadrat der Größe so groß wie ihr Zwölffaches, zuzüglich der Zahl 288.

Ich will Sie keineswegs mit der gesamten Formulierung langweilen, sondern wollte Ihnen nur einen Eindruck vermitteln. Wir haben hier ein weiteres Beispiel von Kultur in der Mathematik vor uns. Wir sehen zwei ganz unterschiedliche mathematische Schöpfungen. Die eine besteht aus Symbolen, die andere aus Worten. Nun ist es wirklich leicht, die eine Form in die andere umzusetzen. Jemand, der diese Übersetzbarkeit nicht erkennt, könnte die Unterschiede überbewerten, die jedoch nur oberflächlich sind. Unter der Oberfläche befinden sich die gleichen Vorstellungen, die die gleichen Bedingungen für die unbekannte Größe ausdrücken, welche wir x nennen.

Das Wunderbare an diesem x ist der Akt des Glaubens und des Vertrauens, mit dem wir sagen: Nennen wir die Lösung x, gerade so, als würden wir sie damit aus der Höheren Welt hervorzaubern. Aber das, was diese Lösung ausmacht, können wir nicht bestimmen. Wir müssen vielmehr akzeptieren, was sich ergibt. Das ist die Kunst des *Magus*, des alten persischen Magiers."

Al-Flayli verstummte, und seine Blicke schweiften zur Decke. Ich wagte es, seine Überlegungen zu stören: „Warum kamen al-Chwarismi oder seine Zeitgenossen nicht auf die Möglichkeiten der symbolischen Schreibweise, die doch so überaus nützlich und übersichtlich ist?"

„Darüber habe ich auch nachgedacht. Ich nehme an, es war die Kultur, die uns stets daran hinderte, auf unsere Sprache zu verzichten. Im zwölften Jahrhundert meinte ein Spötter in Damaskus einmal: ‚Die Nationen der Menschheit haben drei Vorzüge: das Hirn des Franken, die Hand des Chinesen und die Zunge des Arabers.' Das ist es. Im Haus der Weisheit und in den anderen Akademien oder Vereinigungen konnte man eben nicht anders, als wissenschaftliche Vorstellungen und poetische Werke in derselben Sprache auszudrücken. Wie hätte man das mit dem rein symbolischen x anstellen können, ganz zu schweigen von Symbolen für Addition, Multiplikation oder Wurzelziehen?

Ich möchte es so sagen: Rund tausend Jahre lang waren wir Sammler, Hüter und Mehrer des mathematischen Wissens. Uns gelangen zahlreiche Beiträge praktischer Art und einige theoretische oder allgemeine Erkenntnisse. Beispielsweise fand Omar-e Chajjam im elften Jahrhundert die allgemeine Lösung kubischer Gleichungen. Kurz gesagt, wir hatten durchaus einen wachen Sinn für das Prinzip der Verallgemeinerung, aber wir empfanden auch eine fast ehrfürchtige Scheu vor den Dingen, die da auf uns zukamen. Es ging nicht nur um die Verwendung von Symbolen oder Worten, sondern um eine Art von Kontakt mit etwas, das weit jenseits unserer Erkenntnis lag – etwas sowohl Steinhartes als auch sehr Flüchtiges. In ihm konnten wir den Odem der Höheren Welt spüren."

Bislang hatte der junge Ahmed geduldig zugehört, aber nun platzte es aus ihm heraus: „Papa, Du hast die Geschichte vom Haus der Weisheit noch nicht ganz erzählt."

„Das stimmt, Ahmed. Ich habe zu sehr auf die Interessen unseres Gastes geachtet." Er sah Ahmed an, wobei er die Augenlider zusammenzog, als wolle er ihn schelten; aber dann lächelte er plötzlich. „Es ist jetzt Zeit für dich, zu Bett zu gehen. Aber ich werde die Geschichte morgen abend beenden, wenn wir gemeinsam draußen in der Wüste sind."

Ahmed ging zu Bett, und ich spürte, daß al-Flayli und mir an diesem Abend nicht mehr viel Zeit blieb. Vielleicht konnten wir noch den wahren Einfluß der Kultur auf die islamische Mathematik ansprechen.

„Sie sagen also", begann ich, „daß die frühen arabischen Mathematiker schwierige mathematische Probleme beinahe so gut lösen konnten wie wir heute, ohne durch die Metaphysik beeinflußt zu sein – genauer gesagt: ohne daß die Mathematik selbst durch die Metaphysik beeinflußt wurde?"

„Wenn Sie unter Metaphysik die Philosophie der Brüder der Reinheit verstehen, dann würde ich das bejahen. Es gab eine klare Trennung zwischen der Mathematik und ihrer Philosophie, denn die frühen Mathematiker erkannten von Beginn an, daß die Deduktion und nur die Deduktion auf jegliche Art vorliegender Definitionen und Axiome angewandt werden muß. Aber es gab gewisse Ansichten – weithin akzeptierte Ansichten – über das, was wir auch die Persönlichkeit von Zahlen nennen könnten."

Ich zog erstaunt die Augenbrauen hoch, und al-Flayli lächelte, als er das sah.

„Kann es wirklich sein, daß Sie nicht wissen, daß den Zahlen Persönlichkeiten zugesprochen wurden? Sie repräsentierten Aspekte, die über die bloße Quantität hinausgingen. Zum Beispiel hielt man die Zahl 1 für die Einheit, aus der alle anderen Zahlen hervorgingen. Als solche stand die Zahl 1 für Allah, der der Eine ist. Der senkrechte Strich der Ziffer 1 ähnelt sehr dem *aliph*, dem ersten Buchstaben des arabischen Alphabets, der gleichzeitig der erste Buchstabe im arabischen Namen Gottes ist. Die Zahl 2, die erste gerade Zahl, vertrat die Dualität oder die Schöpfung. Die Zahl 3, symbolisiert durch ein Dreieck aus Punkten, repräsentierte die Harmonie, während die Zahl 4, eine Quadratzahl, der Stabilität zugeordnet wurde. Und so ging es ein ganzes Stück weiter. – Haben Sie schon einmal von ‚befreundeten Zahlen' gehört?"

Irgendwo schien in meinem Kopf ein kleines Glöckchen zu läuten. Hatte ich als Student in einer Vorlesung über Zahlentheorie davon gehört? Aber mir fiel die Definition nicht ein.

„Zwei Zahlen nennt man befreundet", erklärte al-Flayli, „wenn jede von ihnen gleich der Summe der Teiler der anderen Zahl ist. Zum Beispiel sind die Zahlen 220 und 284 befreundet. Die Teiler von 220 sind 1, 2, 4, 5, 10, 11, 20, 22, 44, 55 und 110.

Ihre Summe ist 284. Und die Teiler von 284 sind 1, 2, 4, 71 und 142. Ihre Summe ist 220.

Ehrlich gesagt, ich habe keine Ahnung, welche Rolle diese Eigenschaft zweier Zahlen über diese Definition hinaus spielt. Ich könnte mir vorstellen, daß jemand, der einen guten Freund verloren hatte, ein Amulett trägt, in das die Zahlen 220 und 284 eingraviert sind; so kann er die verlorene Freundschaft symbolisieren. Eine derartige Zahlenmagie war in der alten Welt recht verbreitet, nicht nur in Arabien.

Aber ich weiß, daß viele Mathematiker zu allen Zeiten von den befreundeten Zahlen fasziniert waren. Ich vermute, solche Zahlenpaare waren, abgesehen von der Magie, echte Herausforderungen für modernere Mathematiker, die nichts von der magischen Beziehung wußten. Und wirklich haben bedeutende europäische Mathematiker wie Fermat, Descartes und Euler versucht, recht viele oder womöglich alle Paare befreundeter Zahlen zu finden. Sie konnten jedoch die dafür notwendige Methode kaum verbessern, die während jener ersten Glanzzeit der islamischen Mathematik entwickelt worden war.

Im Haus der Weisheit war es seinerzeit Thabit ben Korrah, dem bei diesem Problem ein außerordentlicher Fortschritt gelang. Hier ist sein Lehrsatz." Al-Flayli holte ein altes Zeitschriftenheft aus dem Regal und fand die Stelle sofort.

Lehrsatz: Wenn die Zahl p die Form $3 \cdot 2^{n-1} - 1$ hat, q die Form $3 \cdot 2^n - 1$ und r die Form $9 \cdot 2^{2n-1} - 1$, und wenn wenn alle drei Zahlen p, q und r Primzahlen sind, dann sind die Zahlen

$$a = 2^n \cdot p \, q \quad \text{und} \quad b = 2^n \cdot r$$

befreundete Zahlen.

Hierzu erklärte al-Flayli: „Wir können ben Korrahs Formel verwenden, um viele Paare befreundeter Zahlen zu erzeugen. Aber deren Größe wächst sehr schnell an. Für $n = 2$ beispielsweise ergibt sich das Paar 220 und 284. Für $n = 3$ ist r keine Primzahl, und für $n = 4$ haben die Zahlen p, q und r die Werte 23, 47 und 1151. Diese drei Zahlen sind sämtlich Primzahlen; das heißt, sie können ohne Rest nur durch sich selbst oder durch 1 dividiert werden. Also trifft die Aussage des Lehrsatzes zumindest in diesem Fall zu. Wenn wir diese Werte für p, q und r in die Formeln für a und b einsetzen, die der Lehrsatz angibt, so folgt $a = 17296$, nämlich das Produkt aus 16, 23 und 47, und es folgt $b = 18416$, nämlich das Produkt aus 16 und 1151."

Al-Flayli schrieb mir die beiden befreundeten Zahlen a und b auf ein Blatt Papier, damit ich sie mir ansehen konnte:

17296   und   18416   sind befreundet.

„Pierre de Fermat fand diesen Lehrsatz erneut, ohne von ben Korrahs Erkenntnis zu wissen. Diese unabhängige Entdeckung war natürlich kein Zufall. Es kommt immer wieder vor, daß mathematische Lehrsätze unabhängig voneinander entdeckt werden. Nach meiner unmaßgeblichen Meinung liegt das daran, daß sie sozusagen auf ihre Entdeckung warten, vielleicht in der Höheren Welt. Auf jeden Fall fanden Fermat und Descartes mit Hilfe dieses Lehrsatzes noch ein weiteres Paar befreundeter Zahlen, nämlich:

9363584   und   9437056.

Soweit ich weiß, gibt es unendlich viele Paare befreundeter Zahlen."

Ich drang weiter in al-Flayli, denn ich wollte noch mehr über die Algebra erfahren. Wenn die Araber so praktisch veranlagt waren, wozu nutzten sie dann die Algebra?

„Die Beherrschung der *al jabr* war bei vielen praktischen Aufgaben hilfreich, zum Beispiel bei der Aufteilung von Land-flächen und der Errichtung von Bauwerken, außerdem natür-lich beim Handel und bei vielem anderen. Angenommen, ein Bauherr hat gerade genug Geld für 1760 Backsteine und will mit ihnen ein Haus bauen, das zweimal so lang wie breit ist und dessen Fußboden auch gemauert werden soll. Die Wände sollen jeweils 8 Steine hoch werden; wie groß wird das Haus, das er mit den 1760 Steinen bauen kann?

Wir fangen mit der vermessenen Annahme an, daß wir die Lösung schon kennen. Unser *shay*, das ‚Ding', das für unsere Lösung steht, nennen wir x, wie gewohnt. Dies soll die Länge der kürzeren Seite des Hauses sein, und die Maßeinheit ist die Kantenlänge eines Backsteins. Die Grundfläche des Hauses ent-spricht $2x^2$, also werden für den Fußboden ebenso viele Steine

benötigt. Der Umfang beträgt $6x$, also werden für die 8 Stein-
reihen der Wände $48x$ Steine gebraucht. Damit haben wir folgende Gleichung:

$$2x^2 + 48x = 1760.$$

Zum Lösen können wir mit Hilfe der *al jabr* beide Seiten
vereinfachen. Dazu dividieren wir sie zunächst durch 2. Das
ergibt sofort

$$x^2 + 24x = 880.$$

Wiederum mit Hilfe der *al jabr* addieren wir auf beiden Seiten -880, und die Gleichung wird zu

$$x^2 + 24x - 880 = 0.$$

Jetzt muß ich sagen, daß wir Glück gehabt haben, denn wir
können die linke Seite dieser Gleichung als Produkt zweier
Faktoren schreiben:

$$(x + 44)(x - 20) = 0.$$

Wenn ein Produkt zweier Ausdrücke den Wert null hat,
dann muß zumindest einer von ihnen gleich null sein. Demnach ist entweder $x + 44$ gleich null, oder es ist $x - 20$ gleich
null. Die erste Möglichkeit führt zu $x = -44$, was im vorliegen-
den Fall sinnlos ist. Die andere Möglichkeit führt zu $x = 20$. Das
bedeutet, daß die kurze Seite des Hauses 20 Backsteinlängen
lang sein muß.

Prüfen wir kurz nach: *Al jabr* hat dem Bauherrn sozusagen
offenbart, daß sein Haus 20 Backsteine breit und 40 Backsteine
lang sein wird. Erinnern wir uns an die einzelnen Beziehungen:
Die Grundfläche entspricht $2x^2$, das sind 800 Backsteine. Die
Wände erfordern insgesamt $48x$, also 960 Einheiten. Die Gesamtzahl von Backsteinen, die der Bauherr kaufen muß, beträgt
somit genau 1760, nämlich die Summe von 800 und 960."

„Und was ist mit den Tür- und Fensteröffnungen?"

Al-Flayli lachte. „Oh, die habe ich doch tatsächlich vergessen! Nun, das kann leicht korrigiert werden. Aber Sie erkennen
schon das Wesentliche des Verfahrens. Es unterscheidet sich
nicht so sehr von dem, was die Schüler heute im Gymnasium
lernen."

Plötzlich fragte er: „Sind Sie müde?" Ich war mir sicher, daß
er gern zu Bett gehen wollte, und bejahte daher. Aber nun über-
raschte er mich.

„Wenn Sie noch nicht allzu müde sind, möchte ich Ihnen
gern noch etwas anderes zur Algebra zeigen. Es hängt auf äußerst interessante Weise mit den geometrischen Ornamenten
zusammen, für die wir Araber berühmt sind."

Er griff wieder hinter sich und nahm – auch diesmal absolut
zielsicher – ein großformatiges Buch mit farbigem Umschlag
zur Hand. Als er es aufschlug, konnte ich einen Laut des Er-
staunens nicht unterdrücken. Im Buch waren zahlreiche Muster
dargestellt, die aus regelmäßig wiederholten Grundfiguren bestanden. Manche dieser Ornamente waren geometrischer Natur, andere zeigten Blumen, aber alle durchzog irgendwie derselbe kristallklare Geist.

Islamisches Wandmuster.

„Dieses Muster erstreckt sich im Prinzip bis ins Unendliche;
die Grundfigur wird quasi endlos – zumindest so oft wie möglich – aneinandergereiht. Schon bei der Beschränkung auf eine
Wand oder einen Fußboden erkennt man, daß das Muster aus
der ständigen Wiederholung derselben Grundfigur hervorgeht.
Auf diese Art wird jeder Betrachter eines solchen Musters dazu

angeregt, über das Unendliche nachzudenken, das allein Allah und vielleicht der Höheren Welt vorbehalten ist.

Mathematisch gesehen, sind die Figuren eindeutig geometrisch konstruiert, und doch steckt auch hier die Algebra dahinter. Wenn Sie die Symmetrien dieser Muster betrachten, so erhalten Sie eine Vorstellung von dem, was wir Mathematiker heute als Gruppe bezeichnen."

„Sie wollen mir doch nicht weismachen, die Araber hätten die Gruppen entdeckt! Ich dachte, dieser Begriff wurde erst im achtzehnten Jahrhundert entwickelt."

Al-Flayli lachte wieder und schien nun doch ein bißchen müde zu werden. „ Nein, nein, überhaupt nicht. Doch den Arabern war das gelungen, was wir als verborgene Entdeckung bezeichnen könnten. Bevor ich das erläutere, möchte ich kurz in Erinnerung rufen, was Gruppen sind.

Schauen Sie sich dieses Muster genau an. Wenn Sie die ganze Anordnung geradlinig nach oben oder nach unten verschieben, und zwar genau um die Einheitslänge – also die Höhe der wiederholten Grundfigur, aus der es zusammengesetzt ist –, dann entsteht wieder exakt das gleiche Muster. Das, was Sie dabei durchführen, ist eine Symmetrieoperation; in diesem Falle ist es eine Verschiebung oder *Translation*. Sie erkennen aber auch eine andere Möglichkeit der Translation, nämlich die nach rechts oder nach links. Verschieben Sie das ganze Muster um eine Einheitslänge nach rechts, so ergibt sich wiederum genau das gleiche Muster wie zuvor. Erkennen Sie in diesem Muster noch andere Symmetrien?"

„Ich meine, das Muster ist auch ein Spiegelbild von sich selbst", entgegnete ich.

„ Ja, das stimmt. Man nennt das eine *Spiegelung*. Sie können das Bild in Gedanken um 180 Grad kippen, wobei Sie es aus der Papierebene heraus und auf die andere Seite klappen. Wieder erscheint das gleiche Muster wie zuvor. Aber diese Spiegelung kann man nur an bestimmten Symmetrielinien vornehmen, die hier eingezeichnet sind."

Al-Flayli war offenbar doch noch nicht müde, denn er fuhr fort: „Es gibt noch eine Symmetrieoperation, nämlich die *Rotation* oder *Drehung*. Sie ist sehr leicht zu erklären. Es gibt bestimmte Punkte, um die Sie das ganze Muster drehen können –

in diesem Fall um 90 Grad –, um stets erneut das gleiche Muster zu erzeugen. Diese Symmetrieoperationen haben eine sehr interessante Eigenschaft, die, wie ich glaube, in der damaligen Welt niemand erkannte. Wenn wir eine Symmetrieoperation nach einer anderen ausführen, so erhalten wir dadurch eine dritte Symmetrieoperation. Mit anderen Worten: Wir können diese Operationen wie Symbole behandeln und sie miteinander kombinieren.

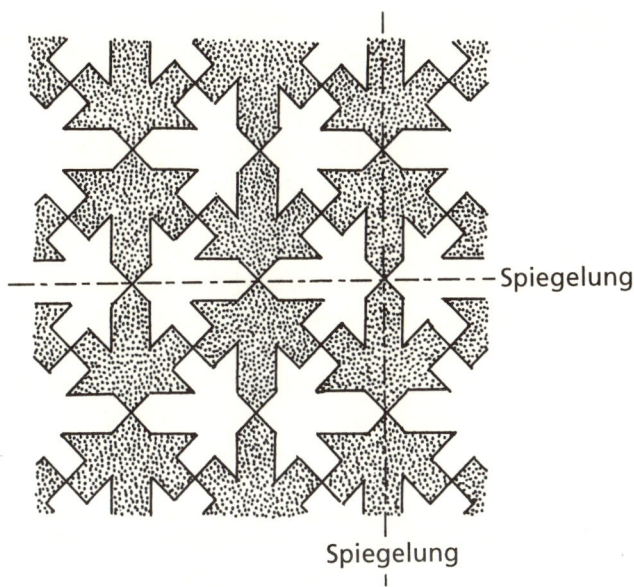

Symmetrielinien.

Und nicht nur das, diese Operationen gehorchen ganz bestimmten mathematischen Gesetzmäßigkeiten." Er zählte sie an den Fingern ab:

„Erstens: Das Produkt zweier Symmetrieoperationen ist wieder eine Symmetrieoperation, wie wir gerade gesehen haben.

Zweitens: Es gibt bei den Symmetrieoperationen eine neutrale Operation, die das Muster überhaupt nicht bewegt. Das ist offensichtlich; man macht einfach gar nichts. Dies mag sinnlos erscheinen, aber hören Sie zuerst das nächste Gesetz.

Drittens: Für jede Symmetrieoperation gibt es eine Umkehr-

operation, die inverse Operation. Wissen Sie, was ich damit
meine? Nun, für eine beliebige Symmetrieoperation – sei es eine
Translation oder eine Rotation – gibt es eine andere, die alles
rückgängig macht, was die erste bewirkte. Kombiniert man eine
Symmetrieoperation mit ihrem Inversen, so resultiert natürlich
die neutrale Operation. Deren Ergebnis ist dasselbe, als wenn
man überhaupt nichts täte. Die neutrale Operation spielt bei
den Gruppen dieselbe Rolle wie die Null bei der Addition von
Zahlen. Man kann sagen, daß die Gruppen die Zahlen verall-
gemeinern.

Viertens: Wenn man drei Symmetrieoperationen nacheinander ausführt, dann ist es gleichgültig, in welcher Reihenfolge
man sie kombiniert. Man kann zunächst die erste Operation
und danach das Produkt der anderen beiden Operationen ausführen. Oder man kann das Produkt der ersten beiden ausführen, gefolgt von der dritten Operation. Ich fürchte, ich habe das
nicht besonders gut erklärt, aber es ist hier auch nicht wichtig.
Ich möchte nur einen Kernpunkt herausarbeiten: Diese vier
Regeln sind im Grunde die Axiome dessen, was wir als Gruppe
bezeichnen, also die Gruppenaxiome. Andere Arten von Symmetrien in einem gegebenen Muster führen zu einer anders gearteten Gruppe.

Nun gehören nicht alle Muster in diesem Buch zur gleichen
Gruppe, wie man vielleicht denken könnte. Beispielsweise können einige Muster um jeweils 60 Grad gedreht werden, andere
nur um jeweils 90 Grad, so daß wieder dasselbe Muster erscheint. Im neunzehnten Jahrhundert konnte man beweisen,
daß es nur endliche viele Symmetriegruppen gibt. Es gibt nicht
einmal viele, sondern genau 17."

„Tatsächlich? Ich hätte auf eine unendlich hohe Anzahl ge-
tippt", gestand ich ein.

„Nein, es sind exakt 17, nicht mehr und nicht weniger. Übrigens kann man in der islamischen Welt Vertreter aller dieser 17
Gruppen antreffen. Wirklich aller Gruppen."

„Jetzt wird mir klar, was Sie meinen", bemerkte ich etwas
überrascht. „Kann man also sagen, den Konstrukteuren dieser
wunderbaren alten Muster konnte es niemals gelingen, ein
Muster aus Grundfiguren zu entwerfen, das nicht zu einer dieser 17 möglichen Gruppen gehörte?"

„So ist es." – „Waren sich die Konstrukteure eigentlich darüber im klaren, daß hier eine Begrenzung besteht?"

„Das ist eine sehr gute Frage", entgegnete al-Flayli. „Es gab unter ihnen zweifellos etliche Genies. Und was war das für eine Kombination von Talenten: halb Künstler, halb Mathematiker! In einigen Mustern findet man deutliche Hinweise darauf, daß die Künstler versuchten, eigentlich verbotene Symmetrien in die Muster zu integrieren – aber nur, um von der Höheren Welt abgeschmettert zu werden, wenn Sie so wollen. In manchen Mustern findet man eine sogenannte fünfzählige Symmetrie, bei der fünf Einzelrotationen um jeweils 72 Grad eine volle Umdrehung ergäben.

Aber diese Symmetrieoperation kann nicht als Bestandteil einer der 17 Gruppen auftreten. Der Künstler entrann diesem Dilemma, indem er sicherstellte, daß all die erlaubten Symmetrieoperationen eine verbotene Figur in eine andere umsetzten. Hier sehen Sie, was ich meine."

Fünfzählige (angebliche) Symmetrie.

Er suchte eine bestimmte Seite in dem großen Buch, hielt es
aufgeschlagen und blieb dann vor mir stehen.

„Ich muß mich wirklich bei Ihnen entschuldigen. Ich gebe
mich dem Stolz über unser kulturelles Erbe hin, anstatt Ihre
Bequemlichkeit im Auge zu haben, die wirklich Vorrang hat.
Ich hoffe, Sie vergeben mir."

Vielleicht wollte al-Flayli damit andeuten, daß er nun gern
zu Bett gehen wollte. Daher stand ich auch auf.

„Da ist gar nichts zu vergeben", versicherte ich ihm. „Wie
könnte ich an diesen Dingen weniger interessiert sein als Sie?"

Al-Flayli lachte laut auf, was recht ungewöhnlich war. „Wir
werden noch einen Araber aus Ihnen machen!"

Er brachte mich in mein Zimmer. Es war ziemlich kühl. Das
einzelne Fenster an der Westseite des Hauses gab den Blick auf
den untergehenden Halbmond frei und ließ sein kaltes Licht
hinein.

„Wenn Sie möchten", sagte al-Flayli ganz leise, „können Sie
natürlich wach bleiben und von Ihrem Bett aus zusehen, wie
der Mond untergeht. Bedenken Sie aber, daß der Mond nicht
durch sein eigenes Licht leuchtet, sondern durch das der Sonne.
Auch die frühen arabischen Astronomen wußten das. Für sie
repräsentierte der Mond den Propheten Mohammed, der auch
nicht aus sich selbst heraus leuchtete, sondern durch das Licht
eines anderen erleuchtet wurde. Aus diesem Grunde hat der
Halbmond in der Symbolik des Islam eine besondere Bedeutung. – Morgen fahren wir zum Wadi Rum", sagte al-Flayli und
schloß leise die Tür.

Ich schlafe in fremden Wohnungen normalerweise nicht gut,
doch hier fühlte ich mich wie zu Hause – aus Gründen, die ich
nicht recht erklären kann. Der Mond war sehr schön und rötete
sich zunehmend, während er im Westen hinter den Hügeln
unterging. Ich fiel in tiefen Schlaf.

KAPITEL 4

Himmelskugeln

Die Morgensonne war so hell, daß ich die verzierten Stäbe des Balkongeländers kaum richtig erkennen konnte. Noch bevor ich mein Frühstück mit Fladenbrot, Aprikosenmarmelade und Rahmkäse beendet hatte, entschuldigten sich al-Flayli und sein Sohn Ahmed, um sich um die Reisevorbereitungen zu kümmern. Ich nahm meine Kaffeetasse mit und ging zur Vorderseite des Hauses, um ihnen zuzusehen. Sie luden Schlafsäcke, Koffer und Decken ins Auto. Al-Flayli ging mit mir ins Haus.

„Ich möchte Ihnen etwas zeigen, bevor wir losfahren", sagte er. Wir gingen in sein Arbeitszimmer. In einer Ecke stand auf einem Sockel ein eigenartiges Instrument aus Messing. Es wies zahlreiche kreisförmige Bänder auf, die insgesamt eine Hohlkugel bildeten.

„Das ist eine Armillarsphäre", erklärte er, „ein altes Instrument, das recht viele Erkenntnisse über den Nachthimmel, also über die Planeten und die Sterne an ihm, verkörpert. Es hat ein Äquatorband, das um sein Zentrum verläuft, und ein Ekliptikband, das gegenüber dem Äquatorband geneigt ist. Ich möchte die Einzelheiten erst heute abend erklären, aber jetzt möchte ich Sie bitten, sich die Kugelform des Geräts genau anzusehen. Es ist ein ziemlich exaktes Modell der Vorstellung, die sich die alten Astronomen vom Himmelsgewölbe machten."

„Meinen Sie als Kugel?" fragte ich.

„Genau. Die Vorstellung, die Sterne seien an einer riesigen, sich drehenden Kugel befestigt, ist natürlich eine Illusion, wenn auch eine recht hilfreiche. Eine Kugel ist ja ein gutes Modell, mit dem man die Positionen der Sterne darstellen kann, solange man sich keine Gedanken über ihre Entfernungen voneinander und von der Erde macht. Markieren Sie die Sternörter auf einer imaginären Kugel, in deren Mitte sich die Erde befindet, und Sie wissen, wohin die Astronomen – in der Antike oder heutzutage – ihre Instrumente ausrichten sollten. Für diesen Zweck genügt das kugelförmige Modell vollkommen. Heute nennen wir dieses abstrakte Modell die Himmelskugel. Wenn Sie sich das Äquator- und das Ekliptikband näher ansehen, dann können Sie die auf ihnen angebrachten Teilstriche erkennen. Die Position eines jeden Sterns am Nachthimmel kann nämlich durch nur zwei Winkel angegeben werden, so wie man auf der Erde Breiten- und Längengrad angibt. Auch das werde ich später genauer erklären."

Die Armillarsphäre wirkte eindeutig antik. „Dieses Gerät ist sicher sehr alt", bemerkte ich.

„Das Original", entgegnete al-Flayli in seiner ruhigen Art, „steht im Britischen Museum in London. Das hier ist eine exak-

Armillarsphäre.

te Kopie eines persischen Instruments aus dem dreizehnten Jahrhundert."

Er hielt kurz inne und sagte dann unvermittelt: „Wir müssen jetzt gehen." Nun wurde er ein wenig hektisch, was ich an ihm gar nicht kannte. Wir stiegen in den Landrover, und al-Flayli blieb etwas zurück, um kurz mit Amina zu sprechen. Sie lächelte und sagte, während Sie uns zuwinkte: „Ich hoffe, Sie kommen mit dem Kamel einigermaßen zurecht."

Als wir die Auffahrt und dann die steile Zufahrtsstraße entlangfuhren, fragte ich al-Flayli, was sie damit gemeint habe.

„Nun, die Kamele in den Reiseberichten und Naturfilmen sehen immer sehr schön aus, und die Zuschauer würden nur zu gern selbst aufsteigen – aber viele Touristen sind doch erschrocken, sobald sie wirklich vor einem Kamel stehen und merken, wie hoch das Tier ist. Sie scheuen sich vor längeren Touren und wollen so schnell wie möglich wieder herunter. Ich frage mich, ob es Ihnen ähnlich ergehen wird." Er lächelte ein wenig.

In der folgenden Stunde mußte ich ungefähr alle fünf Minuten daran denken, was mir wohl bevorstand. Wir fuhren an den Hügeln entlang und hinunter in eine weite, flache Einöde mit verstreuten Büschen, die aussahen wie mit Wachs überzogen. Als Ahmed die Ausfahrt von der Hauptstraße so schnell nahm, daß der Landrover beinahe umkippte, vergaß ich die Kamele sofort. Nun folgten wir einer steinigen Piste, die nur an zwei flachen Rinnen erkennbar war, die sich auf große, nicht allzu weit entfernte Bergkuppen zuschlängelten. Diese waren purpurrot und ockerfarben, aber auch himbeerrot und bräunlich, wobei in der Entfernung alles ein wenig verschwamm und die Farben ins Graue hineinspielten. Das Ganze sah sehr seltsam aus, fast wie eine Mondlandschaft.

„Wir sind bald beim Wadi Rum", rief al-Flayli mir durch das Fahrgeräusch und den Staub zu. Die Piste führte teilweise um eine der Bergkuppen herum, die rechts von uns emporragten. Die Aussicht, die sich uns jetzt bot, werde ich nie vergessen: vor uns das Wadi oder Tal, das genau nach Süden verlief, eine große Fläche mit Steinen und Sand. Oberhalb davon befanden sich Klippen, die fast auf einen Fluchtpunkt zuliefen.

Nach einer knappen halben Stunde erreichten wir eine Ansammlung schwarzer Zelte aus Ziegenhaar. Ein alter Mann kam

aus einem Zelt heraus und eilte auf uns zu. Al-Flayli erklärte
mir: „Das ist der Scheich der Bani Harith, eines Nomaden-
stammes, der seit mehreren Jahren hier lebt."

Wir verließen den Landrover, und während al-Flayli und
der Scheich über die Einzelheiten der bevorstehenden Exkur-
sion sprachen, führte mich Ahmed zu einigen Ruinen, die hinter dem Zeltdorf, nicht weit vom Wadi Rum, standen.

„An dieser Stelle befand sich einst ein römisches Fort. Daher
rührt der Name Wadi Rum, was soviel wie ‚Tal der Römer' bedeutet. Hier erkennt man die Überreste eines Bades, und dort
drüben standen die Soldatenunterkünfte."

Die Männer des Stammes, die al-Flayli als Führer engagiert
hatte, brannten nicht gerade auf den Aufbruch. Der Ausflug sei
für ihre Verhältnisse recht kurz, erklärte al-Flayli, und sie gingen – wie jedermann – nicht besonders gern in der größten Hitze hinaus. Deshalb saßen wir im Zelt des Scheichs und tranken
Tasse um Tasse starken schwarzen Kaffees, während der
Scheich eine Zigarette nach der anderen rauchte. Die Beduinen
hörten aufmerksam zu, als al-Flayli auf arabisch zu ihnen
sprach. Vermutlich erklärte er ihnen, was wir in der Wüste
wollten. Nun fragte der Scheich ihn etwas, und al-Flayli stand
abrupt auf. Nach wenigen Minuten kam er mit einer Filztasche
zurück. Ein erstauntes Raunen erhob sich, als er ein flaches,
kreisförmiges Gerät herausnahm. Er erklärte es unseren Gast-
gebern auf arabisch und ließ es herumgehen.

Als ich das Instrument bekam, wechselte al-Flayli ins Englische. „Das ist ein Astrolabium. Es wurde im elften Jahrhundert
in Sevilla angefertigt."

„Wundervoll", sagte ich und sah es mir von allen Seiten genau an.

Es war eine Messingscheibe, etwas größer als meine Hand.
Auf einer Seite befand sich ein drehbarer Kreis mit einer Gradeinteilung. An seinen Speichen waren seltsame spitze Zeiger
angebracht. Als ich die Scheibe drehte, bewegten sich die Zeiger
über ein gebogenes Liniengitter hinweg. Al-Flayli erklärte, daß
die Zeiger wichtige Sterne darstellten. Auf der anderen Seite
des Astrolabiums war ein beweglicher Arm angebracht, der an
einem Ende eine Visieröffnung und am anderen Ende eine Vi-
sierkante aufwies. Der Arm drehte sich um die Mittelachse, die

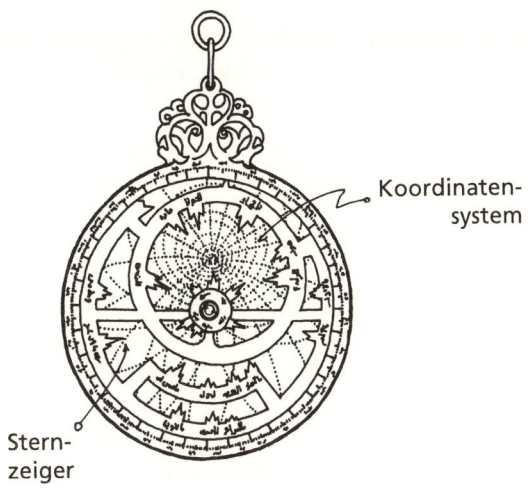

Koordinaten-
system

Stern-
zeiger

Ein Astrolabium.

das ganze Instrument auch zusammenhielt. Das Astrolabium war mit kunstvollen Inschriften und sehr schönen Ziselierungen versehen.

„Wenn Sie die Scheibe auf der Vorderseite drehen, simulieren Sie die scheinbare Drehung des Himmelsgewölbes um die Erde. Allerdings befindet sich das Himmelsgewölbe auf einer imaginären Kugel, wie ich schon erläutert hatte, doch das Astrolabium ist flach wie eine Landkarte. Deswegen sind die Gitterlinien mehr oder weniger stark gekrümmt. Sie stellen die Meridiane, also die Längengrade, sowie die Breitengrade auf der Himmelskugel dar."

Irgendwie erschien mir das Instrument für jene Zeit etwas zu hochentwickelt. „Haben die Instrumentenbauer diese Linien berechnet, oder haben sie sie durch Probieren gefunden?"

„Die Linien wurden berechnet. Sie verkörpern einen weiteren Beitrag der Araber zur Welt der Mathematik, nämlich die *Trigonometrie* oder die Wissenschaft von den Winkeln, wie man sie auch nennen könnte. Wenn Sie das Instrument umdrehen, sehen Sie einen beweglichen Visierarm, der um die Mitte des Instruments gedreht werden kann. Der Arm überstreicht dabei eine Gradeinteilung, die am Rand eingraviert ist. Bei der Anwendung wurde das Astrolabium an dem kleinen Ring an der

Spitze aufgehängt, so daß es stets genau senkrecht hing. Die
Nullposition des Visierarms war dann immer vertikal, wies also
zum *Zenit*, zum höchsten Punkt des Himmelsgewölbes. Wurde
der Arm so weit gedreht, daß der gewählte Stern durch die Visieröffnung sichtbar wurde, dann konnte man am Rand des
Instruments ablesen, um welchen Winkel der Stern unterhalb
des Zenits stand. Dieser Winkel der Sternposition relativ zur
Vertikalen heißt *Deklination*.

Das alles war mit diesem kleinen Instrument möglich. Die
Himmelskugel ist auf ihm quasi plattgedrückt oder, besser gesagt, auf eine Ebene abgebildet. Wenn man einen Winkel auf
der Rückseite ablas, drehte man das Instrument nur um und
drehte damit das Himmelsgewölbe, bis sich dieser Winkel ergab. An den Spitzen dieser kleinen Zeiger kann man die Positionen aller anderen Hauptsterne sehen."

Je eingehender al-Flayli mir das Instrument erklärte, desto
wunderbarer erschien es mir. „Das ist ja fast ein kleines Plane-
tarium", entfuhr es mir.

„Ganz genau", entgegnete er. Dann wandte er sich den anderen zu und sagte kurz etwas auf arabisch zu ihnen. „Sie sprechen über den Film *Lawrence von Arabien*. Er wurde zu großen
Teilen in dem Gebiet gedreht, das wir jetzt aufsuchen wollen.
Einer dieser Männer hatte bei den Aufnahmen als Statist mit-
gewirkt. Der Scheich selbst war während des arabischen Auf-
stands noch ein kleiner Junge."

Am Nachmittag hörten wir plötzlich einen lauten Ruf von
außerhalb des Zeltes. Beim Hinausblicken sah ich einen Jungen,
der rittlings auf einem sehr großen Kamel saß, das mit seinen
gewaltigen Hufen auf uns zu schaukelte. Der Junge hielt Strik-
ke, die zu fünf anderen Kamelen führten, die ihm gehorsam
folgten. Der Anblick hatte etwas Großartiges, fast Zeitloses.

Unterdessen kam ein Mann in das Zelt des Scheichs und
sagte leise etwas zu dem Alten. „Sie sind jetzt bereit, uns zu
führen", übersetzte al-Flayli.

Ich hatte mir vorgenommen, beim Reiten auf dem Kamel
meine Augen möglichst geschlossen zu halten und sie höchstens ein klein wenig zu öffnen. Es war ziemlich leicht, das Tier
zu besteigen, als es kniete. Dann erhob es sich und hob mich
mit meinen geschlossenen Augen dabei empor. Ich konnte das

Schwingen unter mir fühlen, weniger von einer Seite zur anderen, sondern vor allem vor und zurück. Als ich einmal unter dem Augenlid hervorblinzelte, sah ich al-Flayli und seinen Sohn sowie zwei andere Männer und den jungen Kamelführer.

„Sie reiten, als hätten Sie nie etwas anderes getan." Al-Flayli lenkte sein Kamel neben meines. „Aber glauben Sie mir, Sie haben viel mehr von der Gegend, wenn Sie die Augen aufmachen." Er lächelte freundlich, und ich konnte ihm diese Bemerkung unmöglich übelnehmen.

Als wir den letzten Hügel überwunden hatten, lag ein Meer von Sand vor uns, mit gewaltigen Dünen, die unsere kleine Karawane immer wieder in ihren Tälern verschluckten, um uns dann jedesmal weitere Dünen zu präsentieren, die sich scheinbar bis ins Unendliche hinzogen.

„Dies ist ein sehr alter Handelsweg, den die Karawanen zwischen Mekka und Damaskus entlangzogen. Sie transportierten Seide aus China, Gewürze aus Indien, Gold und Elfenbein aus Afrika. Wenn es besonders heiß war, ruhten die Karawanen tagsüber, und die Männer schliefen unter Baldachinen und Zeltdächern. In der Nacht, unter den Sternen, zogen sie dann weiter. Sie orientierten sich an den Sternen, wie die Seeleute auf dem Meer. Denn in der Wüste bleiben, wie im Meer, keine Spuren zurück, und sie hat weder Wegweiser noch Straßen.

Nach einer alten Weisheit ist man am Tage blind, aber in der Nacht kann man Allahs Majestät erkennen. Heute nacht, wenn Allah will, werden auch Sie das erkennen, was die Reisenden einst hier sahen.

Für die islamischen Astronomen ging es vor allem um die Ebene und die Kugel. Mit Hilfe der Trigonometrie, die sie entwickelten, konnten sie die nächtliche Sternenkugel auf die Ebene einer Karte projizieren, wie sie auf der Vorderseite des Astrolabiums dargestellt ist.

Das Ganze funktionierte folgendermaßen: Stellen Sie sich eine Halbkugel vor, ähnlich wie eine runde Schüssel, die umgekehrt auf eine Tischplatte gestellt wird. Auf der Schüssel denken Sie sich nun zahlreiche Punkte an verschiedenen, unregelmäßig verteilten Positionen. Diese Punkte sind die Sterne.

Zuletzt stellen Sie sich vor, von jedem Punkt aus werde ein Faden senkrecht nach unten gezogen, so daß er an einem bestimmten Punkt die Ebene trifft. Das ist die Position des jeweiligen Sterns auf der Karte. Die frühen Astronomen konnten solche Sternkarten leicht erstellen, wobei sie aber keine Fäden benutzten, sondern den Sternort auf der Karte mit Hilfe trigonometrischer Funktionen berechneten."

„Sie meinen, daß die Trigonometrie der Methode gleichwertig ist, für jeden Stern einen Faden auf die Karte herunterzuführen?" fragte ich.

Seine Antwort kam fast in Wellen bei mir an, während das Kamel unter ihm beständig vor und zurück schaukelte. „Genau. Es geht einfach darum, die Position an der Himmelskugel in eine Position auf der Ebene umzusetzen. Stellen Sie sich einmal kurz vor, Sie seien ein früher Astronom und hießen dann natürlich nicht Dewdney, sondern al-Dioudni. Sie würden an einem seinerzeit hochmodernen Observatorium arbeiten und beispielsweise die Position eines bestimmten Sterns am Nachthimmel ermitteln. Dazu müßten Sie zwei Winkel messen, die der Stern bildet, nämlich den Winkel gegen die Vertikale und einen horizontalen Winkel.

Für den Winkel gegen die Vertikale wäre Ihre Bezugslinie entweder der Fußboden des Observatoriums, der beim Bau exakt waagerecht angelegt wurde, oder – noch einfacher – eine exakt senkrecht verlaufende Linie, die Sie durch ein Lot an einer Schnur realisieren könnten; dank der Schwerkraft verläuft die Lotschnur ja immer vertikal. Nun müßten Sie mit Hilfe des Visiers am Astrolabium diesen Winkel messen. Allerdings ist dieses Instrument wegen seiner geringen Abmessungen nicht besonders genau.

Sie hätten daher vermutlich eine *Alhidade* verwendet. Bei diesem Gerät sind zwei Arme aus Holz oder Messing drehbar an einem Bogen mit Gradeinteilung befestigt. Einer der Arme verläuft stets genau senkrecht, ausgerichtet an der Lotschnur, und der andere wird so weit gedreht, bis man den Stern durch die beiden Visieröffnungen des zweiten Stabes hindurch im Visier hat. Sie könnten nun den Winkel – die Deklination des betreffenden Sterns – einfach am Bogen der Alhidade ablesen.

Mit dem Fußboden des Observatoriums als Bezugslinie hätten Sie den Winkel gemessen, der die Höhe des Sterns angibt. Natürlich sind Höhe und Deklination des Sterns leicht ineinander umzurechnen, da sie sich um genau 90 Grad voneinander unterscheiden. So ist eine Deklination von 35 Grad gleichbedeutend mit einer Höhe von 90 – 35 = 55 Grad und umgekehrt."

„Und was ist mit dem anderen Winkel, dem in der Horizontalen?" fragte ich. Eine gewisse Vorstellung hatte ich schon.

„Der andere Winkel, den wir heute Azimut nennen, wurde mit Hilfe der Basis der Alhidade gemessen. Während der Stern in der Visieröffnung sichtbar war, wurde die Basis auf eine andere Winkelskala eingestellt, und man konnte die waagerechte Position des Sterns ablesen."

„Die Bezugslinie für den senkrechten Winkel war ja die Lotschnur", überlegte ich; „aber was war die Bezugslinie für den horizontalen Winkel? War das die Verbindungslinie zu irgendeinem Fixpunkt in der Umgebung?"

„Im Prinzip ja. Man benötigte auch für diese Messung eine Bezugs- oder Basislinie, aber sie wurde nicht mit Hilfe eines Fixpunkts am Horizont realisiert, sondern am Polarstern, *Alrukaba*, ausgerichtet. Er befindet sich ja stets im Norden und scheint daher am Nachthimmel praktisch stillzustehen, während die anderen Sterne langsam ihre Kreisbahnen um ihn ziehen. Der geographische Nordpol der Erde weist ja mehr oder weniger genau zum Polarstern, so daß man hiermit einen natürlichen Fixpunkt hat, auf den man alle horizontalen Messungen beziehen kann. Die Bezugslinie für die waagerechten Winkel verlief daher genau nach Norden, zum Polarstern hin. Das ist schon alles."

„Nun sind mir die beiden Winkel klar", sagte ich, „aber wie arbeiteten die Araber mit ihnen, und wie kam die Trigonometrie ins Spiel?"

„Zum einen konnte man mit Hilfe des eben beschriebenen Winkelpaares die Tages- oder die Nachtzeit und sogar die Jahreszeit ermitteln. Wenn man einen der *wichtigen* Sterne anpeilte, das heißt einen derjenigen, die auf der Vorderseite des Astrolabiums verzeichnet waren, so konnte man den betreffenden Zeitpunkt in einem sogenannten *Almanach* nachsehen. Dieser arabische Begriff bedeutet ‚Tabelle' oder ‚Sammlung'. Die Araber hatten für die Stunden das Sexagesimal- oder 60er-System von den Babyloniern übernommen, wie es im Prinzip noch heute weltweit benutzt wird. Anhand der beiden Winkel konnten sie also im Almanach nachschlagen, um festzustellen, wieviel Uhr es nach diesem System gerade war. Aber sie konnten auch umgekehrt vorgehen: Sie schlugen im Almanach den Zeitpunkt nach und wußten dann, wohin sie blicken mußten, um bestimmte Sterne zu finden.

Das erinnert mich daran, daß das Wort *Almanach* eines von rund hundert Wörtern ist, das aus dem Arabischen in europäische Sprachen überging. – Ahmed!"

„Ja, Papa?" Ahmed brauchte ein Weilchen, um sein Kamel neben unsere zu lenken. Es war relativ klein, hatte ein dunkleres Fell und war vor allem ziemlich störrisch.

„Nenn doch unserem Gast bitte einige Wörter, die aus dem Arabischen in die meisten mitteleuropäischen Sprachen übernommen wurden."

„Albatros, Alchimie, Alkohol, Alkoven, Algebra, Alkali, Almanach, Amalgam, Aprikose, Artischocke, Azimut, Azur, Bakschisch, Basar, Borax, Chemie, Derwisch, Dschinn (Dhau), Elixier, Gazelle, Harem, Haschisch, Henna, Islam, Jasmin, Julep, Katun, Kismet, Kohl, Kaffee, Karawane, Kalebasse (Ghul), Kaliber, Kalif, Kalk, Kamel, Kampher, Karaffe, Karat, Karmesin, Kismet, Korken, Lapislazuli, Lila, Limone, Laute, Magazin, Makramee, Marabu, Matratze, Minarett, Moschee, Muezzin, Mumie, Musselin, Myrrhe, Nabob, Orange, Safari, Safran, Scheich, Schirokko, Sesam, Sorbet, Sofa, Sultan, Talkum, Tamarinde, Tamburin, Tarif, Zenit, Ziffer, Zucker."

„Das war ausgezeichnet, Ahmed, wirklich ausgezeichnet!"

Ahmed freute sich sichtlich über diese Anerkennung. „Ich habe dabei die Namen von Orten und Sternen weggelassen", entschuldigte er sich sogar noch.

Al-Flayli kam nun wieder auf die Trigonometrie zurück: „Sie ist ein so einfaches Konzept, und wie wichtig ist sie für die Astronomie! Jeder, der sie einmal gelernt hat, weiß, daß es dabei vor allem um die Winkel und die Seitenlängen eines rechtwinkligen Dreiecks geht. Dieses Thema hat Sie ja vor wenigen Tagen mit Ihrem Freund Pygonopolis beschäftigt. Die Trigonometrie ist im Grunde eine Methode, die Winkel in einem rechtwinkligen Dreieck und die Verhältnisse der Seitenlängen ineinander umzusetzen. Ich muß jetzt nicht anhalten, um eine Skizze in den Sand zu zeichnen, denn Sie können sich das,

worüber ich rede, recht gut vorstellen, wenn Sie sich die Zeichnung auf der Tafel im Arbeitszimmer Ihres Freundes Pygonopolis vor Augen halten. Unser rechtwinkliges Dreieck liegt auf
einer Seite, wobei der rechte Winkel sich rechts unten befindet.
Den Punkt an diesem Winkel nennen wir A, der Punkt über
ihm heißt B, und der Punkt an der dritten Ecke, links unten,
heißt folgerichtig C."

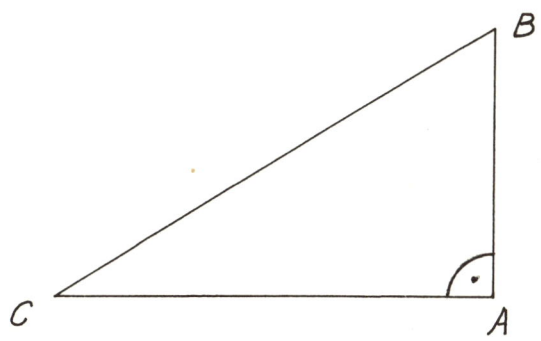

Das Dreieck, wie ich es mir vorstellte.

„Mit Hilfe dieser einfachen Beschriftung können wir die
Seiten und die Winkel des Dreiecks leicht benennen. Zum Beispiel heißt die Hypotenuse des Dreiecks dann BC, und der uns
interessierende Winkel, derjenige bei C, heißt dann ACB.

Der sogenannte *Sinus* des Winkels ACB ist das Verhältnis
der Länge der senkrechten Seite AB zur Länge der Hypotenuse
BC. Wir verwenden hier einfach die Namen der Seiten auch als
Kurzbezeichnung für deren Längen. Dann können wir sagen,
daß der Sinus des Winkels ACB gleich folgendem Verhältnis ist:

AB / BC.

Die zweite wichtige trigonometrische Funktion ist der *Kosinus*. Das ist das Verhältnis der Basis des Dreiecks zur Hypotenuse:

AC / BC.

Nehmen wir jetzt an, der berühmte Astronom al-Dioudni
habe mit seiner Alhidade gerade den Winkel ACB gemessen. Er

müßte dann in einer Tabelle der trigonometrischen Funktionen den Kosinus von ACB nachschlagen, den man so schreibt:

cos (ACB).

Dessen Zahlenwert repräsentiert dann die Höhe des Sterns relativ zu einer Ebene. Auf Ihrer imaginären Wandtafel zeichnen Sie nun einen Bogen als Querschnitt durch die Himmelskugel. Auf diesem Halbkreis können Sie den Ort des Sterns markieren. Dann ziehen Sie eine Linie vom Kreismittelpunkt zum Stern und von dort eine Senkrechte auf die Ebene, die die Basis des Halbkreises bildet."

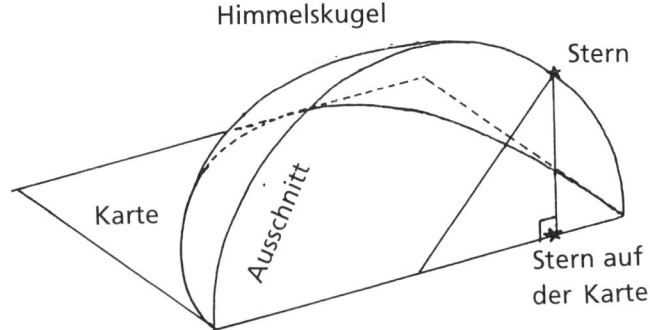

Die Abbildung der Himmelskugel.

„Ist diese Senkrechte die ‚Schnur', von der Sie gestern sprachen?" fragte ich.

„Genau. Sie haben jetzt ein rechtwinkliges Dreieck, und das Verhältnis der Länge seiner Grundlinie zu der seiner Hypotenuse ist der Kosinus des Höhenwinkels. Wenn wir die Länge der Hypotenuse als eine Einheit annehmen, beispielsweise einen Meter, dann ist die Länge der Grundlinie gleich dem Kosinus, den wir der Tabelle entnehmen. Nehmen wir an, der Höhenwinkel des Sterns betrage 35 Grad. Einen Moment, bitte. – Ahmed!"

Wieder lenkte Ahmed sein Kamel neben unsere beiden.

„Ja, Papa?"

„Was ist der Kosinus von 35 Grad?"

„Der Kosinus von 35 Grad", deklamierte Ahmed, „beträgt 0,819, auf drei Dezimalstellen genau, Papa".

„Sehr gut, Ahmed." Dann sagte al-Flayli leise, so daß Ahmed es nicht hören konnte: „Er ist außergewöhnlich begabt. Allah war uns gnädig!"

Anschließend fuhr er fort: „Jetzt wissen Sie, daß der Punkt, den wir für diesen Stern auf der kreisförmigen Karte einzeichnen, 81,9 Zentimeter vom Mittelpunkt entfernt ist. Der andere Winkel, nämlich der horizontale, kann direkt eingezeichnet werden. Sie können sich die Karte wie ein Spinnennetz vorstellen. Das Zentrum entspricht dem Zenit, und die horizontalen Winkelkoordinaten sind die Fäden, die radial nach außen führen. Auf einer dieser Linien gibt es einen Punkt, der etwas mehr als 80 Zentimeter vom Mittelpunkt entfernt ist. Dort befindet sich unser Stern auf der Karte."

Diese Erklärung verwirrte mich ein wenig, bis ich mich daran erinnerte, daß al-Flayli zuvor von einer Halbkugel gesprochen hatte, die umgekehrt – also mit der Wölbung nach oben – über der Ebene aufgespannt wird. Der Teil unter der Kuppel wäre natürlich eine Scheibe, aus der die kreisförmige Karte hervorgeht. Wenn die Landkarte vollständig ist, zeigt sie genau das, was man sähe, wenn man direkt von oben auf die Halbkugel hinunterblickte. Aber ich hatte noch eine wichtige Frage:

„Wie konnten die frühen Astronomen eigentlich die Kosinus-Werte berechnen, ganz zu schweigen von denen der anderen trigonometrischen Funktionen?"

„Ich bin nicht sicher, ob überhaupt jemand genau weiß, wie sie ihre Tabellenwerte berechneten. Der einfachste Weg aber, der gewiß auch den frühen Mathematikern zu Gebote stand, war eine Art analoge Rechentechnik."

Ich blinzelte zu al-Flayli herüber, um ihm meine Verwirrung zu zeigen, aber ich konnte ihn gegen die schon ziemlich tief stehende Sonne kaum sehen.

„Ich vermute, daß sie einen enorm großen, ganz sorgfältig gezeichneten Kreis benutzten, um die Verhältnisse der Längen zu ermitteln. Meiner Ansicht nach gingen sie folgendermaßen vor: In eine große, ebene Fläche aus Stein oder Metall ritzten sie mit einem möglichst dünnen Stift einen Kreis ein. Dann zeichneten sie einen Durchmesser des Kreises und markierten so exakt wie möglich am Kreisumfang – zumindest in einem Quadranten – die Gradeinteilung. Danach ermittelten sie für jedes

Grad die Länge der Linie, die vom betreffenden Punkt senkrecht zum Durchmesser verlief, und errechneten den Quotienten aus ihr und dem Kreisradius.

Ich habe genau dieses Experiment auch durchgeführt und fand heraus, daß man auf diese Weise eine Sinustabelle mit einer Genauigkeit von drei Dezimalstellen aufstellen kann. Ungefähr so gut waren die alten Tabellen auch. Ich denke, Sie können sich die ganze Prozedur nun vorstellen."

Das konnte ich, und ich hatte jetzt dieselbe Skizze vor Augen, die auch hier abgebildet ist.

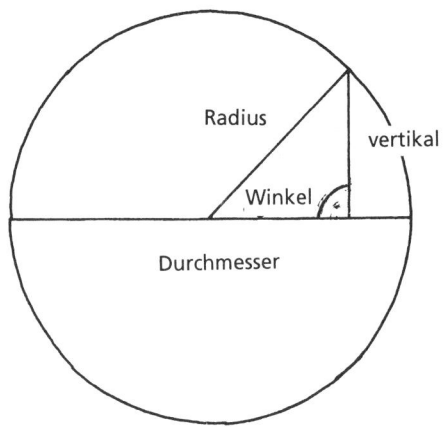

Die Konstruktion des Sinus.

„Mit einer ausreichend genauen Sinustabelle können die Werte der anderen trigonometrischen Funktionen leicht errechnet werden. Das kann ich erläutern, wenn ich noch einmal auf das rechtwinklige Dreieck ABC zurückkomme, das wir vorhin besprochen haben. Der Sinus des Winkels ACB ist gleich dem Verhältnis der senkrechten Seite AB zur Hypotenuse BC; dagegen ist der Kosinus gleich dem Verhältnis der Grundlinie AC zur Hypotenuse BC.

Damit lautet die Formel für den Satz des Pythagoras:

$$AB^2 + AC^2 = BC^2.$$

Jetzt müssen wir nur noch alle drei Größen durch das Quadrat der Hypotenuse dividieren. Das ergibt:

$$(AB/BC)^2 + (AC/BC)^2 = (BC/BC)^2.$$

Während das Verhältnis BC/BC gleich 1 ist, stellen sich die quadrierten Quotienten als Quadrate des Sinus und des Kosinus heraus:

$$\sin^2(ACB) + \cos^2(ACB) = 1.$$

Wir wollen beispielsweise den Kosinus aus dem Sinus errechnen. Dazu formen wir mit Hilfe der Algebra zuerst um:

$$\cos^2(ACB) = 1 - \sin^2(ACB)$$

und erhalten daraus schließlich

$$\cos(ACB) = \sqrt{1 - \sin^2(ACB)}.$$

Wenn wir also den Sinus eines Winkels kennen, dann berechnen wir den Kosinus so: Wir quadrieren den Sinus, subtrahieren diesen Wert von 1 und ziehen dann aus der Differenz die Quadratwurzel. Das ist der Kosinus.

Für Mathematiker ist das eine ziemlich triviale Formel, aber sie illustriert einen wichtigen Aspekt der Mathematik, denn hier fließt Wissen aus vielen unterschiedlichen Teilgebieten nahtlos zusammen. Da sind zuerst die Definitionen von Sinus, Kosinus und anderen trigonometrischen Verhältnissen in einem rechtwinkligen Dreieck. Weiterhin wird der Satz des Pythagoras verwendet, der ebenfalls für rechtwinklige Dreiecke gilt. Außerdem benutzt man die algebraischen Regeln, nach denen unsere Formel hergeleitet wurde. Schließlich kann man reale Werte, die jeweils den Sinus des betreffenden Winkels angeben, in die Formel einsetzen, um die entsprechenden Kosinus-Werte zu finden. Die meisten praktisch anwendbaren mathematischen Formeln kommen auf eine solche Art zustande.

Vielleicht habe ich nicht genug Phantasie", schloß er, „aber ich kann mir keine kürzere oder einfachere Formel für das Umrechnen eines Sinus in einen Kosinus vorstellen. Allerdings muß der Sinus jeweils zuvor gemessen werden."

„Manche sind sich darüber vielleicht nicht im klaren", wagte ich zu vermuten, „daß die Genauigkeit der Messungen und der Ergebnisse ganz entscheidend davon abhängt, wie sorgfältig der Kreis gezeichnet wurde".

„Das stimmt. Übrigens führt diese Bemerkung zu einer weiteren Antwort auf Ihre Fragen nach der Unabhängigkeit und der Entdeckung der Mathematik."

Das hatte ich noch gar nicht aus dieser Perspektive gesehen.

Al-Flayli fuhr fort: „Fällt Ihnen zu diesem Phänomen nicht etwas ein? In eben dem Ausmaß, in dem der möglichst präzise gezeichnete Kreis die Verkörperung des abstrakten Kreises ist – des Kreises in der Höheren Welt –, werden die Ergebnisse genau sein. Zwei Menschen, von denen jeder nach der hier beschriebenen Methode seine eigene Sinustabelle aufstellt, werden etwas unterschiedliche Werte erhalten, zumindest was die letzte Dezimalstelle betrifft. Und wenn jeder der beiden einen noch größeren und feiner gezeichneten Kreis zieht, so würden ihre Ergebnisse immer genauer werden, also auch immer besser übereinstimmen. Letztlich würden sie die wirklichen Sinuswerte finden."

„Ist das wirklich so?" warf ich ein. „Schließlich arbeiten beide nicht mit abstrakten Kreisen, sondern mit realen Verkörperungen von Kreisen."

„Sehr richtig. Genau aus diesem Grund können sie das Zustandekommen der Ergebnisse bewerten. Die Fehler, die die beiden machen, rühren von kleinen Abweichungen von der idealen Kreisform her, außerdem von Ungenauigkeiten der Lineale, mit denen sie die Längen messen, und sogar von der Art und Weise, wie sie die Längen ablesen. Auch heute noch führen Ungenauigkeiten der Instrumente und Beobachtungsfehler in der Astronomie zu Abweichungen, wie schon vor tausend Jahren. Aber wir verfügen inzwischen über eine Fehlertheorie, die ein Teilgebiet der Statistik ist und uns Auskunft über das Ausmaß der Fehler gibt. So wissen wir, wie nahe unsere Ergebnisse den wahren Werten kommen. Können wir uns überhaupt eine solche Möglichkeit vorstellen, ohne daß etwas ganz Bestimmtes all dem zugrunde liegt, ohne daß es so etwas wie einen richtigen Wert gibt? Und wo existiert dieser richtige Wert?

Wenn man so will, kann man sagen, der richtige Wert existiert im Kreis, wie er gezeichnet wurde. Aber auch wer schwer von Begriff ist, kann sich den idealen Kreis vorstellen, dem sich die materielle Ausprägung nur annähert. Wer könnte sich nicht vorstellen, daß –"

„Papa, wir sind da!" Das war Ahmed. Wir hatten eine Senke zwischen zwei flachen Dünen erreicht, die etwas größer als gewöhnlich war. Die Beduinen ließen ihre Kamele niederknien, die brüllten und stöhnten, als ob wir sie tausend Meilen weit getrieben hätten. Große Taschen wurden geöffnet, und Zelte wurden aufgeschlagen. Die Rufe der Männer verloren sich in der unermeßlichen Weite um uns herum. Die Beduinen entfachten ein Feuer und bereiteten das Abendessen vor. Die Sonne war im Westen schon hinter den Dünen verschwunden.

Ich kann mich an kaum eine köstlichere Mahlzeit erinnern. Es gab Lammfleisch, über dem Feuer gegart, und eine Art Bratensauce. Nach dem Abendgebet gab der Koch einige Fleischstücke in eine große, flache Pfanne, die er zuvor mit Fladenbrot ausgelegt hatte. Dann goß er etwas Bratensauce darüber. Wir knieten um die Pfanne herum und aßen auf dieselbe Weise, wie es hier seit Urzeiten Brauch war.

„Ich wollte, daß Sie zumindest einen Eindruck von dem Leben in einer Karawane bekommen", sagte al-Flayli. „So wie wir eben gegessen haben, aßen die Araber und vor ihnen die Semiten seit Jahrtausenden, seit der Besiedlung Arabiens."

Bald nach dem Abendessen wurde es ganz dunkel. Wir saßen auf Kissen um das Lagerfeuer herum, und dessen Schein ließ nichts außerhalb seines Lichts erkennen. Der junge Kameltreiber ging mit einem Messingkrug herum und gab jedem etwas Wasser zum Händewaschen. Wir wuschen das Fett von unseren Händen und sahen zu, wie das Wasser im Wüstensand verrann. Al-Flayli gab eine Anweisung, und die Männer löschten das Feuer.

„Schauen Sie jetzt nach oben!"

Wir waren überwältigt vom majestätischen Anblick der Himmelskugel mit ihren unzähligen funkelnden Sternen, die glänzten wie Edelsteine auf dunklem Samt. Solche und ähnliche Metaphern drängten sich bei diesem Anblick geradezu auf. Es verschlug mir fast den Atem.

„Jetzt sehen Sie das, was reisende Kaufleute seit Urzeiten des Nachts erblicken. Und nun wissen Sie, warum sie mit dem Himmel so vertraut waren und warum so viele Sterne von ihnen benannt wurden. – Ahmed, zähl doch bitte die Namen der Sterne auf."

Al-Flayli neigte sich etwas zu mir herüber. „Ich meine damit die arabischen Namen, die auch heute noch von den Astronomen benutzt werden. Ein Astronom war ja im Grunde jemand, der den Sternen ihre Namen gab."

Und wieder deklamierte Ahmed mit sichtlichem Vergnügen: „Achernar, Aldebaran, Algol, Alioth, Alkes, Alnasi, Alphard, Alphekka, Alpheratz, Alschain, Atair, Antares, Arktur, Beteigeuze, Caph, Deneb, Denebola, Dubhe, Ettanin, Fomalhaut, Hamal, Kochab, Markab, Mirak, Mizar, Phekda, Ras Alhague, Rigel, Schedir, Shaula."

Al-Flayli lächelte seinem Sohn zu und wandte sich dann wieder zu mir. „Sehen Sie hinauf und fühlen Sie den Zauber dieses großartigen Anblicks. Die Sterne sind natürlich wunderschön, und einige sind heller als andere, aber befinden sie sich nicht alle an der Oberfläche einer riesigen Kugel? Wir können nur die Hälfte von ihnen sehen, denn die andere Hälfte liegt unter dem Horizont. Aber es ist eindeutig eine Kugel. Jedermann teilt heute diese Auffassung, sogar professionelle Astronomen, die wissen, daß einige Sterne sehr viel weiter von uns entfernt sind als andere. Es gibt sogar einige für uns sehr helle Sterne, die hundertmal weiter weg sind als andere, die gerade noch erkennbar sind. Sie sehen, das dem Denken entsprungene Wissen ist manchmal etwas ganz anderes als das aus der Erfahrung stammende Wissen. Und es ist äußerst schwer zu wissen, wann das eine zugunsten des anderen beiseite zu treten hat.

Bedenken Sie: Sie können nicht durch einen Akt des Willens diese natürlichste aller Wahrnehmungen ausklammern, nach der alle Sterne an der Oberfläche einer gewaltigen Kugel sitzen. Dort oben können wir das doch alle sehen!

Die Alten waren von dieser einfachen und offensichtlichen Tatsache überzeugt – und die Griechen glaubten fest daran, daß die Sterne an der Oberfläche einer gewaltigen Kugel befestigt sind, jenseits derer der Olymp lag, die Heimstatt der Götter. Ebenso natürlich war es für die Araber, hier eine Kugel zu erkennen. Wir nennen sie heute die Himmelskugel, eine raffinierte Fiktion, die nur noch dazu dient, die Position von Sternen am Himmel anzugeben, ohne daß dabei aber ein Hinweis auf ihre Entfernung gegeben wird. – Oh, die Entfernungen!

Wie sagt der Koran? ,Die Sterne und ihre Orte, ... wenn Ihr

nur wüßtet, was dies bedeutet!' Wenn das ein Hinweis des Korans darauf wäre, daß die Himmelskugel eine Illusion ist, dann müßte er den islamischen Astronomen völlig entgangen sein. Für sie war die Kugel ein Symbol der Vollendung in drei Dimensionen und der Kreis ein anderes in zwei Dimensionen. War es da für Allah nicht natürlich, die Sterne an der Oberfläche einer Kugel zu arrangieren? Als die alten Astronomen den Nachthimmel genauer betrachteten, erkannten sie, daß sich dort oben mehr als eine Kugel befinden muß. Das war meiner Ansicht nach der Ursprung der wahren Kosmologie. Offensichtlich gehörten beispielsweise die Planeten nicht zur Kugel der Sterne, weil sie sich vor ihr frei bewegten. Die alten Astronomen wußten nicht nur, daß die Planeten uns näher sein müssen, sondern sie glaubten auch, die Planeten bewegten sich auf einer anderen Kugel oder gar auf mehreren Kugeln.

Angesichts der Herrlichkeit der Schöpfung vermuteten die frühen Astronomen daher, daß sich jeder Planet auf seiner eigenen Kugel bewegte. Sie kannten fünf Planeten, vom Merkur bis zum Saturn, von denen jeder auf seiner eigenen, sich drehenden Kugel am Himmelsgewölbe entlanggeleitet wurde. Die Sonne wurde auf ihrer eigenen Kugel geführt; damit ergaben sich insgesamt sechs Kugeln. Diese Vermutungen wurden sehr schnell als Tatsachen akzeptiert. Nun mußten die Astronomen nur noch versuchen, die seltsamen Bewegungen der Planeten am Himmel zu erklären, und zwar ausschließlich durch geeignete Kugeln.

Interessanterweise bedeutete dies wirklich ein vorsichtiges Herantasten an die Wahrheit. Immerhin war offenkundig, daß die Planeten nicht zur Himmelskugel gehörten. Sie sind der Erde sehr viel näher als jeder Stern."

Mir schauderte ein wenig, teils wegen des überwältigenden Anblicks der Sterne am Firmament und teils wegen der merklich zunehmenden Kühle. Der Kameltreiber brachte uns gerade zur rechten Zeit ein paar Decken.

„Papa", unterbrach ihn Ahmed, „was ist denn nun mit dem Haus der Weisheit?"

„Später, Ahmed später! Ich spreche gerade über die Kugeln des Himmelsgewölbes und möchte unserem Gast einen ganz wichtigen Aspekt dabei nahebringen. Die islamischen Astronomen waren davon überzeugt, Allah habe es so eingerichtet, daß die Himmelskugel sich einmal pro Tag um die Erde drehe. Das Problem bestand nun darin, dieser Kugel ein Koordinatensystem zuzuordnen, so daß die Positionen der Sterne auf ihr genau vermerkt werden konnten.

Zuerst versuchten sie es wohl mit einem ebenen Koordinatensystem. Dafür brauchten sie zwei Fixpunkte: den Zenit und den wahren Norden, wie ich schon erläutert hatte. Damit konnten sie zwei Winkel angeben, nämlich die Deklination und den Winkel zum wahren Norden. Aber in der nächsten Nacht, auch zum gleichen Zeitpunkt, waren diese Sterne gegenüber ihrer vorherigen Position ein wenig verschoben. Während die Jahreszeiten aufeinanderfolgten, schien sich der Polarstern zuerst nach Süden zu bewegen, dann wieder zurück nach Norden, so daß sich der Zyklus innerhalb eines Sonnenjahres vollendete.

Weil der Polarstern auf der Achse der Himmelskugel sitzt, folgte die ganze Kugel dieser gleichen, jährlich wiederholten Bewegung. War es da nicht angebrachter, ein System zu entwerfen, das mit dieser Beobachtung besser harmonierte? So konzipierten die Astronomen ein neues, äquatoriales Koordinatensystem. Auch in ihm wurden die Positionen mit Hilfe zweier Koordinaten ausgedrückt. Die eine war im Prinzip dieselbe wie zuvor, nämlich die Deklination – allerdings nicht relativ zum Zenit, sondern zum Polarstern. Das Winkelmaß mußte im rechten Winkel dazu verlaufen, und zwar am Himmelsäquator, einem großen, gedachten Kreis am Himmel, der dem Äquator der Erde entsprach.

Die Bezugslinie für diese zweite Koordinate mußte sozusagen am Rand der Himmelskugel verankert werden, also einem der Sterne an der Himmelskugel entsprechen. War dieser Punkt einmal gewählt, so hatten die Astronomen ein Koordinatensystem der Sterne, das sich nicht veränderte, sondern von Tag zu Tag und von Monat zu Monat immer dasselbe blieb.

Die arabischen Astronomen konnten jetzt einen neuen, viel einfacheren und kleineren Almanach aufstellen, der nur einen Satz von Einträgen enthielt, ohne jeden Hinweis auf den Zeitpunkt. Sie konnten auch von einem Koordinatensystem in das andere umrechnen. Dazu mußten sie nur im Almanach des alten Typs zwei Sterne nachschlagen: den Polarstern und den Bezugsstern für die neue äquatoriale Koordinate. Nehmen wir an, sie wollten wissen, welche Position der Stern Aldebaran zu einem bestimmten Zeitpunkt in einer bestimmten Nacht hatte. Sie schlugen dazu zuerst die Positionen von Polarstern und Bezugsstern für jenen Zeitpunkt im alten Almanach nach und dann die Position des Aldebaran im neuen äquatorialen Almanach. Dann mußten sie nur noch die Koordinaten des Aldebaran zu jenen der entsprechenden Bezugssterne im alten Almanach addieren. Richteten sie dann zur gegebenen Zeit ihren Blick in die betreffende Richtung – also bei den ermittelten Koordinaten – zur Himmelskugel empor, so sahen sie den Stern Aldebaran."

Al-Flayli holte eine Taschenlampe hervor. „Aber ich möchte jetzt nicht weiter über die Sterne sprechen, sondern mich den Planeten zuwenden."

Als er die Taschenlampe einschaltete, sahen wir einen dünnen, aber deutlichen Lichtfinger, der himmelwärts gerichtet war. Mit Hilfe dieses Lichtstrahls konnte al-Flayli seine Erläuterungen illustrieren, fast wie an einer himmlischen Wandtafel. Gleichgültig, auf welchen Stern er mit der Lampe wies, jeder von uns sah den Strahl auf die gleiche Stelle am Himmel zeigen; jeder wußte also, welchen Stern er gerade meinte.

„Dort, hinter uns, das ist der Polarstern." Der Lichtstrahl beschrieb langsam Kreise um den Polarstern, die allmählich weiter wurden, bis sie den Horizont erreichten. „All diese Kreise repräsentieren die Bahnen, denen die Sterne jede Nacht am Himmel folgen. – Der Himmelsäquator sieht so aus."

Der Lichtstrahl begann jetzt irgendwo östlich von uns und beschrieb einen weiten, etwas nach oben reichenden Bogen, um schließlich im Westen wieder den Horizont zu erreichen. „Leider kann ich Ihnen nur die sichtbare Seite des Himmelsäquators zeigen. Die andere Hälfte liegt hinter dem Horizont, ist für uns also von der Erde verdeckt. Und jetzt sehen wir uns noch einen anderen Äquator an."

Diesmal beschrieb der Lichtstrahl einen etwas anders orientierten großen Kreis, und al-Flayli nannte jeweils die Sternbilder, die er überstrich: „Skorpion, Schütze, Steinbock, Wassermann, Fische, Widder." Er hielt zwischendurch zweimal inne.

„Sehen Sie, dort ist der Mars, als rötlicher Lichtpunkt. Und jenes etwas weichere Licht ist der Saturn.

Ich hatte gerade die Sternbilder des Tierkreises genannt. Die Sonne und die Planeten durchqueren ihn im Laufe eines Jahres oder einer etwas größeren Zeitspanne. Dieser große Kreis ist in Wirklichkeit die Ekliptik, also die Sonnenbahn. Sie stellt unsere Seitenansicht des Sonnensystems dar. Und weil die Sonne und die meisten Planeten fast genau auf dieser Ebene liegen, sind diese immer irgendwo an der Sonnenbahn anzutreffen, so wie Mars und Saturn heute abend. Die Sonnenbahn wurde ebenfalls zur Grundlage eines Koordinatensystems, nämlich des Ekliptikalsystems.

Die Planeten bescherten manchen Astronomen ein hübsches Einkommen, nämlich jenen, die auch Astrologen waren. Aber die Planeten bereiteten ständig Schwierigkeiten, wenn man ihre Bewegungen am Himmel erklären wollte. Wenn die Planeten ihren eigenen Kugeln folgten, dann mußten diese Kugeln ganz merkwürdige Eigenschaften haben. Schon lange vor den Arabern hatten griechische Astronomen wie Ptolemäus und Apollonius bemerkt, daß sich die Planeten zwar Nacht für Nacht gleichmäßig an der Sonnenbahn entlang bewegen, jedoch gelegentlich auf ihrer eigenen Bahn kehrtmachen – ein äußerst rätselhaftes Phänomen."

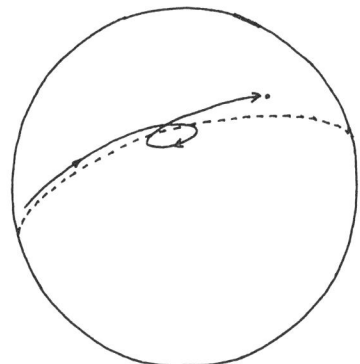

Die scheinbare Bahn eines Planeten.

Al-Flayli führte seinen Lichtzeiger langsam über den Himmel und bewegte ihn dabei zuweilen ruckartig zurück.

„Wenn die Astronomen an aufeinanderfolgenden Tagen
oder Wochen die Position eines Planeten an der Himmelskugel
maßen, so beobachteten sie letztlich eine Bewegung, die meist
zügig vorwärts führte und sich ab und zu verlangsamte. In re-
gelmäßigen Intervallen kehrte sich die Richtung zweimal kurz
nacheinander um, so daß der Planet eine Schleife vollführte.

Apollonius und Ptolemäus waren davon überzeugt, die
Harmonie des Himmelsgewölbes sei nur dadurch zu bewahren,
daß diese seltsamen Bewegungen von einer zweiten Kugel her-
rührten, die sich auf der ersten drehte. Dadurch sollte die
Schleife, die sie ‚Epizykel' nannten, zustande kommen. Ich will
sie mit meinem Lichtstrahl nun so skizzieren, wie man sie sähe,
wenn man senkrecht von oben auf die Planetenbahn blicken
könnte. Ich benutze den Sternenhimmel hier sozusagen als
Wandtafel."

Al-Flayli beschrieb am Himmel eine im Prinzip kreisförmige
Bahn mit einigen Schleifen darin. Sie zeigten die Bewegung
einer kleinen Kugel, die sich auf einer größeren deht. Ich hatte
in alten Texten schon mehrere Zeichnungen solcher Epizykeln
gesehen.

Weiter erläuterte Al-Flayli: „Als islamische Mathematiker
solche Bewegungen einer Kugel entlang eines Kreises aufzeich-

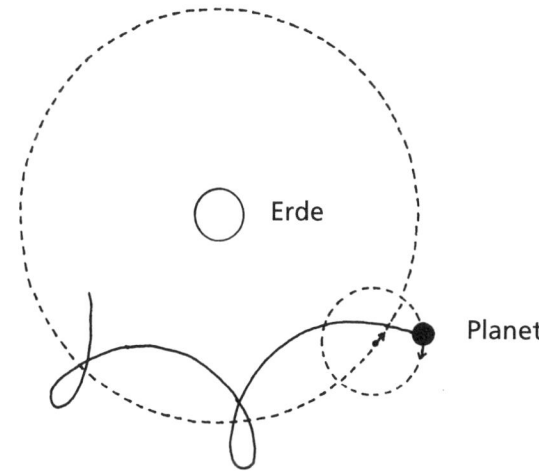

Ein Planet auf einer Bahn mit Epizykeln.

neten, erhielten sie Bahnen, die mit den beobachteten Bewegungen der Planeten am Himmel recht gut übereinstimmten. Zumindest fanden sie so viele Entsprechungen, daß sie von der Richtigkeit dieser Theorie des Ptolemäus überzeugt waren. Diese Theorie war ja Teil der Erkenntnisse und Lehren, die die Araber von den Griechen übernommen hatten. Und die griechischen Wissenschaftler hatten so vieles zutreffend und sehr elegant gedeutet oder erklärt, daß man eigentlich keinen Grund hatte, an der ptolemäischen Theorie zu zweifeln.

Sie blieb denn auch rund tausend Jahre lang maßgebend. Erst gegen die Mitte der islamischen Ära, um das zwölfte Jahrhundert, begannen islamische Astronomen, die ptolemäische Theorie in Frage zu stellen. Sie hatten inzwischen zu viele Diskrepanzen zwischen ihr und den Beobachtungen festgestellt. Al-Tusi, der leitende Astronom an der Sternwarte von Maragha, glaubte nicht mehr an das ptolemäische System, sondern postulierte ein eigenes, das aber im Grunde nur eine Variante der Epizykeltheorie war. Der spanische Astronom Ibn Aflah kritisierte die ptolemäische Theorie öffentlich, und andere folgten ihm darin. Sie wußten, daß an ihr etwas falsch war, konnten aber den entscheidenden Punkt nicht finden. Doch erst während der Renaissance vermochten die europäischen Astronomen den Sachverhalt aufzuklären.

Die sogenannte kopernikanische Revolution bestand darin, die Sonne in den Mittelpunkt des Kosmos zu stellen, den die Erde und die anderen Planeten in kreisförmigen Bahnen umrunden. Die himmlischen Sphären erzeugten nun keine Harmonien mehr, sondern ihr Bersten klang in den Ohren mancher Zeitgenossen wie splitterndes Glas.

In Wahrheit war Kopernikus nicht der wirkliche Vater der heute nach ihm benannten Revolution. Das war eher der deutsche Theologe, Astronom und Mathematiker Johannes Kepler. Anfangs folgte Kepler der kopernikanischen Theorie nur teilweise. Er versuchte mehrere Jahre lang, die Größen der Kugeln zu bestimmen, die die Planeten um die Sonne trugen. Schließlich kam er auf ein System von großer Eleganz und Schönheit. Jede der Kugeln war dabei einem der sogenannten platonischen Körper zugeordnet, die vom Würfel zum Tetraeder, von da zum Dodekaeder fortschritten und so weiter."

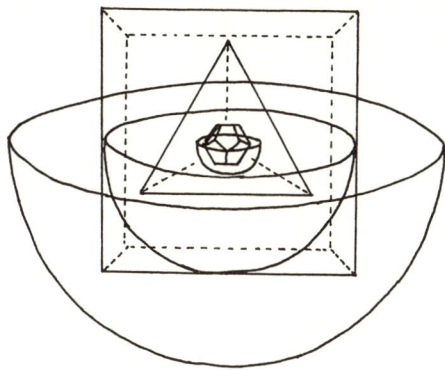

Das Mysterium Cosmographicum.

Nach einer kleinen Pause fuhr Al-Flayli fort: „Kepler emp-fand bei dieser Erkenntnis eine fast mystische Ehrfurcht, denn er glaubte, zum tiefsten Kern des Kosmos vorgedrungen zu sein. Kepler war, wie Sie sehen, ein Pythagoreer und hielt daran fest, daß die Lösung des Rätsels der Planetenbewegungen letzt-lich in der Mathematik liege. Das war für ihn zu einem Glau-benssatz geworden, kaum weniger mächtig als seine christli-chen Überzeugungen.

Aber die beobachteten Bewegungen der Planeten paßten auch nicht zu diesem wundervollen Konzept, und Kepler gab es widerstrebend auf. Erst dann wandte er sich erneut den Leh-ren des Pythagoras zu, um sich inspirieren zu lassen. Der Kreis, der zu den Kegelschnitten gehört und von Kopernikus als Form der Planetenbahnen vorgeschlagen worden war, hatte nicht zum Erfolg geführt. Nach jahrelangen mühsamen und frustrie-renden Berechnungen, während denen Kepler kaum regelmä-ßig aß, versuchte er es mit einem anderen Kegelschnitt, nämlich mit der Ellipse."

Al-Flayli machte auch dazu ein Skizze und erklärte: „Es er-forderte eine ungeheure Rechenarbeit, bis Kepler die tatsächli-chen Planetenbahnen mit einer Theorie in Einklang bringen konnte, nach der sich die Planeten auf ellipsenförmigen Bahnen um die Sonne anstatt um die Erde bewegten. Aber nun war die Übereinstimmung unglaublich gut. Sogar Pythagoras wäre si-cher erfreut gewesen.

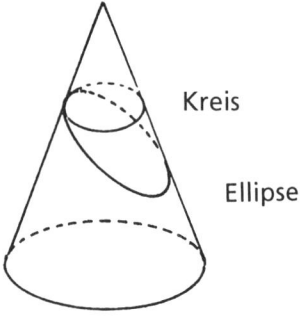

Zwei Kegelschnitte.

Lassen Sie uns nicht vergessen, daß die große Bedeutung der kopernikanischen Revolution darin lag, das Falsche zu entlarven. Die frühen Astronomen waren im Unrecht gewesen. Es ist wahr, daß eine Weltanschauung eine andere ersetzte, aber die neuere war weniger stark durch die Wunschvorstellungen der Forscher bestimmt als die ältere. Die Renaissance befreite sie von der Notwendigkeit, an der Kugelform des Himmelsgewölbes festzuhalten. Wie ich schon erläutert habe, waren sich einige islamische Astronomen bereits sehr sicher, daß das ptolemäische Modell schlichtweg falsch war. Aber sie konnten das richtige Modell einfach nicht finden, denn dies hätte die Aufgabe liebgewordener Vorstellungen über die himmlischen Bewegungen bedeutet. Wenn Sie jetzt sagen, daß die Kultur die Wissenschaften beeinflußt, so werde ich nicht mit Ihnen streiten. Aber so paradox es vielleicht klingt: Nur die Möglichkeit, im Unrecht zu sein, wird die Wissenschaften davor bewahren, eine rein kulturelle Betätigung zu werden.

Die kopernikanische Revolution war eigentlich eine Befreiungsaktion, bei der ein überlegenes Modell – von dem wir jetzt wissen, daß es zutrifft – ein falsches Modell ersetzte; diese falsche Vorstellung war von dem Irrglauben getragen, das Himmelsgewölbe sei kugelförmig, und wurde danach durch rein kulturelle Einflüsse bewahrt. Und nun bedenken Sie, daß der Kosmos heute nicht mehr von uns entfernt ist. Wir bewegen uns ja täglich in ihm, auch mit Hilfe unserer Raumfahrzeuge, deren Bahnen wir dermaßen exakt berechnen können, daß ein Hunderttausende von Kilometern entfernter Zielpunkt auf we-

niger als einen Meter genau getroffen wird. Dies wäre gar nicht
möglich, wenn die moderne Sichtweise der kosmischen Dyna-
mik irgendeinen prinzipiellen Fehler aufwiese."

„Papa", unterbrach Ahmed wieder, „du wolltest noch die
Geschichte –"

„Ja, Ahmed. Jetzt ist es soweit. Wenn unser Gast nichts dagegen hat, kommen wir jetzt auf das Haus der Weisheit zurück.

Wir schreiben das Jahr 826 n. Chr., also das Jahr 204 der islamischen Zeitrechnung. Al-Chwarismi steht mit dem Kalifen
al-Mamun im Hof des Bayt al Hiqma, des Hauses der Weisheit.
Die Sterne blinken, und der Kalif blickt ehrfürchtig zum Firmament empor. ,Erkläre mir, o Weiser', so wendet er sich an
al-Chwarismi: ,Wenn die Philosophen uns sagen, „wie oben, so
auch unten", was bedeutet das?' Al-Chwarismi antwortet:
,Vieles, o Schatten Allahs. Ich möchte nur einen Aspekt erläutern. Dort im Norden seht Ihr den Polarstern, *Alrukaba*, um den
sich jede Nacht das Himmelsgewölbe dreht. Wie Ihr erkennen
könnt, ist das Himmelsgewölbe nach göttlichem Plan wie eine
gewaltige Kugel gestaltet: oben ebenso beschaffen wie unten.

Für dieses Prinzip, o Kalif, sehen wir zu unseren Füßen eine
genaue Abbildung: Wenn das Himmelsgewölbe eine Kugel ist,
so ist es auch die Erde. Hier in Bagdad steht *Alrukaba*, wie wir
gemessen haben, am Frühlingsanfang in einem Winkel von 33
Grad und 19 Minuten über dem nördlichen Horizont. Doch in
Mekka, wo das Haus Allahs steht, werden zur gleichen Jahreszeit 21 Grad und 33 Minuten gemessen. Was ist der Grund für
eine solche Abweichung? Wenn wir von Bagdad nach Mekka
reisen, ändert sich der Winkel des *Alrukaba* um rund 12 Grad.
Wie anders kann man dies erklären als damit, daß wir auf einer
Kugel leben, die der direkte Widerschein des Himmelsgewölbes
ist. Wenn wir das Land durchqueren und dabei den Polarstern
beobachten, so sinkt er in demselben Maße, in dem wir Breitengrade nach Süden hinter uns lassen. Wahrlich, wir leben auf
einer Kugel, wir –'"

Hier unterbrach sich al-Flayli plötzlich und rief: „Ahmed!
Was ist los?"

Ahmed kroch auf Händen und Knien zu den Zelten hin.

„Ich kann nicht hinaufsehen, Papa. Ich muß schnell ins
Zelt", antwortete Ahmed gequält.

Al-Flayli entfachte das Feuer wieder. Im Flammenschein sah ich, wie er mit den Schultern zuckte.

„Manche Menschen haben die Fähigkeit, der Illusion der Himmelskugel zu entgehen. Ahmed ist solch ein Mensch. Manchmal sieht er, wenn er hinaufblickt, nicht die Kugel, sondern kann in die Tiefen des Raumes schauen. Diese Wahrnehmung ist über alle Maßen erschreckend. Vielleicht sollten wir uns alle zur Ruhe begeben."

Ich wandte mich um und ging zu den Zelten, während al-Flayli und die anderen ihr Nachtgebet verrichteten. Ahmed kam nicht hinaus, sondern betete allein in seinem Zelt.

Teil III

Ein Problem verschwindet

KAPITEL 5

Die Botschaft

Venedig, Italien, 26. Juni 1995

Ich verabschiedete mich von al-Flayli auf dem Vorfeld des Flughafens Akaba. Kurz bevor ich das nicht gerade vertrauenerweckende, alte zweimotorige Flugzeug nach Kairo bestieg, sagte al-Flayli etwas ganz Seltsames zu mir: „Ich bin mir nicht ganz sicher, ob Sie wirklich erkennen, wie wichtig Ihre Nachforschungen sind. In der Wissenschaftstheorie und auch in der Wissenschaftspraxis gibt es keine wesentlichere Frage."

Ich dachte darüber nach, während das Flugzeug die Halbinsel Sinai und den Suezkanal überquerte und Kurs auf den verkehrsreichen Flughafen Kairo hielt, wo ich nach Venedig umsteigen wollte. Als ich mich in einer überfüllten Wartehalle wiederfand, in der Mütter mit kleinen Kindern inmitten unzähliger Koffer hockten, hatte ich etwas Zeit, mich zu sammeln. Was hatte ich während meines Aufenthalts in Akaba gelernt?

Nun, immerhin zeichnete sich immer deutlicher ab, daß die Mathematik eine von Menschen unabhängige Existenz hat und daß sie deswegen „entdeckt" wurde. Jedoch war ich nun schon zum zweiten Mal mit Entwicklungen in der Wissenschaftsgeschichte konfrontiert worden, die man nur als totale Fehlschläge bezeichnen konnte. Pythagoras war der Meinung gewesen, alle Längen seien kommensurabel; doch dann hatte er erkannt, daß er damit unrecht hatte. Im zweiten Fall, nämlich bei der falschen Erklärung der Himmelskugel, lag eigentlich kein mathematischer Fehler vor, sondern ein naturwissenschaftlicher. In vielen verschiedenen Ländern und Kulturkreisen hatten die alten Astronomen geglaubt, daß die Sterne an einer rotierenden Kugel befestigt seien. Im Grunde war diese Auffassung (man konnte sie kaum als Hypothese einstufen) das Ergebnis einer nachhaltigen optischen Täuschung. Jede Kultur, auch die im mittelalterlichen, sehr christlichen Europa, sah ihre wesentlichen Glaubenssätze erfüllt, wenn die Sterne an der Oberfläche einer riesigen Kugel befestigt sind. Die Rolle der Kultur schien jeweils darin bestanden zu haben, diese Illusion zu fördern.

Paradoxerweise war es dann ausgerechnet Kepler, dieser selbsternannte Pythagoreer, der die wirklichen Bewegungen der Planeten erkannte. Vor dieser Entdeckung hatte sogar er einen letzten, leidenschaftlichen Versuch unternommen, die Sphären zu retten: In seiner Schrift *Mysterium Cosmographicum* wurden die Sphären zu transparenten platonischen Körpern, die sich um die ruhende, zentrale Sonne gruppierten. Auf jeden Fall stimmten die Beobachtungen nicht mehr mit Kreisbahnen überein, seien diese nun auf Kugeln oder innerhalb von platonischen Körpern angeordnet. Außerdem stimmten sie nicht mit der Annahme von Epizykeln überein. Die Beobachtungen entsprachen aber voll und ganz den neuen Gesetzen Keplers, und das konnte kein Zufall sein.

Diese Gedanken beschäftigten mich so sehr, daß ich wie im Traum das Flugzeug in Kairo bestieg, über das Mittelmeer flog und auf dem Flughafen von Venedig mit ganz neuen Erwartungen landete. Was für seltsame oder gar wunderbare Dinge würde ich bei meinem nächsten Besuch kennenlernen, der mich zu Maria Canzoni an der *Università Cà Foscari di Venezia* führte?

Canzoni war nicht zum Flughafen gekommen, um mich abzuholen. Aber ich sah meinen Namen in etwas ungelenker Schrift auf einem kleinen Plakat, das jemand in der Menschenmenge vor dem Ausgang hochhielt. Dieser Jemand stellte sich mir als Emilio vor, einer von Canzonis Studenten. Er plauderte unbefangen mit mir, während wir über den schmalen Damm in die Altstadt Venedigs hinüberfuhren, die von hier so aussah, als wäre sie vom Adriatischen Meer überschwemmt. Das Wasser wirkte etwas trübe.

„Ist das Wasser hier eigentlich sauber?" fragte ich.

Emilio sah mich an, als käme ich vom Mars. „Wenn Sie hineinfallen, kommen Sie um." Er lachte. Wir parkten das Auto und nahmen dann ein Wassertaxi zur Universität.

Maria Canzoni war noch jung, jedoch vorzeitig ergraut. Sie hatte ein einnehmendes Wesen, doch schien sie ein wenig reserviert zu sein. Aber sie ergriff meine Hand und hielt sie, während sie ihre Unhöflichkeit entschuldigte, mich nicht am Flughafen abgeholt zu haben.

„Wir hatten eine Ausschußsitzung. Es ging um zwei Kandidaten, von denen nur einer angenommen werden konnte. Eine schwierige Entscheidung. Die Sitzung sollte eigentlich schon vor zwei Stunden beendet sein. Und wie war Ihr Flug? Waren Sie schon einmal in Venedig?"

„Großartig, danke – und nein", beantwortete ich kurz ihre Fragen. „Ich hatte keine Ahnung, was für eine außergewöhnliche und schöne Stadt dies ist. Sie müssen es sehr genießen, hier zu leben."

„Ja", sagte sie sachlich, „ich genieße es wirklich".

Wir betraten einen umgebauten Palazzo, in dem Canzoni ihr Büro hatte. Die Inschrift über dem Portal lautete: *Dipartimento della Historia*. Canzoni schien sich zu entspannen, als sie hinter ihrem Schreibtisch Platz nahm. Ich setzte mich in einen bequemen Sessel und mußte unwillkürlich gähnen. Nun war es an mir, mich zu entschuldigen; ich erklärte, daß ich die Nacht in einem Zelt in der Wüste verbracht hatte.

„Wie aufregend! Das muß wundervoll gewesen sein. Ich glaube, die Wüste ist viel faszinierender als dieser Ort. – Diente Ihre Reise in die Wüste auch der Suche nach dem Grund, warum die Mathematik so leistungsfähig ist?"

Ich begann, ihr von al-Flayli und von al-Chwarismi zu erzählen. Bei der Nennung dieser Namen lächelte Canzoni und lehnte sich vor, als müßten wir ein Geheimnis hüten.

„Sie wissen ja, daß das Wort *Algorithmus* aus diesem Namen abgeleitet wurde. Früher bedeutete der Begriff einfach ‚Methoden für die Rechnung mit Zahlen'. Er wurde in Italien und Europa durch die Arbeiten von Leonardo di Pisa bekannt, der meist Fibonacci genannt wird. Er war im Grunde kein Mathematiker, zumindest nicht zu Beginn, sondern Kaufmann, und arbeitete bei seinem Vater. Er reiste häufig nach Kairo, Tunis, Algier und in andere nordafrikanische Hafenstädte. Er war davon beeindruckt, wie geschickt seine arabischen Geschäftspartner die Mengen und Preise, ja sogar Gewichte und Abmessungen berechneten. Ihre Methode war ja wirklich sehr praktisch, wenn man sie mit dem schwerfälligen römischen Zahlensystem verglich, das im mittelalterlichen Europa damals noch benutzt wurde.

Fibonacci bat seine Handelspartner, ihm diese Kunstfertigkeit beizubringen, und erwies sich als gelehriger Schüler. Offen gesagt, es mag sein, daß er nicht nur das edle Motiv hatte, diese nützliche Rechenmethode zu verbreiten, sondern auch seinen Namen gern in aller Munde gehört hätte. Er verfaßte schließlich ein Buch, das für jeden Händler, jeden Bankier, jeden Steuerbeamten und sogar jeden Mönch unentbehrlich werden sollte. Es hieß *Liber Abaci* (*Buch vom Abakus*), und Fibonacci stellte darin in klaren und einfachen Worten Rechenanweisungen vor, für die er den recht wohlklingenden lateinischen Begriff *Algorismus* prägte, der auch Assoziationen mit Mysterien weckte."

Canzoni lächelte betrübt, als erinnere sie sich an ein lange entschwundenes Glück. „Habe ich Ihnen in meinen E-Mails eigentlich geschrieben, daß ich meine Karriere als Physikerin begonnen habe? Der physikalische Hintergrund macht Ihre Fragen über die Realität der Mathematik für mich noch viel interessanter. Wer, wenn nicht der Physiker, steht denn täglich mit je einem Fuß in beiden Welten, der physikalischen und der mathematischen? Ihr bevorstehender Besuch hat mich veranlaßt, gründlicher über Ihre Frage nach der Realität der Mathematik nachzudenken, und ich kann Ihre Betrachtungen dazu um einige wichtige Aspekte bereichern."

Sie erzählte mir nun von ihrer Zeit am Kernforschungsinstitut CERN bei Genf, einem Zentrum der europäischen Physik. Während sie ihre Bücher und Artikel nach Beispielen für die unerklärliche Leistungsfähigkeit der Mathematik in der Physik durchsuchte, durchlebte sie eher ungewollt noch einmal diesen Abschnitt ihres Lebens. Ich hatte das Gefühl, ihr war am CERN etwas widerfahren, was sie von dort hatte weggehen lassen. Oder kam sie gar nicht als Vertriebene nach Venedig, sondern eher als Pilgerin? Hatte sie dann überhaupt etwas zu bedauern?

„Ich möchte von einem Problem erzählen, bei dem die physikalische Wirklichkeit, je eingehender wir sie untersuchen, desto mehr aus unserem Blickfeld weicht und durch etwas ganz anderes ersetzt wird." Sie seufzte. „Ja, durch etwas ganz anderes!"

Ich ließ – fast ein wenig ungeduldig – erkennen, daß sie beginnen könne, mir davon zu berichten.

„Lassen Sie mich ein wenig ausholen. Sie können mich direkt fragen, ob die Mathematik eine unabhängige Existenz hat, oder Sie können die Frage verkleiden und so tun, als ginge es darum, zwischen Entdeckung oder Erschaffung zu entscheiden. Doch es bleibt die gleiche Frage! Wie auch anders? Wenn Sie solche Fragen stellen, werde ich antworten, indem ich Ihnen beschreibe, wie man ein Problem verschwinden läßt. Aber Sie müssen mir einige andere Beispiele zugestehen, falls meine Hauptthese Sie nicht zufriedenstellt."

Während sie sprach, suchte sie einige Dinge zusammen und packte sie in ihre Aktentasche. Offenbar sollten wir gleich zum Essen gehen. Ich war auch wirklich hungrig.

Canzoni sagte weiter: „Um halb acht, nach dem Abendessen, findet in San Marco, der Markuskirche, ein Konzert mit Werken von Gabrieli statt. Und da fragte ich mich, wie Sie den Geist Venedigs besser aufnehmen könnten als mit Gabrielis *Missa Sancta*. Das Werk wird heute in eben der Kirche aufgeführt, in der Gabrieli als Organist und Chorleiter gewirkt hatte."

Die Steine von Venedig, so sagt man, hätten einen ganz eigenen, süßlichen Geruch. Die meisten Touristen klagen über den Gestank der Kanäle, aber uns schien eine feuchte, fruchtige Süße zu folgen, als wir zur Rialtobrücke gingen. Wenn ich die Augen zusammenkniff, verwandelten sich die Menschen in mittelalterlich gekleidete Venezianer: Geschäftsleute, Makler, Straßenhändler und Geldverleiher mit ihren Frauen. Es war die Welt Fibonaccis, gerade erst durch die Einführung des *Algorismus* zur Blüte gebracht.

Wir stiegen einige Treppen empor und fanden uns bald inmitten der köstlichen Gerüche eines schönen kleinen Ristorante, das fast versteckt im zweiten Stock eines alten Gebäudes lag, mit einer Terrasse an einem der kleineren Kanäle. Von hier aus konnten wir die Adria nicht sehen. Aber wir spürten ihre warme, feuchte Brise, die über den mittelalterlichen Kanal hereinzog, der das Gebäude fast ganz umgab. Wir aßen Scampi und Muscheln mit Pasta in Sahnesauce. Als der Ober die Teller abräumte, griff Maria in ihre Aktentasche und nahm einige Schriftstücke heraus.

„Bevor wir zum Konzert gehen, ist gerade noch Zeit, einige Aspekte Ihrer Fragen anzusprechen. Eines der besten Beispiele, die ich fand, war die Arbeit eines Schweizer Mathematikers namens Johann Balmer." Sie reichte mir einen Artikel herüber.

„Und wofür war seine Arbeit ein Beispiel?" fragte ich.

„Sie demonstrierte, wie die Mathematik der Materie innewohnt. Man könnte sagen, dieses Beispiel zeigt, daß die Mathematik als Ganzes mindestens ebenso real ist wie die sogenannte reale Welt, vielleicht noch realer." – Ich las den Artikel, während Canzoni den Ober heranwinkte.

BALMERS MUTMASSLICHE LÖSUNG DES RÄTSELS DER WASSERSTOFF-SPEKTRALSERIEN

Maria Canzoni
Institut für Wissenschaftsgeschichte
Università Cà Foscari di Venezia
Venedig, Italien

ZUSAMMENFASSUNG

Im Jahre 1884 war Johann Jakob Balmer Lehrer an einer Mädchenschule in Basel. Balmer war ein sehr guter Physiker, aber es war ihm nicht gelungen, in seiner akademischen Laufbahn über die Position eines Privatdozenten an der Universität Basel hinauszukommen. Doch in jenem Jahr gelang ihm etwas Besonderes. Er hatte monatelang einige Beobachtungen untersucht, über die Ångström berichtet hatte. In dem betreffenden Artikel waren vier sechsstellige Zahlen aufgeführt, nämlich die Wellenlängen, bei denen Ångström seltsame Linien im Spektrum des Wasserstoffgases gefunden hatte. Die Physiker jener Zeit fanden es sehr bemerkenswert, daß Wasserstoff Energie nur bei bestimmten Wellenlängen absorbieren und emittieren sollte. Balmer fand nun eine Formel mit zwei Variablen, die diese Wellenlängen zu berechnen gestattete, wobei die relative Abweichung von den experimentellen Werten bei höchstens 1 zu 7000 lag. Diese Formel für die einzelnen Spektrallinien des Wasserstoffatoms sollte später zur Entdeckung der Quantenzustände der Materie führen.

Den größten Teil dieses Textes verstand ich. Der schwedische Physiker Anders Ångström war einer der ersten Forscher gewesen, die ein neues Instrument benutzten, den sogenannten Spektrographen. Dieser zerlegt – wie ein Prisma – das Licht in das Spektrum seiner einzelnen Farben. Jede Spektralfarbe repräsentiert dabei Licht mit einer bestimmten Wellenlänge. Die Physiker hatten erwartet, daß alle Spektren mehr oder weniger dem Spektrum des Sonnenlichts glichen, also aus einem kontinuierlichen Band mit allen Wellenlängen bestünden. Ångström und auch andere Forscher waren nun höchst erstaunt, als sie das von einigen heißen Gasen, darunter Wasserstoff, emittierte Licht untersuchten. Statt eines verwischten, kontinuierlichen Spektrums fanden sie getrennte Linien bei ganz bestimmten Wellenlängen.

Spektren des Sonnenlichts (oben) und des Wasserstoffs (unten).

Wie die meisten Menschen wissen, besteht das Sonnenlicht, das uns gelb-weiß erscheint, aus einem praktisch kontinuierlichen „Regenbogen" mit Wellenlängen, die vom Ultravioletten zum Infraroten und beiderseits darüber hinaus reichen. Im Gegensatz dazu emittiert das Wasserstoffgas kein solches kontinuierliches Spektrum. Vielmehr zeigt es im stark erhitzten Zustand eine charakteristische Färbung, nämlich ein seltsames, schwaches Violett. Wenn man dieses Licht durch einen Spektrographen schickt und sich das Spektrum ansieht, so findet man bei bestimmten Wellenlängen einzelne, „diskrete" Linien.

Heute weiß man, daß jede Wellenlänge von einem Übergang zwischen gewissen Quantenzuständen der Atome im Wasserstoffgas herrührt.

Balmers Formel erlaubte es, die Wellenlängen des Lichts zu berechnen, das von angeregten Wasserstoffatomen emittiert wird. Sie enthält zwei ganzzahlige Variablen n und m, die unabhängig voneinander kleine Werte annehmen können: 1, 2, 3 und so weiter. Damit ergaben sich die von Ångström gefundenen Wellenlängen und noch einige mehr. Ich blätterte in dem Artikel weiter und fand die Formel, aber Canzoni würde sie mir sicher noch ausführlicher erklären.

Sie lehnte sich etwas zu mir herüber und sagte hilfsbereit: „Sie finden auf Seite 37 eine kleine Tabelle." Ich schlug diese Seite auf und sah Ångströms ursprüngliche Werte:

$H_\alpha = 6562{,}10{,}$

$H_\beta = 4860{,}74{,}$

$H_\gamma = 4340{,}10{,}$

$H_\delta = 4101{,}20{.}$

Canzoni erklärte die Bedeutung der Zahlenwerte. „Die Wellenlängen sind in der Einheit angegeben, die später Ångströms Namen tragen sollte, also in Zehnmilliardstel eines Meters. Diese Zahlen hier sind die von Ångström gemessenen Wellenlängen der ersten vier Linien des Wasserstoffspektrums. Er war für seine äußerst präzise Arbeitsweise bekannt. Balmer war davon überzeugt, daß es für die Zahlenwerte eine ganz bestimmte Interpretation gebe, die die von ihm vertretene Philosophie rechtfertigen würde."

Ich sah Canzoni fragend an. Wenn ich geahnt hätte, was sie darauf antworten würde, dann hätte ich keinen so großen Schluck von meinem Brio Supremo genommen.

„Die Schule des Pythagoras", sagte sie.

Canzoni wirkte besorgt, als ich anfing zu husten und nach Luft zu schnappen, weil ich mich ganz fürchterlich verschluckt hatte. Gäste an anderen Tischen schauten indigniert zu uns herüber. Als ich mich wieder einigermaßen gefaßt hatte, erklärte ich ihr, welche Rolle dieser Name bei meinen beiden vorigen Besuchen gespielt hatte. Sie wollte sogleich mehr darüber wissen. Sie interessierte sich vor allem für Pygonopolis und wirkte sehr erfreut, als ich auf den Holos zu sprechen kam.

„Sie müssen mir nachher seine Adresse geben", sagte sie dann. „Es ist wichtig, einen Namen für diesen Ort zu haben, und in klassischen Dingen müssen wir Italiener uns allzu oft den Griechen beugen! Der Holos, der Holos, der Holos. Ich mag ihn eher als die platonische Welt. Der Holos und der Kosmos. Wunderbar!"

Als ich die Vorstellungen von Pygonopolis und al-Flayli erläutert – eigentlich nur grob umrissen – hatte, war es schon kurz vor acht Uhr.

„Kommen Sie! Kommen Sie!" Sie hatte vielleicht ein Schlückchen Wein mehr getrunken, als gut für sie war. Wir stiegen beim Ristorante in ein Wassertaxi. Der Wind ließt ihr Haar wehen, als wir im Boot saßen und die lebhafte Szenerie mit Gondeln und Motorbooten betrachteten. Sie lächelte mir fast feierlich zu.

„Sie haben recht. Es gibt keine andere Stadt, die auch nur halb so schön ist wie diese."

Über den Markusplatz gingen wir langsam zur prächtigen mittelalterlichen Kirche. Leider gab es nur Stehplätze. Weil das Konzert schon begonnen hatte, blieben wir hinten stehen und lauschten dem wundervollen Kyrie, das an der hohen, goldverzierten Decke von einem Heiligen zum anderen strömte und nach unten widerhallte. Canzoni bat mich mit einer Handbewegung, mit ihr nach draußen zu gehen. Hier sagte sie, sie sei nicht sicher, ob sie noch lange genug stehen könne, denn sie leide an *Scleroso*. Mir war sofort klar, daß sie damit die multiple Sklerose gemeint hatte. Wir fanden eine Bank, und sie lauschte der Musik, die nach außen drang.

„Es ist wunderschön, aber ich muß Ihnen etwas sagen", flüsterte sie. „Solche Musik läutete das Schicksal der Kirche ein."

„Was meinen Sie damit?" fragte ich.

„Wir verstehen die Religion heute auf eine andere Weise, als man das im Mittelalter tat. Sehen Sie, indem diese Musik der religiösen Ehrfurcht eines Menschen – hier des Komponisten Gabrieli – Ausdruck verlieh, machte sie die Andächtigen abhängig und beraubte sie sozusagen ihrer eigenen, inneren Musik. Anstatt geistige Kerzen anzuzünden, löschte diese Musik

sie aus. Aus irgendeinem Grunde fühle ich mich veranlaßt, Ihnen diese Vorstellung nahezubringen. Ihr hängt heutzutage fast
niemand mehr an, und doch ist sie da: in den Quellen und in
der Ehrfurcht, die von den Kirchenvätern bekundet wurde.
Vergleichen Sie den Reichtum, den allein dieses Portal symbolisiert, mit der Schlichtheit und Reinheit eines gregorianischen
Chorals."

Ihre Bemerkungen über die Religion erinnerten mich an Pythagoras und die Pythagoreer. Die Enthüllung von Balmers
pythagoreischer Gelehrsamkeit hatte mich aufgerüttelt. Meine
Suche hatte ein Leitmotiv gefunden, das nun nicht mehr weichen würde. Pythagoras um das Jahr 550 v. Chr. zu finden, war
nicht erstaunlich, aber es ist zumindest überraschend, ihn auch
unter den Brüdern der Reinheit im Nahen Osten um das Jahr
900 und in Keplers sechzehntem Jahrhundert sowie in Balmers
neunzehntem Jahrhundert zu finden. Ich mußte jetzt einfach
fragen: „Was wissen Sie über die Pythagoreer?"

„Die Pythagoreer waren, formal gesehen, Mystiker, und ihre
Anfänge lassen sich auf Pythagoras selbst zurückführen, vielleicht sogar noch weiter, nämlich auf Thales und dessen Lehrer,
einer geheimnisvollen Gestalt namens Berossus von Babylon.
Offen gesagt, wir wissen sehr wenig über die Regeln und die
Lehren der Pythagoreer, aber sie glaubten, daß die Betrachtung
der platonischen Welt, des Holos, sie näher zu der ‚Ewigen
Quelle' brächte, die wir heute Gottheit nennen. Wir wissen leider nur wenig darüber, wie diese Gemeinschaft geleitet wurde
und wirkte. Ihre Angehörigen trugen Weiß, und sie gelobten
Reinheit und Rechtschaffenheit. Sie ließen sich in die rechte
Hand einen blauen Stern tätowieren; sie schworen, alles Wissen
über die Lehre geheimzuhalten; es war ihnen verboten, Bohnen
zu essen und so weiter. Unser Wissen über sie besteht nur aus
kleinen Bruchstücken wie diesen."

Ich überlegte laut, ob es im neunzehnten Jahrhundert in Basel wohl so etwas wie eine pythagoreische Sekte gegeben habe.

„Ehrlich gesagt, das bezweifle ich", sagte Canzoni. „Balmer
war vermutlich ein Romantiker, der in den Beschreibungen von
Pythagoras und den Pythagoreern seine eigenen Gefühle gegenüber der Physik, der Mathematik und ihrer Beziehung zueinander wiederfand.

Das würde bedeuten, daß Balmer gezielt nach physikalischen Theorien suchte, die auf ganzen Zahlen oder auf Verhältnissen ganzer Zahlen gegründet werden konnten. Als Pythagoreer, und noch dazu als ein romantischer, war er davon überzeugt, daß alle physikalischen Theorien eines Tages auf ganzen Zahlen gegründet würden. Er glaubte, kurz gesagt, daß der Kosmos letztlich auf einzelne, fundamentale Einheiten zurückzuführen sei, die eine entsprechende Struktur im Holos widerspiegelten. Wie nützlich dieses Wort doch ist!

Mit dem Aufkommen des daltonschen Atoms als einer winzigen harten Kugel und mit der späteren Feststellung durch Rutherford und Dirac, daß das Atom aus weiteren fundamentalen Einheiten wie Kern und Elektronen aufgebaut ist, war Balmers Sicht der Dinge gerechtfertigt. Ein aus diskreten Einheiten bestehendes Universum begann, seine Gegenwart erfahrbar zu machen. Aber ich überhole mich hier selbst. Morgen werde ich Ihnen noch mehr über diese Entwicklungen sagen.

Um 1890 hatte der Spektrograph eine neue Welt bestimmter Wellenlängen enthüllt. Am interessantesten waren die Spektren, die von heißen Gasen aus angeregten Atomen verschiedener Elemente ausgehen. Solche Spektren nennt man daher Emissionsspektren. Sie zeigen kein Kontinuum wie ein Regenbogen, sondern mehrere Linien, deren Wellenlängen die Arten der vorhandenen Atome charakterisieren. Es gibt aber auch Absorptionsspektren: Wenn man das Licht einer Lichtquelle, beispielsweise der Sonne, durch ein Gas bestimmter atomarer Zusammensetzung führt, so erkennt man im Spektrum dunkle Linien bei den gleichen Wellenlängen wie im Emissionsspektrum desselben Gases.

Auf diese Weise kann man die Elemente in weit entfernten Sternen nachweisen, natürlich aber auch in dem uns nächsten Stern, der Sonne. Die Wasserstoff-Emissionslinien gehen in der Vielzahl anderer Linien des Sonnenspektrums zwar mehr oder weniger unter, aber man kann Gase wie Wasserstoff nachweisen, indem man kontinuierliches Licht durch das betreffende Gas führt. Dann erhält man ein Spektrum mit dunklen Linien. Das Auftreten dunkler Wasserstofflinien in den Sonnen- und Sternenspektren kann nur bedeuten, daß diese Himmelskörper zumindest in ihren äußeren Schichten Wasserstoff enthalten.

Als die Astronomen mit Hilfe des noch recht neuen Spektrographen helle Sterne wie Atair oder Deneb untersuchten, fanden sie zu ihrer Überraschung große Anteile an Wasserstoffgas. Mehrere Physiker maßen diese Linien sehr sorgfältig aus, aber niemandem gelang das, wie schon bemerkt, exakter als Ångström. Er konnte die Wellenlängen mit einem relativen Fehler von unter $1/7000$ messen. Ångström veröffentlichte seine Ergebnisse, und viele Wissenschaftler staunten über die merkwürdigen Zahlen, die von den Sternen ausgingen.

Als Balmer zum ersten Mal die Werte sah, die Ångström dem Kosmos so raffiniert entrissen hatte, wandte er sich an den Holos, um sich inspirieren zu lassen. Die von Ångström ermittelten Wellenlängen schienen auf den ersten Blick irrationale Zahlen mit unendlich vielen Dezimalstellen zu sein. Aber Balmer glaubte fest an die pythagoreischen Lehren. Er war sicher, daß sich ganze Zahlen in jenen mysteriösen sechsstelligen Werten verbargen, die die Sterne auf die Erde herabgesandt hatten!"

Nun steuerte Canzoni offenbar auf Balmers Lösung des Rätsels zu. Ich sagte nichts und ließ sie weitersprechen, aber ich fragte mich, wie jemand aus diesem Zifferngewirr überhaupt ganze Zahlen herausdestillieren konnte, ohne zu den letzten mathematischen Tricks Zuflucht nehmen zu müssen.

Canzoni fuhr fort: „Balmer versuchte es zweifellos auf viele verschiedene Arten. So untersuchte er die Verhältnisse der einzelnen Wellenlängen. Schauen wir uns noch einmal die vier Zahlen an, wie sie Balmer von Ångström erhalten hatte. Das Wasserstoffspektrum besteht, wie wir sehen, aus der Alpha-Linie (H_α) im roten Bereich des Spektrums, der Beta-Linie (H_β) im blauen, der Gamma-Linie (H_γ) im violetten und der Delta-Linie (H_δ) im ultravioletten Bereich sowie weiteren Linien. Mit abnehmender Wellenlänge, also steigender Frequenz, rücken die Linien immer enger zusammen, wie es auch in der Abbildung des Spektrums angedeutet wurde. Und dies sind die ersten vier Zahlen, wie sie Ångström veröffentlichte:

$H_\alpha = 6562{,}10$,

$H_\beta = 4860{,}74$,

$H_\gamma = 4340{,}10$,

$H_\delta = 4101{,}20$.

Als Balmer das Verhältnis der ersten zwei Zahlen bildete, bemerkte er etwas sehr Interessantes:

6562,10 / 4860,74 = 1,350020779.

Unmittelbar hinter den ersten beiden Dezimalstellen stehen zwei Nullen. Was wäre nun, wenn nur die 1,35 wichtig wäre und der Rest 0020779... nur auf die zu erwartenden experimentellen Fehler zurückzuführen wäre? Daher schrieb Balmer die Zahl 1,35 als Bruch:

135 / 100   oder gekürzt: 27 / 20."

Canzoni hatte offenbar nicht mehr darauf geachtet, ob ich noch mitkam. So unterbrach ich sie und fragte: „Womit konnte Balmer denn überhaupt die Quotienten der Wellenlängenwerte ermitteln?"

Sie schaute mich erstaunt an, als wäre das eine ausgesprochen dumme Frage. „Zuerst trennt man in einem solchen Fall alle gemeinsamen Faktoren ab, die den Blick auf das Wesentliche verstellen, vor allem solche, die irrational oder anderweitig kompliziert sind. Beispielsweise lautet die irrationale Zahl π auf fünf Dezimalstellen genau 3,14159. Nun ist 2 mal π ungefähr gleich 6,28318, und 3 mal π ist rund 9,42477. Als Quotienten dieser beiden Zahlen erhält man praktisch eine rationale Zahl, nämlich 2/3.

Als Balmer nun andere Verhältnisse zwischen den vier Zahlen ermittelte, zum Beispiel das von H_α zu H_γ, geschah dasselbe. Er bezeichnete den gemeinsamen Faktor mit b und nannte ihn die ‚Fundamentalzahl des Wasserstoffs'. Und was für Zahlen ergaben sich nach dem Herauskürzen von b? Waren das einfache ganze Zahlen oder vielleicht Verhältnisse ganzer Zahlen? Nun, wenn wenn man einen Quotienten aus Quotienten bildet, resultiert wieder ein Quotient."

Ich mußte kurz überlegen, erkannte dann aber, daß sie – natürlich – recht hatte. Beispielsweise ist das Verhältnis von 3/4 zu 8/5 ebenfalls ein Bruch:

$$\frac{3/4}{8/5} = \frac{3 \times 5}{8 \times 4} = \frac{15}{32}.$$

In diesem Augenblick verstummte die Musik in der Kirche.

Die Zuhörer strömten heraus und ergingen sich während der
Konzertpause auf dem Markusplatz.

„Wie ich gerade sagte, versuchte Balmer vermutlich, die
ganzen Zahlen zu finden, die sich hinter diesen Zahlen verbargen. Dazu nahm er an, daß jede der von Ångström ermittelten
Zahlen die Form $b\,m$ hat, wobei b die Fundamentalzahl des
Wasserstoffs und m eine ganze Zahl ist. Aber mit diesem Ansatz kam er nicht weiter. Zweifellos hatte er es mit Verhältnissen von Verhältnissen zu tun. Beim Versuch, herauszufinden,
was diese Verhältnisse bedeuten könnten, nahm er vermutlich
an, daß jedes der Meßergebnisse von Ångström dieselbe allgemeine Form

$$b\,(n\,/\,d)$$

hatte, wobei b die Fundamentalzahl ist und der Quotient n/d
sich sozusagen im Meßergebnis verbirgt. Hier steht n für den
Zähler und d für den Nenner.

Jetzt verwenden wir die Algebra als eine Art Mikroskop, um
herauszufinden, was im allgemeinen Fall geschieht. Wir haben
hier zwei solche Zahlen, deren Komponenten durch einen In-
dex gekennzeichnet werden, so daß sie zu unterscheiden sind.
Ich bilde also den Quotienten aus beiden:

$$\frac{b\,(n_1/d_1)}{b\,(n_2/d_2)}.$$

Gemäß den algebraischen Regeln können wir in diesem Bruch
den Faktor b herauskürzen und erhalten ein Verhältnis zweier
Brüche, das in dieser allgemeinen Form zu einem Quotienten
ganzer Zahlen führt.

Beachten Sie, daß jede ganze Zahl im neuen Verhältnis das
Produkt zweier anderer Zahlen ist:

$$\frac{n_1\,d_2}{d_1\,n_2}.$$

Mit dieser Schreibweise hätte Balmer schnell einen Satz von
Gleichungen aufstellen können, die mit Standardmethoden zu
lösen sind. Erinnern Sie sich daran, daß er das Verhältnis der
ersten beiden Werte für den Wasserstoff, also von H_α zu H_β, bildete und das Resultat $27/20$ erhielt? Jetzt mußte er nur noch

dieses Verhältnis mit der allgemeinen Form gleichsetzen, die ich gerade aufgestellt hatte. Der Rest ist Algebra:

$$\frac{n_1 d_2}{d_1 n_2} = \frac{27}{20}.$$

Er setzte noch zwei andere Gleichungen an, nämlich je eine für jedes der anderen möglichen Verhältnisse:

$$\frac{n_1 d_3}{d_1 n_3} = \frac{189}{125}$$

und

$$\frac{n_1 d_4}{d_1 n_4} = \frac{72}{45}.$$

Diese drei Gleichungen waren alles, was Balmer hatte. Wie es sich so ergab, waren sie aber auch alles, was er benötigte. Im Grunde waren es nämlich nicht nur drei Gleichungen, sondern sechs, denn für jede Gleichung konnte er Zähler gleich Zähler und Nenner gleich Nenner setzen:

$$n_1 d_2 = 27,$$

$$d_1 n_2 = 20,$$

$$n_1 d_3 = 189,$$

$$d_1 n_3 = 125,$$

$$n_1 d_4 = 72,$$

$$d_1 n_4 = 45.$$

Balmer hatte nun sechs Gleichungen mit allerdings acht Unbekannten. Schon die Schülerinnen, die er in Mathematik unterrichtete, wußten, daß ein Gleichungssystem mit mehr Variablen als Gleichungen normalerweise mehr als eine Lösung hat. Als aber die Gleichungen so formuliert waren, wie es hier gezeigt ist, benötigte er wohl höchstens eine Stunde, um sie zu lösen. Es ist erstaunlich, wie schnell sich die Lösungen ergeben. Passen Sie auf!"

Canzoni wies auf die erste Gleichung $n_1 d_2 = 27$. Das Produkt der beiden ganzen Zahlen n_1 und d_2 muß hier stets den Wert 27 haben. Dafür gibt es aber nur zwei Möglichkeiten: Entweder ist n_1 = 9 und d_2 = 3 oder umgekehrt: n_1 = 3 und d_2 = 9. Wenn man das erste dieser Wertepaare in die anderen Gleichungen einsetzt, ergeben sich sukzessive weitere Werte für einige der Variablen, während andere noch unbekannt bleiben. Wenn wir aber 3 für n_1 und 9 für d_2 überall dort einsetzen, wo diese Variablen im Gleichungssystem auftreten, erhalten wir ein etwas einfacheres Gleichungssystem:

$$n_1 \quad = 9, \quad d_2 = 3$$

$$d_1 n_2 = 20,$$

$$d_3 \quad = 21,$$

$$d_1 n_3 = 125,$$

$$d_4 \quad = 8,$$

$$d_1 n_4 = 45.$$

Die drei unveränderten Gleichungen enthalten sämtlich d_1 als Faktor. Weiterhin besagen sie, daß diese Zahl d_1 ein Teiler der Zahlen 20, 125 und 45 sein muß. Die einzige Zahl, für die dies zutrifft, ist 5. Also ergeben sich aufgrund der ursprünglichen Annahmen für n_1 und d_2 folgende Werte:

$$n_1 = 9, \quad d_2 = 3, \quad d_1 = 5$$

$$n_2 = 4,$$

$$d_3 = 21,$$

$$n_3 = 25,$$

$$d_4 = 8,$$

$$n_4 = 9.$$

Jetzt kannte Balmer die Werte aller ganzen Zahlen, die in den Wellenlängenquotienten vorkamen, und konnte sie in die Formel $b(n/d)$ einsetzen, die nach seiner Einschätzung für die Wellenlängenwerte galt. Mit den Ergebnissen muß er sehr zufrieden gewesen sein, denn seine ursprüngliche Absicht war ja gewesen, die Fundamentalzahl des Wasserstoffs herauszufinden. Betrachten wir als Beispiel die erste Wasserstofflinie bei der Wellenlänge 6562,10.

Er konnte jetzt folgende Gleichung ansetzen:

$$b(n \, / \, d) = 6562,10.$$

Wir setzen die Werte $n = 9$ und $d = 5$ ein:

$$b(9 \, / \, 5) = 6562,10.$$

Dann lösen wir nach b auf, was wieder eine einfache algebraische Rechnung ist:

$$b = 3645,6.$$

Als Balmer das auch mit den anderen Verhältnissen, beispielsweise n_2 / d_2, versuchte und jeweils nach der Fundamentalzahl auflöste, erhielt er sehr ähnliche Werte, nämlich insgesamt folgende: 3645,6, 3645,5, 3645,7 und 3645,5.

Das war wirklich bemerkenswert. Jeder Wertesatz von n und d führte praktisch zum gleichen Wert für die Fundamentalzahl des Wasserstoffs. Daher konnte Balmer diesen Wert in die ursprünglichen Formeln einsetzen, um wiederum die Wellenlängen zu errechnen:

$$3645,6 \cdot (9 \, / \, 5) = 6562,08.$$

Dieser Wert weicht nun von dem der gemessenen Wellenlänge (6562,10) um weniger als ein Hunderttausendstel ab. Balmer hatte seine ganzen Zahlen also gefunden."

Ich hatte den Verdacht, Canzoni wolle mich oder – noch schlimmer – auch sich selbst hinters Licht führen. Die Übereinstimmung war fast zu gut, um wahr zu sein. Ich erinnerte mich nun daran, daß für die Ausgangsgleichung ja zwei Lösungen möglich waren. Was hätte Balmer mit dem umgekehrten Wertepaar, also mit $n_1 = 3$ und $d_2 = 9$, errechnet? Darauf antwortete Canzoni, daß das im wesentlichen dieselbe Lösung ergeben hätte.

„Das ist seltsam", warf ich ein. „Wenn jemand dieses kleine Problem einem Mathematiker vorlegte, ohne zu sagen, woher die Werte stammen, dann fände der es wohl kaum interessant."

„Ganz recht. Für sich genommen, ist das keine besonders faszinierende Aufgabe, und ich bin sicher, daß Balmer es nicht für nötig befunden hätte, sich näher damit zu befassen, wenn er in anderem Zusammenhang darauf gestoßen wäre. Balmer hatte also gewiß keine neuen mathematischen Erkenntnisse gefunden. Er hatte auf dieses so kleine Problem lediglich die Algebra angewandt, noch dazu auf keinem sehr hohen Niveau. Aber er konnte eine Botschaft entschlüsseln, die der Kosmos uns in Form von vier einfachen Zahlen sandte. Zumindest hatte er erkannt, daß verschiedene Quotienten von vier ganzen Zahlen ihr Herzstück waren. Doch das war der einfachere Teil der Aufgabe. Was Balmer danach unternahm, war mathematisch gesehen weitaus interessanter.

Er untersuchte die Reihe der Quotienten, die er für die vier Wasserstoffwellenlängen erhalten hatte, etwas genauer: 9/5, 4/3, 25/21 und 9/8. Dabei bemerkte er, daß alle Zähler Quadratzahlen waren, während die Nenner um 1 oder um 4 kleiner waren als der jeweilige Zähler. Die Quotienten bildeten also eine recht interessante Reihe. Auf einen Mathematiker wirken derartige Strukturen wie das rote Tuch auf den Stier. Er dreht fast durch, und er wünscht sich eine Formel, die solche Quotienten erzeugt – möglichst bis ins Unendliche! Solche Formeln enthalten eine ganzzahlige Variable, nennen wir sie m, die wie eine Numerierung wirkt. Sie nimmt also die Werte 1, 2, 3, … an, während die Formel die Balmerschen Quotienten 9/5, 4/3, … liefert. Balmer probierte es nun mit Ausdrücken wie

$$\frac{m^2}{m^2-1} \quad \text{und} \quad \frac{m^2}{m^2-4}.$$

Als er hier m = 2, 3, 4, … einsetzte, erhielt er wieder sämtliche Quotienten, die er früher hergeleitet hatte, und noch mehr, wie ich gleich zeigen werde. Sein wirkliches Genie äußerte sich in einem Ansatz, der auf einem gewissen Vertrauen gründete – wir könnten es das pythagoreische Vertrauen nennen. Balmer stellte nämlich eine allgemeine Formel auf, die die beiden vorigen in sich vereinigte:

$$\frac{m^2}{m^2-n^2}.$$

Jeder Wert von n führt darin zu einer anderen Serie. Für n = 1 ist sie identisch mit der ersten Formel, die ich schon beschrie-

ben habe. Sie ergibt die Quotienten 4/3, 9/8, 16/15, 25/24 ...,
wenn man für m die Werte 2, 3, 4, 5, ... einsetzt. Für $n = 2$
nimmt die allgemeine Formel die Gestalt der zweiten schon beschriebenen Formel an. Mit $m = 3, 4, 5, 6, ...$ ergibt sie die Quotienten 9/5, 16/12, 25/12, ... In diesen beiden Serien finden wir
jeden der vier Quotienten, die Balmer in Ångströms kosmischen
Daten entdeckt hatte. Dann kam aber sogar der Beweis, denn
es paßte nicht nur jedes neue Meßergebnis, das Ångström an
Balmer sandte, bestens zu diesen Formeln, sondern Balmer
sagte auch weitere Wasserstofflinien voraus. Ein Beispiel dafür können wir einer seiner Mitteilungen aus dem Jahre 1885
entnehmen:

*Mit der Formel erhielten wir für eine fünfte Wasserstofflinie die
Wellenlänge* $(49/45) \cdot 3645,6 = 3969,65$ *[Einheit* 10^{-7} *mm]. Ich
wußte noch nichts von dieser fünften Linie, die innerhalb des
sichtbaren Teils des Spektrums direkt vor* H_1 *liegen muß (deren
Wellenlänge beträgt nach Ångströms Daten 3968,1); und ich
mußte annehmen, daß entweder die Temperaturverhältnisse für die
Emission dieser Linie nicht günstig waren oder daß die Formel
nicht allgemein gilt.*

Aber diese Linie wurde gefunden, neben vielen weiteren. Inzwischen konnten alle Serien, die mit Hilfe von Balmers Formel
vorhergesagt wurden, gefunden werden, denn die verfeinerten
spektrographischen Verfahren enthüllten zahlreiche Linien des
Wasserstoffspektrums. Diese Serien sind folgende: Lyman-Serie
($n = 1$), Paschen-Serie ($n = 2$), Brackett-Serie ($n = 3$) und Pfund-
Serie ($n = 4$). Kurzum, alle mit Balmers Formel vorhergesagten,
physikalisch möglichen Linien wurden beim natürlichen Wasserstoff nachgewiesen – und keine anderen."

In diesem Augenblick rief eine Glocke aus dem Inneren der
Kirche die Zuhörer wieder hinein. Sie gingen an uns vorbei und
traten durch das Portal von San Marco. Einige der Konzert-
besucher sahen amüsiert zu uns beiden herüber, die wir auf
der Bank saßen und lebhaft diskutierten. Man hielt uns anscheinend für Musikkritiker, die über die Entwicklung der Po-
lyphonie debattierten. Diese kurze Unterbrechung gab mir
Gelegenheit, näher zu überlegen. Ich wollte wirklich nichts un-
versucht lassen.

„Hätte nach Ihrer Ansicht irgendeine andere Lösung oder irgendeine andere Formel aus diesen vier Zahlen hervorgehen können, abgesehen von den späteren Befunden?" fragte ich.

„Das kann ich mir nicht vorstellen", flüsterte Canzoni, während sie einer Gondel zusah, die ihre Bahn zum Hafen zog. „Eher könnten Sie erleben, daß dieses Boot Flügel bekommt und zum Mond fliegt. Sie könnten ein Leben lang arbeiten und doch keine andere Formel finden. Wissen Sie, es gibt nur eine – und Balmer fand sie.

Aber die Bedeutung dieser Formel wurde viele Jahre lang nicht erkannt. Im selben Jahr, in dem Balmers Abhandlung publiziert wurde, bekam ein Ehepaar namens Bohr in Dänemark einen Jungen. Er hieß Niels Bohr, und er war der findige Kopf, der Balmers Formel schließlich erklären sollte, als er am seinerzeit neuen Quantenmodell des Wasserstoffatoms arbeitete. Die Linien entsprachen den Differenzen der Energieniveaus, die das Atom nach diesem Modell aufweisen sollte. Und jeder Übergang zwischen zwei Niveaus erzeugte eine charakteristische Strahlung mit einer bestimmten Wellenlänge, die jeweils einer der von Ångström ermittelten Zahlen entsprach.

Der umwälzenden Quantentheorie, wie sie von Bohr und anderen entwickelt wurde, lag die Vorstellung zugrunde, daß Energie letztlich nicht kontinuierlich auftreten kann, sondern nur in bestimmten Portionen, den Quanten. Die Quantenzahlen, die die betreffenden Zustände repräsentieren, sind sämtlich immer ganzzahlig oder halbzahlig, also Vielfache des Bruches $1/2$. Balmer war es nicht mehr vergönnt zu erleben, wie die neue Theorie zum Tragen kam und wie Pythagoras' Kosmos ganzer Zahlen damit wiederauferstand."

Canzoni wandte sich mir zu.

„Es tut mir sehr leid, daß wir zum Konzert zu spät gekommen waren. Das war meine Schuld. Ich hatte nicht auf die Zeit geachtet. Ich werde Sie jetzt über den Canale Grande zu Ihrem Hotel bringen."

Wir gingen langsam über die großen Steinplatten des Fußwegs neben dem Kanal. Es war schon später Abend, und der Geruch der Stadt hatte sich, wie mir schien, verändert; er war jetzt komplexer, ein Gemisch von alten Steinen, Essen, Motoröl, verrottendem Holz, Abfall und Gott weiß was noch. Ich holte tief Luft und atmete die Düfte Venedigs wie ein Elixier ein. Dann fragte ich Canzoni, was sie über meine drei Fragen dachte und was die Geschichte von Balmer bedeutete.

„Bevor ich darauf antworte, muß ich anmerken, daß Ihre Fragen vielleicht nicht tief genug gehen. Sie erinnern mich an die Parabel von den blinden Männern und dem Elefanten. Einer der blinden Männer fragt: ,Warum hat dieses Tier meterlange Zähne?' Der zweite fragt: ,Warum hat dieses Tier eine Haut wie eine faltige Decke?' Aber keiner von ihnen stellte die richtige Frage: ,Was macht dieser Elefant hier?'

Wenn Sie nun auf die gleiche Weise fragen: ,Warum scheint es uns, als ob die Mathematik entdeckt wird?' oder ,Warum taucht die Mathematik in der physikalischen Welt immer wieder auf?' – dann geht das ebenso am Kern der Sache vorbei. Denn der Elefant war schon die ganze Zeit über hier, aber wir sind blind."

„Welcher Elefant?" warf ich ein. Ich konnte ihr nicht recht folgen.

Canzoni lachte plötzlich. „Alles, was ich Ihnen sagen kann, ist, daß der Elefant unsichtbar ist – unseren gewöhnlichen Sinnen verborgen. Aber wer über den Kosmos und dessen Zusammenhang mit der Mathematik nachdenkt, kann den Elefanten fühlen.

Balmers Entdeckung war, wie ich schon bemerkte, keine mathematische Großtat. Deshalb deuten seine Erkenntnisse nicht auf die unabhängige Existenz der Mathematik hin, zumindest nicht direkt. Aber sie weisen klar auf die Präsenz der Mathematik im Kosmos hin.

Balmers Formel wurde in vier Zahlen entdeckt, die von entfernten Sternen zu uns kamen. Jene Zahlen, die in Form von vier bestimmten Wellenlängen den Raum durchzogen, enthielten eine Art Botschaft, die innerhalb des mathematischen Rahmens zu entschlüsseln war. Wir können heute mit den Mitteln der Informationstheorie sogar beweisen, daß in jenen gut 20 Dezimalziffern gerade Platz für eine Botschaft war, wie sie Balmer entdeckte. Die Botschaft war eine Formel für die Energieniveaus des Wasserstoffatoms.

Wesen aus anderen Welten müßten in jenen Zahlen genau die gleiche Botschaft finden, auch wenn sie die Formel viel-

leicht ganz anders schreiben. Balmers Entdeckung ist ein ein-
drucksvolles Beispiel für die mathematischen Strukturen, die in
beinahe jedem Aspekt der physikalischen Realität vorliegen;
wir müssen ihn nur gründlich genug untersuchen. Ich habe
eine These aufgestellt, die ich morgen gern mit ihnen durchgehen möchte. Sie besagt, daß diese Strukturen dort existieren,
weil es im Kosmos etwas gibt, das Axiome innerhalb des Holos
erfüllt. Dieses Etwas erklärt den unsichtbaren Elefanten.

Aber zunächst habe ich selbst eine Frage. Warum sträuben
sich manche Menschen so beharrlich gegen die Vorstellung
einer unabhängigen Existenz der Mathematik? Bevor man mehr
als einen Satz dazu herausbekommt, versuchen sie das Gespräch abzubiegen und starren an die Decke. Irgend etwas
scheint sie zu stören, als ob man ihre Freiheit beschränkte. Andere Menschen dagegen finden die Vorstellung einer tieferen
Struktur völlig akzeptabel. ,Warum nicht?' fragen sie sich.

Lassen Sie uns ganz offen sein. Sogar die Philosophen, die
Grund haben, die Existenz einer objektiven Realität zu bezweifeln, sind recht zufrieden damit, so handeln zu können, als ob
sie existierte. Wie könnten sie sonst wirken und weiterleben?
Ich möchte sie nicht Heuchler nennen; aber mir scheint, sie verhalten sich so, als glaubten sie trotz aller Zweifel doch an eine
objektive Realität. Die physikalische Realität bietet ihnen genug
Stabilität, um zu planen, zu erfinden und sich zu erinnern, ohne
gravierende Fehler zu begehen.

Wenn wir die Existenz einer objektiven Realität akzeptieren
und darin übereinstimmen, daß sie gewisse Gesetzmäßigkeiten
enthält, wie sie von der Physik und anderen Wissenschaften
entdeckt werden, und wenn wir weiterhin akzeptieren, daß die
Mathematik eine unabhängige Existenz von ganz besonderer
Art hat – was ist dann, so frage ich, die einfachste mögliche
Erklärung für diese Situation? Der Holos steuert den Kosmos,
weil der Kosmos in dieser Sache keine Wahl hat. Wenn ein bestimmtes physikalisches System innerhalb des Kosmos gewissen Axiomen unterliegt, wie kann es dann irgendeinem einzelnen Grundsatz widersprechen, der jenen Axiomen folgt?"

Inzwischen waren wir mitten auf einer Brücke über den Canale Grande angekommen. Canzoni blieb stehen und blickte
versonnen in das stille, dunkle Wasser.

„Wissen Sie, manchmal lehne auch ich mich gegen diese Situation auf. Manchmal, wenn ich über Holos und Kosmos zusammen nachdenke, halte ich das für den schrecklichsten Gedanken auf der Welt!"

Das wunderte mich sehr. „Warum?" fragte ich.

„Das ist schwer in Worte zu fassen. Sehen Sie, die unabhängige Existenz des Holos mag in gewissem Sinne den Kosmos erklären, aber dann muß immer noch die Existenz des Holos erklärt werden, und das übersteigt meine Fähigkeiten bei weitem. Diese Existenz ist sowohl verständlich als auch unverständlich. Alles, was ich Ihnen sagen kann, ist, daß wir Menschen den Holos nur mit unserem Verstand begreifen können. Was aber, wenn seine Existenz letztlich auf irgendeine Art auch ein geistiges Phänomen ist? Ein Phänomen nicht unseres Geistes, sondern eines anderen."

Sie schwieg nun. Wir gingen still zu meinem Hotel. Hier fragte ich sie, wie sie nach Hause käme. Sie antwortete, sie wohne ganz in der Nähe.

„Morgen, wie ich schon sagte, werde ich Ihnen etwas Interessantes zeigen." Damit drehte sie sich recht unvermittelt um und ließ mich mit meinen Gedanken allein.

Mein Hotelzimmer war luxuriös, mit Marmorfliesen in der Dusche, Telefon sogar im Badezimmer und einem Korb mit Früchten auf dem Tisch. Wie der Portier mir gesagt hatte, kostete die Übernachtung 305 000 Lire, und ich hoffte sehr, daß mein Budget das verkraften würde.

Ich trat auf den Balkon und blickte über den Canale Grande. Wenn Canzoni damit recht hätte, daß die Botschaft in den Wasserstofflinien eindeutig zu entschlüsseln war, dann war dies ein überzeugendes Indiz für die enge Verknüpfung zwischen mathematischen Strukturen und physikalischer Realität. Der Holos und der Kosmos waren irgendwie miteinander verwoben. War das so einfach, wie sie behauptet hatte? Unterliegen physikalische Systeme wirklich Axiomen? Wenn ja, dann wäre es so, wie Canzoni gesagt hatte. Wie könnten solche Systeme irgendwelchen Grundsätzen widersprechen, die aus jenen Axiomen hervorgingen? Was würde Canzoni mir morgen berichten?

Ich legte mich auf das Bett und wollte nur ein Weilchen ausruhen, fiel aber fast augenblicklich in tiefen Schlaf. Ich erwachte durch heftigen Donner und erinnerte mich dunkel an einen unangenehmen Traum. Es war 2 Uhr nachts. Bei Blitz und Donner fielen mir allmählich Einzelheiten des Traums ein. Ich war in einem der Kanäle ertrunken und in eine kalte Dunkelheit hinabgesunken, die auf mir lastete. Ich erinnerte mich nicht, gestorben zu sein, aber irgend etwas in dem Traum sagte mir, daß es so war. Ich bemerkte plötzlich einen Lichtblitz und hörte das Dröhnen der Welterschaffung. Das Universum war in einem Gedanken geboren, der keinen Denker hatte. Zumindest war dieser Denker nicht ich.

KAPITEL 6

Die letzte Realität

––––––––

Am Gebäude des Instituts für Wissenschaftsgeschichte, nicht weit vom Canale Grande, bildete eine Reihe raffiniert konstruierter Balkons im dritten Stockwerk großzügige Nischen. In einer davon, die sogar mit einer Wandtafel ausgestattet war, saß ich am nächsten Morgen mit Maria Canzoni zusammen.

Abgesehen von dem verstörenden Traum hatte ich gut geschlafen. Das Gewitter hatte sich schon lange verzogen, und helles Sonnenlicht beschien die Stadt. Eine schwache Brise mischte die unzähligen Düfte Venedigs und wehte sie aus Wegen, Kanälen und Gebäuden heraus. Ich war sehr aufmerksam und erwartete nun die Überraschung, die Canzoni mir gestern versprochen hatte. Sähe ich nun den Elefanten verschwinden?

Maria Canzoni wirkte frisch wie der Morgen – als ob sie mit Venedig eins sei. „Offen gestanden, ich muß mich bei Ihnen bedanken. Ihr Besuch hat mir neuen Schwung gegeben, und schon dieses eine Wort, das von Pygonopolis, hat meinen Horizont erweitert. Zuweilen ergeben sich die merkwürdigsten Resultate, wenn man eine Sache nur benennt. In meinem Fall hat mir das den Mut gegeben, eine Theorie wieder hervorzuholen, die ich viele Jahre lang beiseite gelegt hatte. Ich werde Ihnen später mehr darüber sagen. Jenes Wort – der Holos – ist jetzt Teil meines Wortschatzes."

Dann fragte sie mich nach meinen Ansichten über den Holos und danach, welche seiner Merkmale mich davon überzeugen konnten, daß er eine unabhängige Existenz hat.

„Es scheint mir", sagte ich, „daß die Frage der unabhängigen Existenz in geographische Begriffe gefaßt werden kann. Der Holos, oder was immer wir dafür halten, weist eine Art Struktur auf. Ich glaube, wenn zwei Mathematiker mit den gleichen Axiomen beginnen, dann werden sie sehr häufig schließlich die gleichen Dinge entdecken – wie zwei Forscher, die auf derselben Insel herumstreifen. In ihren Logbüchern können beide ihre Einträge machen. Beispielsweise könnte Forscher A schreiben: ,Genau in südlicher Richtung vom Berg an der Küste, der wie ein Zuckerhut geformt ist, fand ich eine tiefe Bucht mit einem Sandstrand, der sich über ihre ganze Länge erstreckte.' Forscher B würde zur selben Zeit notieren: ,Ich lief durch einen dichten Dschungel nach Osten, bis ich an einen breiten Strand kam, der über eine Meile lang war. Er umfaßte eine Bucht, deren nördliches Ende von einem riesigen Felsen beherrscht wurde, der die Form eines Termitenhügels hatte.' Würde jeder der beiden Forscher eine Landkarte zeichnen, dann würde – gleichgültig, wie grob die Karten sind – deutlich werden, daß beide dieselbe Bucht entdeckt hatten. Und niemand würde das im geringsten für bemerkenswert halten."

„Bravo. Das war sehr schön ausgedrückt", lachte Canzoni, „sehr romantisch. Doch dem ist hinzuzufügen, daß wir noch ein kontrolliertes Experiment durchführen müssen, in dem zwei Mathematiker genau dasselbe tun. Wir müssen unsere Informationen den historischen Ereignissen entnehmen. Sie wissen sicher, daß verschiedene Mathematiker häufig auf genau denselben Lehrsatz gestoßen sind. Sie mußten dazu nicht einmal zur gleichen Zeit gelebt oder der gleichen Kultur angehört haben.

Vielleicht kennen Sie auch den bekanntesten Fall unabhängiger Entdeckung: Sowohl Newton als auch Leibniz fanden jeder für sich die Grundlagen der Infinitesimalrechnung. Das galt später als entscheidender Fortschritt in der frühen europäischen Mathematik. Je intensiver man sich mit den Arbeiten dieser beiden Mathematiker befaßt, desto weniger überraschend ist dieses Phänomen. Im frühen achtzehnten Jahrhundert syste-

matisierten und etablierten die Naturforscher die Bewegungs-
gesetze, wie sie von Galilei und anderen beschrieben worden
waren. Sie suchten nach einer Methode, Bewegungen zu untersuchen, scheiterten aber daran, daß das neue kopernikanische
System – in seiner Formulierung von Kepler – die Behandlung
sich kontinuierlich verändernder Größen erforderte. So bewegt
sich ein hochgeworfener Gegenstand nicht gleichförmig, sondern wird unter dem Einfluß der Schwerkraft langsamer, ruht
dann einen winzig kleinen Augenblick, um schließlich mit steigender Geschwindigkeit wieder auf die Erde zu fallen.

Beide, Newton und Leibniz, kannten die von René Descartes
entwickelte analytische Geometrie. Mit ihr konnte man auf einen Blick erkennen, wie sich ein physikalisches System verhält.
Betrachten wir als Beispiel die Bahn, der ein Stein im Schwere-
feld der Erde folgt. Nehmen wir an, er wurde mit einer Geschwindigkeit von 20 Metern pro Sekunde hochgeworfen."

Canzoni ging zur Tafel und erstellte folgende Skizze:

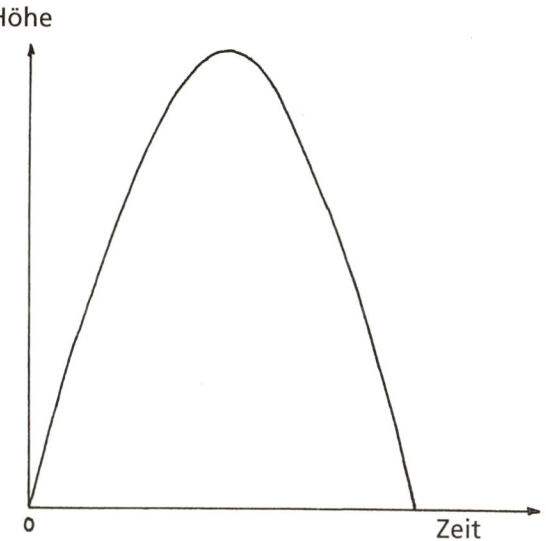

Die Höhe des Steins, aufgetragen gegen die Zeit.

„Diese Kurve stellt die Aufwärts- und die Abwärtsbewe-
gung des Steins dar. Die waagerechte Achse repräsentiert die

verstrichene Zeit und die senkrechte Achse die jeweilige Höhe
des Steins über dem Boden. In jedem Moment, vom Augenblick
des Hochwerfens bis zur Landung, hat der Stein eine bestimmte, genau anzugebende Höhe über dem Boden und eine bestimmte, genau anzugebende Geschwindigkeit relativ zu ihm.

Wenn ich nun die Schlüsse, die Newton und auch Leibniz
aus einer solchen Kurve zogen, mit meinen Worten wiedergebe,
dann kann ich sagen: Beide erkannten, daß die vertikale Geschwindigkeit des Steins zu jedem Zeitpunkt eng mit der Steigung der Kurve zum betreffenden Zeitpunkt zusammenhängt."

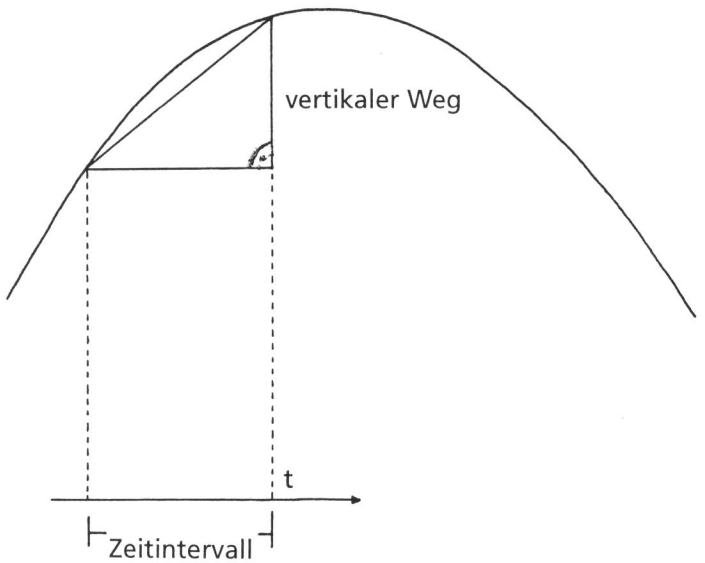

Das Geschwindigkeitsdreieck für die Bewegung des Steins.

Canzoni zeichnete nun ein rechtwinkliges Dreieck ein. Seine
Basis (die waagerechte Kathete) stellte das Zeitintervall dar und
die senkrechte Kathete den in dieser Zeitspanne zurückgelegten
vertikalen Weg. Die Steigung der Hypotenuse repräsentierte
daher die Geschwindigkeit des Steins in diesem Zeitintervall.
Diese Steigung war nun das Verhältnis der senkrechten Seite
zur vertikalen Seite, also der Tangens des Winkels links an der
Basis, wie al-Flayli wohl gesagt hätte.

Canzoni erklärte weiter: „Newton und Leibniz erkannten als Mathematiker, daß die Hypotenuse dieses Dreiecks der Geschwindigkeit des Steins nur angenähert entspricht, denn sie repräsentiert die durchschnittliche Geschwindigkeit des Steins im gesamten Zeitintervall, das der Basis des Dreiecks entspricht. Aber sie erkannten auch folgendes: Wenn sie das Zeitintervall immer kürzer machten und so das Dreieck immer kleiner, dann strebte die Steigung offenbar einem bestimmten Wert zu, der nur die *momentane Geschwindigkeit* sein konnte, nämlich die Geschwindigkeit zum fraglichen Zeitpunkt. Sehen Sie, hier lasse ich das Dreieck schrumpfen, und wir sehen, wie die Hypotenuse immer mehr – zu was wird?"

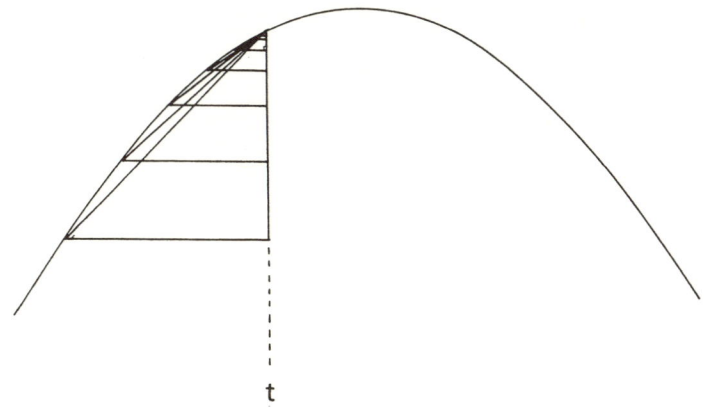

Eine Folge immer kleinerer Dreiecke.

Während Canzoni die Zeichnung erklärte, ging eine bemerkenswerte Veränderung mit ihr vor. Ihre Bewegungen wurden energischer, fast aggressiv. Sie ließ das Dreieck zuerst mit Gesten schrumpfen, als stauchte sie es tatsächlich. Dann zeichnete sie eine Folge immer kleinerer rechtwinkliger Dreiecke ein. Bei jedem neuen Dreieck wiegte sie sich von einem Bein auf das andere, wie beim Tanzen.

Als sie sich umdrehte, um meine Reaktion zu sehen, dachte ich, daß sie wohl auf genau diese Weise ihre Vorlesungen hielt. Es schien mir, als lebe in ihr die Seele einer Schauspielerin mit der besonderen Begabung, abstrakte Vorstellungen pantomimisch zu vermitteln. Manche Philosophen meinen, man müsse die Mathematik „mit dem Bauch" betreiben, da sie eine geradezu „greifbare" Wissenschaft sei. Doch Mathematiker ringen, wie alle anderen Forscher, mit Problemen, aber welch ein Ringen ist das! Canzoni entwand diese Klarheit der Wahrnehmung sozusagen dem Nichts. Sie sah mich an und lächelte.

Ich zollte ihr den verdienten Beifall: „Bravo!"

Sie fuhr fort: „Newton und Leibniz erkannten nun bei den verschiedensten Kurven, daß das Dreieck beim Schrumpfen letztlich praktisch zu einem Punkt – zu einem Nichts – wurde, während die Steigung seiner Hypotenuse aber erhalten blieb. Diese wurde zum Schluß zu einer ganz besonderen Geraden, die man auch schon im Altertum kannte. Heute nennen wir sie Tangente. Sie berührt die Kurve in dem Punkt bzw. dem Zeitpunkt t, für den die Geschwindigkeit ermittelt werden soll.

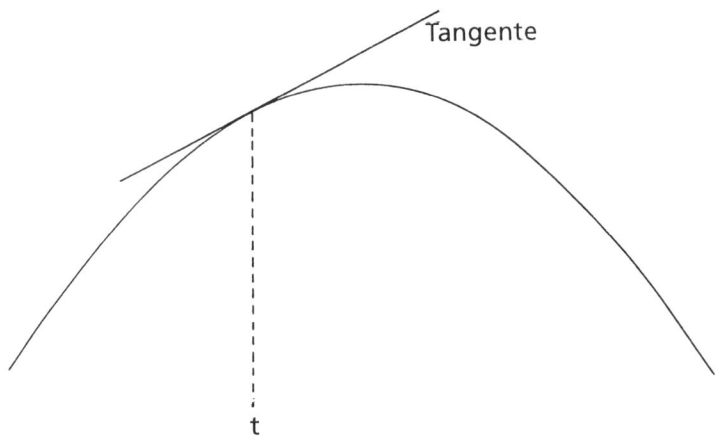

Die Geschwindigkeit ist die Steigung der Tangente.

Was nun das Rüstzeug zum Untersuchen der Zusammenhänge betrifft, standen Newton und Leibniz vor dem gleichen Dilemma. Ich spreche von dem Rüstzeug zum Beweisen von Sachverhalten, also von Hilfsmitteln, mit denen man Gewißheit erlangen konnte. Es war eine Sache, zu erkennen, daß die Steigung der ‚letzten' Hypotenuse, die also gleich zu einem Punkt zusammenschrumpft, gleich der Steigung der Tangente an der Kurve ist – aber es war etwas ganz anderes, das zu beweisen.

Wie konnten sie mit einiger Berechtigung von der Steigung einer Geraden sprechen, die zu einem Nichts geworden war? Newton und Leibniz nahmen – jeder auf seine ganz besondere Weise – einfach das an, was aus der Zeichnung offenbar wurde. Die Steigung der Tangente am betreffenden Punkt der Kurve ist ja in der Tat die Momentangeschwindigkeit zu eben diesem Zeitpunkt.

Ich sollte hinzufügen, daß man im frühen achtzehnten Jahrhundert für solche Kurven, wie ich sie hier gezeichnet habe, bereits algebraische Formeln kannte. Das verdankte man den Arbeiten von René Descartes und auch anderen. Beispielsweise schrieb man die Formel für die Zeitabhängigkeit der vertikalen Position des Steins in ähnlicher Weise, wie wir das heute tun."

Canzoni schrieb die untenstehende Gleichung an die Tafel und erklärte dazu, daß y die Höhe des Steins über dem Boden ist und daß die Zahl 20 für die Anfangsgeschwindigkeit steht, mit der der Stein hochgeworfen wurde. Die Zeit t startet bei $t = 0$. Das ist genau der Augenblick, in dem der Stein losgelassen wurde. Für jeden Wert von t ergibt sich dann der zugehörige Wert von y, also die vertikale Höhe des Steins:

$$y = 20\,t - 4{,}9\,t^2.$$

„Was bedeutet der negative Term?" fragte ich.

„Er repräsentiert die Wirkung der Schwerkraft. Damit wird von der nach oben gerichteten Wurfgeschwindigkeit ($20\,t$) die mit der Zeit zunehmende Fallgeschwindigkeit subtrahiert. Wenn die Differenz der beiden den Wert null erreicht, hört der Stein im Scheitelpunkt der Parabel auf hochzusteigen und beginnt herunterzufallen. Dabei wird er in jeder Sekunde mit 9,8 Metern pro Sekunde beschleunigt. Der allgemeine Ausdruck für diesen hier negativen Term lautet $\tfrac{1}{2}g\,t^2$. Der Faktor g darin ist die Fallbeschleunigung auf der Erde, hervorgerufen durch die Schwerkraft.

Wie ich schon sagte, entdeckten Leibniz und auch Newton, daß eine Gleichung für den Ort des Gegenstands (wie wir sie hier formuliert haben) auf eine Gleichung für die Bewegung bzw. die Geschwindigkeit reduziert werden kann, indem man jeden Term mit der jeweiligen Potenz von t multipliziert und im gleichen Zuge diese Potenz um 1 verringert.

Aus

$$20\ t^1 - 4{,}9\ t^2$$

wird also

$$1 \cdot 20\ t^0 - 2 \cdot 4{,}9 \cdot t^1$$

oder einfach

$$20 - 9{,}8\ t.$$

Dies gibt nun nicht mehr die Höhe (den sogenannten Ort) y an, sondern die vertikale Geschwindigkeit des Steins in Abhängigkeit von der Zeit t. Dabei ist die Aufwärtsrichtung positiv angesetzt. Dieser Übergang von der Orts- zur Geschwindigkeitsgleichung war der entscheidende Schritt bei der Entwicklung dessen, was wir heute Differentialrechnung nennen.

Newton, dem seine Entdeckung einige Jahre vor Leibniz gelang, hielt dieses Verfahren aber lange geheim. Er bezeichnete die neue Methode als *Fluxionsrechnung*. Unter *Fluxionen* verstehen wir heute die infinitesimalen Größen, deren Quotient der Differentialquotient ist. Die Größe, die wir mit Hilfe einer speziellen mathematischen Operation eben ermittelt haben, schrieb Newton als $\dot{y}$. Damit lautet unsere Geschwindigkeitsgleichung

$$\dot{y} = 20 - 9{,}8\ t.$$

Leibniz dagegen nannte die neue Methode *Differentialrechnung* und führte die ‚differentielle‘ Schreibweise einer solchen Geschwindigkeitsgleichung ein:

$$\mathrm{d}y\ /\ \mathrm{d}t = 20 - 9{,}8\ t.$$

Wie Sie wissen, setzten sich Leibniz’ Schreibweise und Terminologie durch, nicht aber die Newtons. Doch beide hatten sie natürlich genau dieselbe Methode gefunden, Bewegungen mathematisch zu beschreiben. Und beide erkannten, daß die neue Mathematik nicht nur Differentiale, sondern auch Integrale mit sich brachte. Das Integrieren ist die Umkehrung des Differenzierens. Wenn wir in unserem Beispiel den Ausdruck

$$20 - 9{,}8\ t$$

integrieren, so erhalten wir

$$20\ t - 4{,}9\ t^2.$$

Durch Differenzieren bestimmen wir die Steigung einer Tangente an einer Kurve, und beim Integrieren ermitteln wir die Fläche unter einer Kurve.

Wie sich herausstellte, eignete sich die neue Infinitesimalrechnung für die mathematische Behandlung fast aller denkbaren Bewegungen oder auch anderer Vorgänge in der physikalischen Welt. Oft kennen die Mathematiker oder Physiker zu Beginn nur eine Gleichung, die Differentiale enthält, und können dann durch Integrieren die Gleichung für die Zeitabhängigkeit des Ortes aufstellen, von der wir in unserem Beispiel ausgegangen waren. Solche sogenannten *Differentialgleichungen* spielen seit den Zeiten Newtons und Leibniz' in der Physik eine große Rolle. Wir begegnen ihnen unter anderem in der Schrödinger-Gleichung für die Wellenfunktionen und die Energieniveaus des Wasserstoffatoms und auch in Einsteins Allgemeiner Relativitätstheorie.

Erst gegen Ende des achtzehnten Jahrhunderts versuchten die Mathematiker in einer Gewaltaktion, die neue Infinitesimalrechnung auf eine exaktere Basis zu stellen. Großen Anteil an diesen Arbeiten hatte der französische Mathematiker Augustin Cauchy. Er bewies, daß beim Schrumpfen des rechtwinkligen Dreiecks, wie ich es eben gezeigt habe, die Steigung der letzten Hypotenuse – die also praktisch schon in einem Punkt verschwindet – auch im strengsten Sinne gleich der Steigung der Tangente in diesem Punkt ist. Damit war die Infinitesimalrechnung abgesichert.

Bis dahin hatten die Nachfolger von Newton oder Leibniz die neue Methode recht unbeschwert verwendet. Es gab hitzige Debatten darüber, welcher der beiden Meister die große Entdeckung zuerst gemacht hatte. Aber man diskutierte kaum über die logische Grundlage der Differentialrechnung.

So hatten zwei große Geister als Forschungsreisende den Holos betreten. Sie kamen aus unterschiedlichen Richtungen, segelten auf verschiedenen Schiffen und zu anderen Zeiten, stießen aber auf denselben neuen Kontinent und fanden auf ihm dieselben geographischen Formationen.

Ihre Logbücher erhielten unterschiedliche Einträge, die die Entdeckungen in verschiedenen Sprachen ausdrückten. Doch jedermann konnte erkennen, daß sie denselben Gegenstand beschrieben. Warum wäre sonst ein solcher Streit um die Priorität entbrannt?"

Ich dachte, jetzt sei es Zeit, wieder auf den Holos zurückzukommen, von dem Canzoni so angetan war. Daher fragte ich: „Dann illustriert das die reale Existenz des Holos?"

„Wenn Sie *real* in genau der speziellen Bedeutung verstehen, die wir eben zugrunde gelegt haben, ja. Erklären diese unabhängigen Entdeckungen nicht die eigenständige Existenz des Holos? Und zeigen das nicht auch Hunderte von anderen Fällen unabhängiger Entdeckungen? Es gab viel mehr solcher Fälle, als man mit Zufällen oder auch nur mit kulturellem Einfluß erklären könnte. Denken Sie daran, daß die Anzahl der möglichen Formeln oder Ausdrücke unendlich groß ist, selbst wenn man nur die wirklich unterschiedlichen zählt. Wenn Sie glauben, der Holos habe keine unabhängige Existenz, dann wäre bereits ein einziger solcher Fall ein Wunder."

„Und was ist mit der kosmischen Verknüpfung?" fragte ich. Vielleicht war diese Frage falsch gestellt, aber Canzoni wußte sofort, was ich meinte.

„Die Gleichung für den Ort des Steins ermöglicht eine exakte Beschreibung seines Verhaltens zu allen Zeitpunkten seines Flugs. Ein Skeptiker mag einwenden, daß der Bewegung des Steins der Luftwiderstand entgegenwirkt, so daß die reale Flugbahn von der hier beschriebenen abweichen wird. Aber das wäre zumindest heutzutage spitzfindig, denn wir können ja inzwischen einen ziemlich exakten Term für den Luftwiderstand in die Gleichung einfügen. Es ist kein Zufall, daß die Gleichung – im abstrakten Fall, also ohne Luftwiderstand – so genau gilt. Sie umfaßt zwei von Newtons Bewegungsgesetzen. Das eine betrifft den aufwärts gerichteten Impuls, der konstant ist; denn aufgrund der Trägheit behält jeder Körper seinen Bewegungszustand bei, wenn keine äußere Kraft auf ihn einwirkt. Das wäre in diesem Falle die Schwerkraft. Die Formulierung der Gesetze, denen die Schwerkraft oder Gravitationskraft gehorcht, war vielleicht Newtons größte Leistung. Die Schwerkraft beschleunigt jeden frei beweglichen Körper, auf den sie einwirkt. Die Konstanz des Impulses und die Wirkung der Schwerkraft sind einfach Tatsachen. Beide können im Laboratorium jederzeit und überall nachgemessen werden, und das

Ergebnis wird immer dasselbe sein. Wenn Sie so wollen, sind diese beiden Größen Teil der zugrundeliegenden Struktur des Kosmos. *Warum* sie das sein sollten, ist eine ganz andere Frage."

Sie holte tief Luft. „Ich möchte noch ein anderes Beispiel gleichzeitiger Entdeckungen erwähnen, diesmal nicht aus der Mathematik, sondern aus der Astronomie. Dabei geht es um die enge Verknüpfung zwischen dem Kosmos und dem Holos, und es betrifft die Genauigkeit des von Newton entdeckten Gravitationsgesetzes. Mit diesem Gesetz befaßten sich zwei junge Mathematiker, die die Beobachtungen mit Hilfe von Newtons Himmelsmechanik erklären wollten."

„Sie wollen damit sagen, daß hier kein Fall gleichzeitiger mathematischer Entdeckung vorlag, obwohl zwei Mathematiker beteiligt waren?"

„Sie wandten die Mathematik auf ein Himmelsphänomen an, entdeckten dabei genau die gleiche Möglichkeit und machten genau dieselbe Voraussage. Ich möchte Ihnen diese Geschichte erzählen."

Sie ging wieder zum Tisch und nahm einen Schluck Kaffee.

„Im Jahre 1781 entdeckte der Astronom William Herschel einen bis dahin unbekannten Planeten, den er allerdings zuerst für einen Kometen hielt und der später Uranus genannt wurde. Auch andere Astronomen richteten daraufhin ihre Teleskope auf diesen Himmelskörper und ermittelten seine Umlaufbahn, die den Gesetzen der neuen Himmelsmechanik gehorchen sollte. Zunächst folgte Uranus auch dieser vorausberechneten Bahn, aber nach einigen Jahren trat eine gewisse Diskrepanz auf. Der Planet umrundete die Sonne langsamer, als es nach Newtons Theorie zu erwarten war.

Was war falsch? Mußte diese Theorie, die sich bislang so bewährt hatte, womöglich aufgegeben werden, wie früher schon die der Epizykeln? Der britische Astronom George Airy vermutete, daß das Newtonsche Gesetz vielleicht doch nicht allgemeingültig sei und daß die Anziehungskraft bei sehr großen Entfernungen stärker abnehme, als es Newtons Formel angab. Aber Airy konnte nicht sagen, wie die Abhängigkeit statt dessen aussehen könnte.

John Couch Adams begann 1843 – er hatte da gerade sein Studium an der Universität Cambridge beendet – mit äußerst langwierigen Berechnungen zu diesem schwierigen Problem. Angenommen, die Unregelmäßigkeit in der Uranusbahn würde von einem weiteren, noch unbekannten Planeten hervorgerufen, der die Sonne in noch größerer Entfernung umrundet – dann müßte es mit Hilfe des universellen Gravitationsgesetzes theoretisch möglich sein, die Umlaufbahn und die jeweilige Position dieses weiteren Planeten zu entdecken. Aufgrund derselben Gesetzmäßigkeit waren ja zuvor die Bewegungen der anderen Planeten erklärt worden.

Schon 1845 gelang es Adams auch wirklich, die Existenz eines weiteren Planeten vorauszusagen. Er sandte Airy einen Brief, in dem er ihm schilderte, wo er den Sternenhimmel beobachten müsse, um diesen Planeten zu finden. Aber Airy hielt sich gerade in Frankreich auf. Nach seiner Rückkehr fragte er Adams sofort nach weiteren Einzelheiten über die mögliche Entdeckung eines Planeten. Adams vereinbarte ein Treffen mit Airy, das aber nicht zustande kam. Vielleicht spürte er eine gewisse Ablehnung, denn er ließ die Korrespondenz nicht wieder aufleben.

Inzwischen arbeitete in Frankreich der nur wenig ältere Urbain Jean Leverrier an demselben Problem, das Adams bereits gelöst hatte. Er wußte nichts von Adams' Vermutung eines weiteren Planeten und führte im Grunde dieselben Berechnungen wie dieser durch, um die Umlaufbahn und die Masse dieses Planeten zu ermitteln. Auch er gab an, wo die Astronomen diesen Himmelskörper suchen sollten. Sein Ergebnis unterschied sich von Adams' Werten um weniger als ein Winkelgrad. Leverrier teilte es nicht nur Airy mit, sondern auch den Astronomen in Berlin. Die Briten waren mit ihren Beobachtungen etwas zu langsam und wurden von den Deutschen überholt, die die Existenz eines weiteren Planeten bestätigten – und zwar genau dort, wo Leverrier ihn vorausgesagt hatte.

Einige Jahre später überreichte Sir William Herschel sowohl Leverrier als auch Adams eine Ehrenmedaille für die Entdeckung des Planeten Neptun. Bei dieser Gelegenheit erklärte Herschel –"

Hier brach Canzoni mitten im Satz ab, ging vom Balkon ins Zimmer und kehrte nach vielleicht einer Minute wieder zurück. „Hier ist eine Kopie für Sie. Dies ist ein Auszug aus Herschels

Rede bei der Verleihung der Auszeichnungen." Ich las den Text, der aus einem Buch über die Geschichte der Naturwissenschaften kopiert worden war:

Die Geschichte dieser großartigen Entdeckung ist die des Denkens in einer seiner perfektesten Ausprägungen und die der Wissenschaft in einer ihrer kultiviertesten Anwendungen. In dieser Hinsicht bringt die Entdeckung ein tieferes Interesse hervor als irgendeine individuelle Untersuchung. Angesichts der Bedeutung dieses Schrittes ist es gewiß interessant zu wissen, daß mehrere Mathematiker sich damit befassen konnten. Dieses Faktum wird daher sozusagen zu einem Maß für die Reife unserer Wissenschaft. Und ich kann mir nicht vorstellen, daß irgend etwas besser berechnet werden kann, als es hier geschah, um damit das allgemeine Bewußtsein mit Achtung vor der Bedeutung der derzeit existierenden Tatsachen, Gesetze und Methoden zu erfüllen. Wir müssen uns gerade in England daran erinnern, denn hier ist das mangelnde Vertrauen in die höheren Theorien noch immer eine nur schwer zu überwindende Schwäche.

„Dieses Ereignis war ein Höhepunkt", warf Canzoni ein.

„Was für einen Höhepunkt meinen Sie?" fragte ich.

„Wie Herschel sagte, belegten diese Berechnungen die Ausgereiftheit der Newtonschen Gravitationstheorie. Adams und Leverrier, die völlig unabhängig voneinander arbeiteten, entdeckten den Planeten Neptun, indem sie von Newtons Theorie ausgingen. Zum einen bestätigte die Unabhängigkeit der Berechnungen deren Richtigkeit, und zum anderen untermauerte die Genauigkeit der Voraussagen die Newtonsche Theorie. Damit war auch Airys Befürchtung widerlegt, daß die Gravitation in großen Entfernungen weniger stark wirke, als es die Theorie besagt. Auf jeden Fall machte der Holos den Forschern nicht nur klar, *daß* sich dort ein Planet befand, von dem sie noch nichts wußten, sondern er sagte ihnen sogar, *wo* er sich befand."

„Wie schade", seufzte ich. „Jetzt, da das Newtonsche Universum durch das Einsteinsche Universum ersetzt wurde –"

„Überhaupt nicht", entgegnete sie fast schelmisch. „Erinnern Sie sich an den unsichtbaren Elefanten von gestern?"

Ich nickte, behielt aber meine ernste Miene bei.

„Wenn das Einsteinsche Universum, das ja der Relativitätstheorie unterliegt, das Bein des Elefanten ist, so ist das Newtonsche Universum sozusagen der Fuß. Die Allgemeine Relativitätstheorie gilt ja, wie der Name sagt, allgemein. Sie beschreibt die Bewegung von Objekten, die sich relativ langsam – unten am Fuß – bewegen, und ebenso von Objekten, die sich viel schneller – am übrigen Bein – bewegen, bis hin zu Objekten, die sich mit Lichtgeschwindigkeit bewegen. Diese ist bekanntlich mit ungefähr 300 Millionen Metern pro Sekunde der absolute Grenzwert für alle Geschwindigkeiten im Kosmos.

Sämtliche Geschwindigkeiten, mit denen wir im Alltag zu tun haben, sogar die der schnellsten Raumschiffe, sind unten am Fuß des Elefanten anzutreffen. Bei solchen Geschwindigkeiten stimmen die Newtonsche und die Einsteinsche Theorie überein. Nehmen wir folgendes Beispiel: Gemäß der Relativitätstheorie gehen die Uhren an Bord eines sich schnell bewegenden Raumschiffs langsamer als die Uhren auf der Erde. Um wieviel gehen sie langsamer? Das hängt von der Geschwindigkeit des Raumschiffs relativ zur Erde ab. Je höher sie ist, desto langsamer gehen die Uhren im Raumschiff. Der zugehörige Korrekturfaktor ist sehr leicht zu berechnen:

$$f = \frac{1}{\sqrt{1 - v^2/c^2}}.$$

Die Uhr an Bord eines Raumschiffs, das sich relativ zur Erde mit der Geschwindigkeit v bewegt, erscheint den Beobachtern auf der Erde um diesen Faktor langsamer zu gehen. Nehmen wir an, das Raumschiff bewege sich mit 3 Millionen Metern pro Sekunde. Das wäre sehr, sehr viel schneller, als jedes bisher gebaute Raumfahrzeug fliegen kann. Wie groß ist in diesem Fall der Einsteinsche Korrekturfaktor?" Canzoni schrieb die folgende Berechnung an die Tafel:

$$f = \frac{1}{\sqrt{1 - (3/300)^2}}$$

$$= \frac{1}{\sqrt{1 - (0,01)^2}}$$

$$= \frac{1}{\sqrt{1 - 0,0001}}$$

$$= \frac{1}{\sqrt{0,9999}}$$

$$= 1,00005.$$

Dazu erklärte sie: „Wie Sie sehen, unterscheidet sich der Korrekturfaktor nicht sehr von 1. Es wird sich also nur eine kaum merkliche Abweichung zwischen beiden Uhren ergeben. Die Uhr an Bord des Raumschiffs wird nach einer Woche Reise mit dieser Geschwindigkeit nur um rund 30 Sekunden gegenüber unseren Uhren auf der Erde nachgehen.

Ach, ja – beinahe hätte ich es vergessen: Der Satz des Pythagoras ist auch in den Formeln für die Spezielle Relativitätstheorie enthalten, nämlich in der Wurzel im Nenner des Bruches. Ich möchte das nicht vertiefen, aber dieser Faktor geht auf die Formel des Pythagoras zurück!"

Sie griff zu ihrer Kaffeetasse, die sie neben ihrem Stuhl abgestellt hatte, nahm einen Schluck und blickte kurz zu einer Taube hin, die gerade auf dem Geländer unseres Balkons landete, als wollte sie uns ein Zeichen geben.

„Ich glaube, es ist Zeit, daß der Elefant verschwindet." Canzoni erschien mir jetzt wie eine Zauberkünstlerin, die auf die Bühne tritt. Sie stand abrupt auf und wischte auf der Tafel die Zeichnung mit der Bahnkurve des Steins und auch die Formeln weg. Dann schrieb sie eine einzige Zeile:

Materie → Energie → Information.

„Wir könnten meine Vorstellungen über den Holos auf diese Weise zusammenfassen", erklärte sie. Danach blickte sie minutenlang stumm auf das, was sie gerade an die Tafel geschrieben hatte. „Im Jahre 1805 veröffentlichte John Dalton seine Arbeit zur Atomtheorie. Diese war sicher nicht die erste derartige Publikation. Bereits in der Antike hatten sich Griechen und Römer mit der Vorstellung unteilbarer kleinster Teilchen auseinandergesetzt. Bei Lukrez werden Sie eine erstaunlich moderne Beschreibung dieser Vorstellung finden. Aber von Dalton hörten wir zum ersten Mal von der wirklichen Existenz der Atome. Er stellte sie sich als massive, kleine Teilchen vor, aus denen jegliche Materie bestehen sollte. Dalton meinte, wenn man diese Teilchen ungeheuer stark vergrößern könnte, dann würden sie Kanonenkugeln ähneln. Daltons Atome sollten sich auch auf bestimmte Art und Weise vereinigen können, wobei verschiedene Verbindungen entstünden. Damit wurde die Chemie zur Wissenschaft. Aber ich möchte nicht abschweifen. Wir wollen die Atome hier einfach als äußerst winzige ‚Schrotkugeln‘ betrachten.

Das Atom nach Dalton.

Es dauerte zwar einige Jahrzehnte, bis die daltonsche Auffassung über die Atome allgemein akzeptiert wurde. Sie bedeutete eine Revolution im Denken, die nicht weniger entscheidend war als die kopernikanische Revolution in der Astronomie. Doch niemand sprach hier von einem Paradigmenwechsel. Dabei war dieser eigentlich noch wichtiger, denn er betraf keine weit entfernten Himmelskörper, sondern die Materie, die wir anfassen können, und erst recht uns selbst. Die neue Atomtheorie behandelte also etwas, das alle Menschen in ihren Händen halten und näher untersuchen können.

Nehmen wir an, Sie klopfen an eine Tür. Ihre Fingerknöchel treffen auf das harte Holz der Tür: tock, tock. In gewissem Sinne entspricht dieses Klopfen und dieses Fühlen der Härte dem, an was die meisten Menschen denken, wenn sie über die Wahrnehmung der Realität nachdenken. Nun, als aufgeschlossene Menschen vom daltonschen Atom hörten, wurde diese Auffassung erschüttert. Der Fingerknöchel, der aus kleinen, harten Atomen besteht, traf auf die Tür, die aus kleinen, harten Atomen besteht. Wenn diese Sichtweise auch etwas Gewöhnung erforderte, so war sie doch irgendwie einsichtig, denn die fühlbare, erfahrbare Härte wurde jetzt auf kleine, harte Kugeln zurückgeführt, aus denen die Materie bestehen sollte. Materie war schließlich Materie.“

Mir war nicht klar, was sie mit *zurückgeführt* meinte, und ich fragte sie danach.

„Ich meine, es verwirrte die Menschen zwar, daß so etwas Festes und Hartes wie das Holz der Tür aus unzähligen Milliarden winziger Kugeln, den sogenannten Atomen, bestehen sollte. Aber sie konnten sich solche Kugeln zumindest vorstellen, die nach Dalton hart und dauerhaft waren – so hart und dauerhaft wie das Holz, das sie fühlen konnten.

Leider veränderte sich unsere Auffassung über die Materie zu Beginn des 20. Jahrhunderts erneut recht drastisch. Es stellte sich nämlich heraus, daß die Atome keine kleinen, festen Kugeln waren, sondern eine Struktur aufwiesen. Immer noch im Prinzip kugelförmig, bestanden sie jetzt aus einem winzigen Kern im Zentrum und aus Elektronen, die in relativ großer Entfernung um diesen Kern herumschwirrten. Zwischen dem Kern und den Elektronen war nichts als leerer Raum, der über 99 Prozent eines jeden Atoms ausmachte.

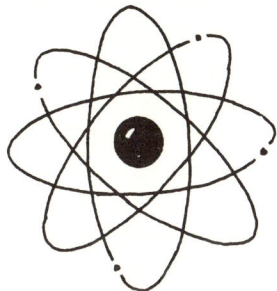

Das Atom nach Rutherford.

Jetzt mußten sich die Menschen mit einer neuen Sichtweise der Materie auseinandersetzen: Sie sollte hauptsächlich aus leerem Raum bestehen. Trotzdem konnten sowohl die Elektronen, die den Kern umkreisten, als auch die Protonen und die Neutronen, die den Kern bildeten, immer noch als letztgültige Verkörperung der wahrnehmbaren Materie gelten. Doch diese Vorstellung war nicht leicht durchzuhalten. Es wurde immer schwieriger, sich an das intellektuelle Rettungsboot einer greifbaren Realität zu klammern. Dann kam der nächste große Schock." Canzoni hielt inne.

„Welcher Schock?" fragte ich.

„Zu Beginn des zwanzigsten Jahrhunderts bewies Albert Einstein, daß Materie und Energie äquivalent sind. Schon eine kleine Menge m an Materie verkörpert eine enorme Menge an Energie E, wobei die inzwischen wohlbekannte Relation $E = m\,c^2$ gilt. Die Lichtgeschwindigkeit c ist eine sehr große Zahl, und ihr Quadrat ist daher noch sehr viel größer. Jedes Atom, jedes Teilchen in einem Atom (ob Elektron, Neutron oder Proton) enthält also Energie bzw. besteht aus Energie. Man kann sagen, daß Energie nicht nur in Materie enthalten ist, sondern daß sie Materie *ist*."

Bei dem Tempo, in dem sie ihre Gedankengänge vortrug, wurde mir fast schwindlig. „Ich war der Meinung, daß Energie und Materie nur ineinander umzuwandeln sind", bemerkte ich.

„Das stimmt, aber die Energie ist immer vorhanden – im Innersten jedes Teilchens. Wenn sie so wollen, wartet sie dort nur darauf, sich zu manifestieren. Energie ist der fundamentale Bestandteil aller Materie. In der Physik des zwanzigsten Jahrhunderts geht es vor allem um die Energie. Sie befindet sich entweder für eine gewisse Zeit in irgendeinem Teilchen, oder sie entweicht als Welle. Heute sieht man alle fundamentalen Bestandteile des Atoms im wesentlichen als Anhäufung von Energiepartikeln an, die Kraftfelder erzeugen.

Wer nun, im zwanzigsten Jahrhundert, über die innerste Beschaffenheit der Materie nachdachte, fühlte sich hilfloser denn je. Die Vorstellung der bloß harten Materie war der Auffassung gewichen, alles sei nichts als Energie. Die Fingerknöchel waren nun eine riesige Anhäufung von Energie, die sich dem Holz der Tür näherte, mit diesem wechselwirkte und wieder zurückprallte; die Tür war demnach ihrerseits nur eine noch riesigere Anhäufung von Energie.

Wenig später begründete Niels Bohr mit weiteren Physikern die sogenannte Kopenhagener Schule. Diese Gruppe entwickelte eine Konzeption der atomaren Realität, die so absonderlich schien, daß sogar Einstein sie nicht akzeptieren wollte, trotz der nach und nach beigebrachten Indizien, die sie stützten. Die Energie des Atomkerns und der Elektronen wie auch der Wellen im Raum sowie aller Manifestationen der Realität ist demnach in winzige Pakete aufgeteilt, die *Quanten*. Die Energie des

einzigen Elektrons, das den Kern eines Wasserstoffatoms umrundet, kann daher nicht irgendwelche Werte annehmen, sondern nur Vielfache eines bestimmten Quantums. Dies erklärt
das Verhalten und die Eigenschaften angeregter Wasserstoff-
atome. Sie emittieren Energie als Licht mit nur ganz bestimmten
Wellenlängen, die den Unterschieden zwischen den gequantel-
ten Energieniveaus entsprechen. Die geringste Niveaudifferenz
entspricht der ersten Linie im Wasserstoffspektrum, das wir
gestern besprochen haben. Die nächstgrößere Niveaudifferenz
entspricht der nächsten Spektrallinie und so weiter.

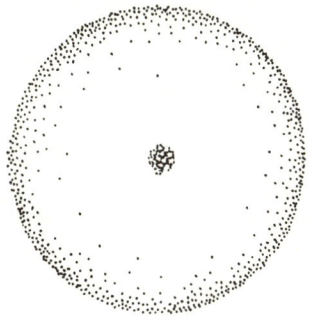

Das Atom als Energieanhäufung.

Und nun kommt die überraschendste aller Revolutionen in
der Physik; sie ist so tiefgreifend und komplex, daß wir sie im
Grunde immer noch nicht ganz verstanden haben. Die mathematischen Werkzeuge, die man für die neue Sichtweise der
Realität benötigte, waren von Newton und Leibniz im achtzehnten sowie von Riemann und Lobatschewskij im neunzehnten Jahrhundert entwickelt worden, wobei natürlich noch viele
andere Mathematiker mitwirkten. Ich möchte hier auf folgendes
hinaus: Die von dem österreichischen Physiker Erwin Schrö-
dinger aufgestellte und inzwischen nach ihm benannte Gleichung beschreibt die Energieniveaus des Wasserstoffatoms auf
der Basis der Kräfte, die zwischen Elektron und Atomkern wirken. Schauen Sie sich diese Gleichung genau an."

$$-\frac{\hbar^2}{2m} \nabla^2 \Psi - \frac{e^2}{r} \Psi = E \Psi.$$

Ich wußte nicht so recht, was ich hier sehen sollte. Ich starrte die Gleichung an, als erwartete ich, daß Elektronen und ein Atomkern aus ihr hervorsprießten. Und die Formel starrte von der Tafel zu mir zurück – undurchdringlich und geheimnisvoll. Sogar ich als Mathematiker war gegenüber dieser Gleichung kaum weniger ratlos als der vielzitierte Mann auf der Straße. Ich wußte wohl, wie die darin enthaltenen mathematischen Operationen durchzuführen sind, aber ich hatte keine Ahnung, welche physikalischen Größen die Symbole darstellten.

Ich wußte, daß das auf dem Kopf stehende Delta, das sogenannte Nabla (∇), ein seltsames mehrdimensionales Differential ist, aber ich wußte nicht, daß das Zeichen Psi (Ψ) die sogenannten Wellenfunktionen darstellt, die Aussagen über die Energieniveaus erlauben. Um das zu wissen, muß man eigentlich Physiker sein.

Canzoni holte ganz tief Luft, als wolle sie gleich in den Kanal unter unserem Balkon springen.

„Sehen Sie, man könnte sagen, daß diese Gleichung ein Wasserstoffatom *ist!*"

Gewiß, so dachte ich, gehört zu einem Wasserstoffatom noch viel mehr als nur das. „Und was ist dann mit der Energie im Atomkern?"

„Nun, im Wasserstoffatom gibt es nicht nur die Wechselwirkung zwischen Elektron und Kern. Für diese gibt es heute das sogenannte Standardmodell, ein Satz von Gleichungen, der die energetischen Wechselwirkungen innerhalb des Kerns beschreibt. Nach der heutigen Vorstellung sind Neutronen und Protonen aus Quarks aufgebaut. Ich führe Schrödingers Gleichung hier nur als Beispiel für die gesamte mathematische Behandlung an. Derzeit beschreibt die Schrödinger-Gleichung zusammen mit dem Standardmodell das Wasserstoffatom komplett, denn soweit wir heute wissen, gibt es darin nichts mehr zu erklären. Selbst wenn es mehr gäbe, was zu berücksichtigen wäre, dann muß ich Sie doch fragen, ob Sie verstehen, was das hier alles bedeutet."

Das konnte ich nicht bejahen.

„Diese mathematischen Gleichungen, einschließlich derjenigen, von denen wir vielleicht noch nichts wissen, beschreiben die Energieverhältnisse innerhalb eines Wasserstoffatoms. Die

Gleichungen selbst sind natürlich keine Energie, sondern nur Gleichungen. Wir könnten sie in gewisser Hinsicht als Informationssysteme bezeichnen, weil sie sämtliche Informationen liefern, die wir je über ein Wasserstoffatom erhalten können. Mehr steckt im Grunde nicht dahinter. Man könnte sogar sagen, daß auch die Energie nicht real ist. Nur die Information über das Verhalten des Atoms ist real."

„Meinten sie das mit dem verschwindenden Elefanten?"

„Ja. Der Kosmos ist wie ein Elefant. Wenn man zur Beobachtung zu nahe herangeht, verschwindet er. Er wird zu seiner eigenen Beschreibung."

Inzwischen war es schon fast Nachmittag, und auf unserem Balkon war es heiß geworden. Canzoni setzte sich und benutzte ein Blatt Papier als Fächer. Dies war vielleicht der richtige Moment, sie etwas zu fragen, was mich schon lange beschäftigte.

„Ich habe mich oft gefragt, wie wohl die innerste Struktur der Atome aussieht. Eben haben Sie etwas skizziert, das ich *Regression* nennen möchte. Die Materie ist aus Atomen zusammengesetzt, und die Atome bestehen aus Elektronen und Kernen, letztere ihrerseits aus Neutronen und Protonen, die wiederum aus Quarks und anderen Partikeln aufgebaut sind, wie ich annehme. Hat diese Abfolge ein Ende, oder geht die Strukturierung in immer kleinere Einheiten endlos weiter?"

Ich wollte meine Gesprächspartnerin zwar nicht ablenken, aber ich konnte der Versuchung nicht widerstehen, diese Frage zu stellen. Canzoni antwortete: „Nach der Auffassung von Steven Weinberg, der Bedeutendes zur theoretischen Physik beitrug, muß diese von Ihnen so benannte Regression ein Ende haben. Er glaubt, daß wir bald keine weiteren Formeln mehr benötigen werden, um alles zu wissen, was es in der Physik zu wissen gibt. Der Kosmos sollte demnach auf einem endlichen Satz von Axiomen gegründet sein, die im Holos residieren. Aber ich teile diese Ansicht nicht. Das ganze Problem läuft auf folgende Frage hinaus: Werden wir unaufhörlich wesentliche neue Entdeckungen über den Kosmos machen, oder wird – wie Weinberg behauptet – dieser Prozeß irgendwann enden, wenn wir das Wichtigste wissen?

Diese Frage ist für uns äußerst bedeutsam. Warum sollte es zu einem Ende der Entdeckungen kommen? Warum sollte der

Kosmos ein Weinbergscher sein, beherrscht von einem Axiomensatz, der – verglichen mit dem Holos selbst – fast unbedeutend ist? Warum sollte der Kosmos nicht vom ganzen Holos beherrscht werden? Ich habe guten Grund zu der Annahme, daß es kein Ende der Entdeckungen geben wird, zumindest nicht bei den Aspekten, die der Entdeckung bedürfen. Der vielleicht größte Teil von allem ist derzeit wahrscheinlich noch gar nicht entdeckt."

Mich beschlich immer stärker das seltsame Gefühl, als verändere unser Gespräch die Realität um uns herum. Der Balkon, die Tafel und die Kaffeekanne hatten eine vorläufige, flüchtige Qualität angenommen und schienen fast zu verschwinden. Canzoni zitterte nun.

„Ist Ihnen nicht gut", fragte ich besorgt.

Sie fächelte noch heftiger mit dem Blatt Papier, um ihr Gesicht zu kühlen.

„Das liegt wieder an meiner Krankheit. Bei Hitze wird es schlimmer. – Sie wissen ja, wo mein Büro ist. Würden Sie mir bitte etwas von dort holen? Eine Flasche, die an einer Ecke meines Schreibtischs steht. Es wäre sehr nett, wenn Sie sie mir bringen könnten." Ich ging schnell in das Büro hinüber, fand die Flasche und kam damit zurück.

„Es ist mir sehr peinlich, daß Sie mich so sehen. Ich habe zuweilen starke Schmerzen, und mir wird leicht schwindlig." Unvermittelt stand sie auf. „Vielleicht sollte ich mich auch etwas stärken. Wollen wir zu Mittag essen?"

Wir gingen zu einem kleinen Ristorante, in dem man draußen sitzen konnte, nicht weit vom Rialto. Canzoni schien sich wieder besser zu fühlen. Sie sprach angeregt über die Beiträge zu Naturwissenschaft und Mathematik, die in den letzten fünf Jahrhunderten in Italien geleistet worden waren. Von Fibonacci bis Fermi hatte Italien ungewöhnlich viel zur europäischen Wissenschaft beigetragen. Aber Canzonis Fröhlichkeit schwand wieder, als sie mir von ihrer Zeit als junge Physikerin am CERN in Genf erzählte.

Dort hatte sie fasziniert miterlebt, wie der riesige Teilchenbeschleuniger mit seinen Spiralbahnen subatomarer Teilchen immer neue Phänomene enthüllte. Sie hatte die Paarerzeugung beobachtet, bei der Teilchen und Antiteilchen sich aus der Ener-

gie des großen Beschleunigerstrahls manifestierten. Sie war
unmittelbar Zeugin geworden, wie die Substanz der Realität
ausgelöscht wurde. Warum hatte sie ihre Karriere dort nicht
fortgesetzt? – Sie wirkte jetzt ein wenig traurig.

„Es gab dort einen Kollegen, dem ich vertraute. Ich gestehe
hier unter vier Augen sogar ein, daß ich mich zu ihm hingezo-
gen fühlte. Zu jener Zeit entwickelte ich eine Hypothese über
den *Mondo Mathematico*, also die Welt der Mathematik, wie ich
sie damals nannte. Als ich meinem Freund von meinen Ideen
erzählte, wurde er höchst unfreundlich, lachte mich sogar aus
und schalt mich wörtlich eine Närrin. Ich war schockiert und
verletzt, aber mit den Jahren wurde mir klar, daß diese Ideen
ihn vielleicht erschreckt hatten. Einige Monate nach dem Vor-
kommnis reichte jemand eine Beurteilung über mich ein und
behauptete darin, daß ich während meiner Zeit am CERN nicht
sehr viel publiziert habe, also sozusagen meinen Teil nicht beigetragen habe."

„Glauben Sie, daß Ihr sogenannter Freund dahinter steckte?"
fragte ich.

„Wer weiß? In dem, was man oft die ‚große Wissenschaft'
nennt, ist auch nicht alles Gold, was glänzt. Es gibt vielerlei
Spannungen, und unter den besonders Ehrgeizigen toben hefti-
ge Machtkämpfe. Ich ging mit Anstand, denke ich, und fand
durch reines Glück diese Stellung an der *Università Cà Foscari di
Venezia*, und das auch noch in meiner Geburtsstadt."

In diesem Augenblick kam ihr Doktorand Emilio zufällig
vorbei, sah uns und setzte sich an unseren Tisch. *„Buon giorno,
professori.* Frau Canzoni, hier habe ich den Artikel, den Sie mich
für Ihren Gast haben heraussuchen lassen." Er gab Canzoni
einige Blätter, die sie direkt an mich weiterreichte.

„Ich habe nie versucht, diesen Artikel zu publizieren, denn
ich weiß, daß er abgelehnt würde. Wahrscheinlich würde man
sich sogar darüber lustig machen. Aber Ihnen kann ich ihn
geben. Wenn Sie über die Ideen schreiben, denen Sie auf Ihrer Reise begegnet sind, dann nehmen Sie ihn bitte auch auf.
Das ist meine einzige Chance, meine Vorstellungen zu veröf-
fentlichen."

Die Abhandlung war sehr kurz und klang mehr nach einem
Manifest als nach einer wissenschaftlichen Publikation. Tat-

sächlich hatte Canzoni hier nicht versucht, eine Abhandlung zu schreiben. Offenbar hatte sie es aufgegeben, ihre Ideen mit physikalischer (oder gar mathematischer) Strenge zu Papier zu bringen. Nach kurzer Lektüre stieß ich auf eine These, die in drei Artikel aufgeteilt war:

DIE CANZONI-THESE

1   *Die Schlußfolgerungen in der Mathematik – sowohl die bekannten als auch die unbekannten – gelten vollständig für jedes Objekt, sei es abstrakt oder konkret, das einem Axiomensystem gehorcht.*

2a   *Einige Dinge im Kosmos unterliegen einem Axiomensystem (schwache Form).*

2b   *Alles im Kosmos unterliegt einem Axiomensystem (starke Form).*

3   *Der Kosmos ist die wahre Durchdringung aller Dinge in der Mathematik (superstarke Theorie).*

„Was verstehen Sie unter ‚wahrer Durchdringung'?" fragte ich dann.

„Damit hat es folgende Bewandtnis: Denken Sie sich ein Teilchen. Dessen Verhalten folgt bestimmten Gesetzen, die man mathematisch formulieren kann. Seine Position, seine Lebensdauer, sein Impuls und seine Energie – all das gehorcht gewissen Gleichungen, die die Wirkung der entsprechenden Gesetze beschreiben. Man kann sagen, daß sich die Gesetze, die für dieses Teilchen gelten, in diesem Teilchen durchdringen oder in ihm zusammentreffen.

Warum müssen für den Kosmos nun gerade die Gesetze gelten, die wir bisher entdeckt haben, und keine anderen? Das ist eine wichtige Frage. Ob noch andere Gesetze entdeckt werden oder nicht – ich nehme an, daß jedes Teilchen und jede Welle sich genau da manifestieren müssen, wo sie sich manifestieren, und daß sie sich wegen des Holos genau so verhalten müssen, wie sie sich verhalten. Sie sehen, der Holos enthält die gesamte Mathematik, und zwar das, was wir von ihr schon kennen, wie auch das, was wir noch zu entdecken haben; das ist der bei weitem größere Teil. Sie können sicher sein, daß die

Mathematik zu keinem Ende kommt, gleichgültig, in welcher Situation sich die Physik befindet.

Ich möchte es so ausdrücken: Die fundamentalen Bestandteile des Kosmos, seien es nun Quarks oder andere, erfüllen nicht nur die Axiome, die Weinberg sich vorstellt, sondern noch viele andere. Wie können wir zu behaupten wagen, alle Gesetze oder Axiome zu kennen, die beispielsweise ein Wasserstoffatom erfüllt, wenn wir noch nicht einmal den winzigsten Bruchteil von dem kennen, was im Holos ist? Das, was ich die wahre Durchdringung des Holos nenne, ist der Satz aller Axiome, die für ein Wasserstoffatom und andere Dinge gelten."

„Verzeihen Sie", warf ich ein, „ich erkenne noch nicht so recht, was eigentlich ein Wasserstoffatom dazu bringt, sich zu manifestieren".

Canzoni sah mich betrübt an. „Um es offen zu gestehen – ich auch nicht. In meinen Augen fehlt der Physik etwas sehr Wichtiges. Aber eine endgültige, letzte ‚Theorie von Allem' ähnelt meiner Ansicht nach eher dem Szenario, das ich gerade entworfen habe, als das derzeitige Bild der Physik."

„Und was fehlt der Physik?" fragte ich.

„Das ist schwer zu sagen, weil es ungewöhnlicher ist als das, was ich Ihnen schon erläutert habe. – Was der Physik fehlt?" Sie holte tief Luft. „Geist."

Ich befürchtete plötzlich, ich hätte die letzten zwei Tage mit einer Verrückten verbracht, ohne auch nur den leisesten Verdacht gehegt zu haben.

„Geist?"

„Die Physik befaßt sich mit dem, was wir ‚Materie' nennen. Bis zum Beginn dieses Jahrhunderts schien es nicht den geringsten Raum für Geist oder für geistige Phänomene in ihr zu geben. Aber dann kam die Quantenmechanik, teilweise ausgelöst durch Balmers Entdeckung der Formel für die Wellenlängen der Wasserstofflinien. Niels Bohr und die Kopenhagener Schule gaben der neuen Sichtweise der Materie dann eine logische Grundlage. Einstein störte sich im Grunde nicht am diskreten Aufbau der Materie oder der Energie, sondern an etwas ganz anderem, das in der Physik ganz neu war, nämlich an der Unbestimmtheit." Ihre Stimme verlor sich, als habe sie vergessen, was sie noch sagen wollte.

„Was für eine Unbestimmtheit?"

„Zufallsbestimmtes Verhalten. Es gibt verschiedene experimentelle Anordnungen, die ein Fundamentalteilchen wie ein Photon zwingen, sich zwischen zwei Wegen von der Quelle zu einem Detektor irgendwelcher Art zu entscheiden. Diese Entscheidung ist nach Auffassung der Kopenhagener Schule vollkommen zufällig."

„Meinen Sie, das Photon versteht, daß es eine Wahl hat?"

„Überhaupt nicht – zumindest nicht, wenn ich für den größeren Teil der Physiker sprechen soll. Es ist prinzipiell unvorhersehbar, welchen Weg das Photon nehmen wird. Einstein bekämpfte diese Vorstellung bis an sein Lebensende. Aber die Quantenmechanik ist inzwischen eine der erfolgreichsten Theorien, die die Physik jemals hatte, wenigstens bis heute. Und da steckt noch viel, sehr viel mehr dahinter."

Sie stand auf, um sich etwas zu strecken. Emilio und ich erhoben uns ebenfalls. „Ich denke, wir sollten wieder ins Büro gehen", sagte sie. „Ich möchte unterwegs noch etwas darüber sagen, was ich mit Geist gemeint habe."

Sie war nicht leicht zu verstehen, als wir inmitten des Stimmenwirrwarrs einen Marktplatz überquerten. Ich mußte den Kassettenrecorder über ihre Schulter halten, um ihre Stimme einzufangen. Erst am Abend in meinem Hotelzimmer konnte ich alles hören, was sie mir erklärt hatte.

„Haben Sie schon einmal von dem Physiknobelpreisträger Eugene Wigner gehört? Ja? Nun, vor rund 40 Jahren schrieb er einen sehr interessanten kleinen Aufsatz, auf den ich Sie aufmerksam machen möchte. Er trug den Titel *Die unerklärliche Effizienz der Mathematik in den Naturwissenschaften.* Wigner meinte, es gebe einfach keine vernünftige Erklärung dafür, daß die Mathematik eine derart entscheidende Rolle in der Physik spielt, und auch keinen Grund, warum sie so nützlich ist – doch sie ist es. Sie sehen also: Die große Mehrheit der Physiker akzeptiert einfach, was Einstein, Bohr oder andere geäußert haben, und wenden die Theorien im Labor oder auf der Wandtafel recht unbekümmert an. Und viele – ich würde sagen, die meisten – treten nicht ein einziges Mal etwas zurück und fragen sich, wie Wigner: ,Mein Gott! Was tut denn dieser Elefant hier?'"

Etliche Passanten blieben stehen und sahen uns erstaunt nach. Emilio lächelte ihnen entschuldigend zu, aber Canzoni schien sie gar nicht zu bemerken.

„Wie Sie sicher wissen, geht auf dem Gebiet der Quantenmechanik noch etwas anderes vor sich. Eine ihrer entscheidenden Komponenten scheint die bewußte Wahrnehmung durch den Menschen zu sein. Es stellt sich heraus, daß die Quantenmechanik besonders erfolgreich ist, wenn man voraussetzt, daß es keine Möglichkeit gibt, den Beobachter vom Experiment zu trennen. Wenn bestimmte Phänomene nicht beobachtet werden, dann treten sie auch nicht auf."

„Welche Art von Phänomenen meinen Sie?"

„Nehmen Sie an, Sie senden einige Photonen aus einer Quelle zu einem Paar von Spalten, die sehr nahe beeinander liegen. Wenn Sie mit den Photonen nicht wechselwirken, dann werden diese miteinander wechselwirken oder interferieren. Auf einer Mattscheibe hinter dem Spalt finden Sie dann ein Interferenzmuster vor. Hier haben sich die Photonen wie Wellen verhalten, also einander abgeschwächt oder verstärkt, je nachdem, wo sie auf die Mattscheibe trafen.

Wenn Sie es aber so einrichten, daß Sie beobachten, welchen Spalt welches Photon passiert, dann zerstören Sie das Interferenzmuster. Man nimmt an, daß es die Beobachtung der Photonen ist, die deren Verhalten verändert. Das zumindest glauben etliche Physiker.

Auch Wigner war davon überzeugt – und nicht nur das: Er sah in solchen Quantenphänomenen eine mögliche Quelle für etwas ganz Neues in der Physik: das Bewußtsein."

„Sie meinen, manche Physiker hätten im Grunde eine Theorie des Bewußtseins ausgearbeitet?"

„Leider nicht. Ein solches Projekt wird wohl aussichtlos sein; doch ich glaube folgendes: Es besteht kaum ein Zweifel daran, daß das Bewußtsein eine vollkommen andere Stufe physikalischer Realität betrifft als gewöhnliche Materie und Energie. Sie können sicher sein, daß sich Bewußtsein niemals in einem Computer herausbilden wird, wie raffiniert er auch programmiert ist; denn Computer blenden ja prinzipiell gerade die Phänomene aus, von denen das Bewußtsein vielleicht abhängt. Computer sind so konstruiert, daß sie Fehlern wie dem Zufallsrauschen oder den Quantenfluktuationen in den Zuständen ihrer Milliarden von winzigen Transistoren widerstehen.

Anders als die Computer haben wir Menschen ein Bewußtsein. Besteht unser Gehirn bloß aus Neuronen, zwischen denen Nervenreize übertragen werden? Nein, in ihm vollzieht sich noch etwas ganz anderes, das wir derzeit überhaupt noch nicht verstehen können.

Und das, was der Physik fehlt, ist dasselbe, was auch unserer gegenwärtigen Vorstellung vom Gehirn ermangelt. Was der Physik fehlt, ist der Mechanismus oder die Kraft – oder wie immer Sie es nennen wollen –, also das, was der Mathematik sozusagen den Bezug zur Materie verleiht. Was fehlt, ist der Aspekt, der die Phänomene sich manifestieren und wieder verschwinden läßt, so wie Gedanken kommen und gehen. Denn die Phänomene sind wie Gedanken, die kommen und gehen –" Ihre Stimme versagte wieder. „Es tut mir leid, daß ich es nur so unklar ausdrücken kann", entschuldigte sie sich. „Pygonopolis hätte es wohl *Menos* genannt; das ist das griechische Wort für ‚Wille' oder ‚Geist'."

Wieder begann Canzoni zu zittern. Zum Glück waren wir schon im Institut angekommen. Wir stiegen schweigend die dunkle Treppe hinauf. Erst als ich ihr am Schreibtisch gegenübersaß, führte sie ihren Gedanken zu Ende. „Grob gesagt, verhält es sich so: Es gibt so etwas wie Bewußtsein, das den Kosmos erfüllt. Um voreilige Schlüsse oder unpassende Analogien zu verhindern, wollen wir ihm einen unverfänglichen Namen geben, beispielsweise *Menos*. Die Natur seiner Existenz unterscheidet sich grundsätzlich von der der Materie und der Energie, doch er wirkt wie ein *Materium primum*, die Basis vieler Phänomene. Dementsprechend gibt es auch einen *Menos*, der alles erfüllt, und in jedem von uns existiert ein kleines Stück davon, unser Bewußtsein, das von unserem Gehirn beherbergt wird. Ich behaupte nicht, daß der *Menos* in irgendeinem Sinne einheitlich ist, sondern nur, daß das Phänomen die Realität auf eine Weise erfüllt, die wir erst noch erkennen müssen."

„Hat dieses allgemeine Bewußtsein etwas mit der Mathematik zu tun?"

„Das allgemeine Bewußtsein ist, wie ich meine, der noch fehlende Bestandteil. Nur durch dieses Bewußtsein entfaltet sich die Mathematik auf eine bestimmte Weise im Kosmos. Wir müssen uns vielleicht sogar damit abfinden, das nie zu wissen."

„Warum?" fragte ich nach.

„Wegen des ‚Quantenvorhangs', wie ich ihn bezeichne. Er hängt zwischen uns und den tieferen Phänomenen. Er besteht aus dem im wesentlichen zufallsbestimmten Verhalten der Fundamentalteilchen, das prinzipiell unvorhersehbar ist. Aber hinter dem Vorhang könnte es etwas geben, das Quantenereignisse determiniert, uns aber noch verborgen ist. Und hinter dem Quantenvorhang verbirgt sich vielleicht das allgemeine Bewußtsein. Wenn sich der Holos überhaupt irgendwo befindet, dann ist er dort."

Ich war verwirrt, denn ich hatte von Canzonis Erklärungen manches nicht oder zumindest nicht ganz verstanden. Doch es blieb keine Zeit mehr. Ich mußte bald zum Flughafen fahren. So hatte ich auf meinem Flug nach England einiges, über das ich nachdenken konnte. Nach ihrer These konnte man Canzoni nur als überzeugte Pythagoreerin ansehen. Aber diese These, so faszinierend sie auch war, war durch eine Bildersprache verschleiert, die immer das äußere Anzeichen für einen suchenden Geist ist. Da war der unsichtbare Elefant, in den der Kosmos verschwand, wenn er näher untersucht wurde; da war der *Menos* oder das weite Feld des Bewußtseins, das alles durchdringen sollte, und da war schließlich der Quantenvorhang, hinter den wir nicht blicken können. Meine Suche hatte eine plötzliche, unvorhersehbare Wendung genommen.

Was würde mein nächster Gastgeber, Sir John Brainard, zu all dem sagen?

Teil IV

Werkzeuge
des Denkens

KAPITEL 7

Das Horpen von Zooks

Oxford, England, 29. Juni 1995

Während ich im Zug von London nach Oxford saß, kam mir das Motto „England's Green and Pleasant Land" in den Sinn. War das von William Blake? Es war ein schöner Tag, und die leicht gewellte Landschaft, in der die Schafe wie weiße Punkte aussahen, war hie und da von Steinmauern durchzogen. Der Zug fuhr in das Tal der Themse hinunter, auf der Ausflugsboote und Lastkähne ihre Bugwellen ins Wasser zeichneten.

In Oxford stieg ich aus dem Zug. Ich wußte, daß mein Gastgeber nicht kommen würde, um mich abzuholen. Es war Sir John Brainard, Professor am Merton College, und berühmt für sein umfassendes Verständnis der Mathematik. Man hatte mir gesagt, daß er mich nicht abholen würde, weil er schon sehr betagt sei und weil niemand erwarten könne, von einer solchen Koryphäe abgeholt zu werden. Ich nahm also ein Taxi, das mich in die Stadt brachte. Schließlich sah ich den berühmten Mann am Portal des College. Als er sich dort mit dem Pförtner unterhielt, näherte ich mich langsam, meinen Koffer in der Hand, und hoffte, daß er mich bemerkte. Schließlich sah mich Brainard. „Oh, Sie sind doch nicht etwa der Kollege Dewdney, den ich heute erwarte?" Ich versuchte verzweifelt, mir eine geistreiche Entgegnung einfallen zu lassen, brachte aber nur ein unverständliches Murmeln heraus.

„Ich bin sicher, Sie sind es." Sir John bat den Pförtner, meinen Koffer in Verwahrung zu nehmen, während wir einen kleinen Bummel zum Cherwell machten, einem Flüßchen, das bei Oxford in die Themse fließt.

„Ich habe mir erlaubt, für Sie ein Zimmer im Hotel Churchill zu reservieren, und hoffe, das ist Ihnen recht. Meine jüngeren Kollegen glauben fast alle, es sei für einen Gast nach einer anstrengenden Anreise das beste, wenn sie ihn in den nächsten Pub schleppen und ihm Pint um Pint aufdrängen, bis er kaum noch stehen kann. Das ist aber sicher nicht gut für einen klaren Kopf. Übrigens wirken Sie auf mich so, als wäre Ihnen frische Luft lieber als der Geruch von Rauch und Alkohol."

Brainard führte mich um das College herum zu einem kleinen Park am Ufer des Cherwell. Einige Spaziergänger auf dem Uferpfad sahen einem kleinen Schiff zu, das langsam stromaufwärts fuhr. Ich blickte Brainard von der Seite verstohlen an. Er war sicher schon ziemlich alt, aber von diesem zeitlosen Aussehen, das mich an alte Sagen denken ließ. Sein weißer Haarschopf wirkte, als wäre er schwer zu bändigen, und seine Augenbrauen waren so buschig, daß ich den ganz unvernünftigen Wunsch verspürte, sie mit einer kleinen Schere zu kürzen. Hier stand er nun also neben mir: Wie man sagte, der letzte Wissenschaftler, der die Mathematik vollständig erfaßt hatte, und der Autor des berühmten Werkes *The Mathematikon*. Es ging das Gerücht, daß trotz der erstaunlichen Fülle von Abhandlungen, die er über alle nur denkbaren Teilgebiete der Mathematik publiziert hatte, seine Regale von noch unveröffentlichten Arbeiten fast überquollen. Würde man nur zwei beliebige davon herausgreifen, so munkelte man, könnten sie einen jungen Wissenschaftler rasch berühmt machen.

„Ich muß sagen, daß ich von Ihrer Recherche sehr angetan bin", sagte er freundlich. „Aber meiner Ansicht nach haben Sie mit der Frage, ob die Mathematik geschaffen oder entdeckt wird, einen nicht ganz zutreffenden Gegensatz aufgestellt."

„Verzeihung, das verstehe ich nicht ganz." Wir hatten gerade die ersten Freundlichkeiten ausgetauscht, und schon nach dem ersten Satz fühlte ich mich auf schwankendem Boden.

„Zu sagen, die Mathematik werde entdeckt, setzt voraus, daß sie in gewissem Sinne bereits existiert. Und zu sagen, daß sie geschaffen wird, bedeutet, daß sie zuvor nicht existierte. Doch die Frage nach ihrer Existenz oder gar Präexistenz zu beantworten, übersteigt, offen gesagt, meine Fähigkeiten – und ich fürchte, auch die Ihren."

Er wandte sich mir zu und sah mich durchdringend an. Seine Augen waren von einem harten, dennoch leicht wäßrigen Hellblau. Er meinte das, was er sagte.

Ich versuchte es noch einmal, auf eine etwas andere Art: „Aber könnte man nicht sagen, daß die Mathematik eine unabhängige Existenz zu haben scheint?"

„Ah, jetzt sagen Sie ‚scheint'. Das ist schon besser. Aber wie kann man eine solche Frage beantworten? Welche Art von Existenz meinen Sie? Physikalische Existenz?"

„Ich glaube nicht", sagte ich, „aber die enge Beziehung zwischen Mathematik und Physik sowie die Leistungsfähigkeit, die die Mathematik der Physik verleiht, lassen mich fragen, ob die Mathematik in irgendeinem Sinne – hinter den Kulissen – existiert, so wie die Physik vor unseren Augen existiert".

„Ah, der Geist von Oxford hat schon begonnen, Sie zu durchdringen", erwiderte Brainard. „Wenn Sie lange genug unter diesen verträumten Türmen leben, dann hören Sie irgendwann auf, etwas zu haben, das Gedanken auch nur entfernt ähnelt."

Brainard lachte laut auf und erschreckte damit ein Kind und seine Oma. Ich merkte erst jetzt, daß er mit mir spielte, mich prüfte. Aber ich spürte bei ihm eine gewisse Nervosität, als sei er im Grunde ein recht schüchterner Mensch. Ich versuchte, die Frage auf den Punkt zu bringen: „Sie können nicht so lange gelebt und so viele bedeutende Ergebnisse erzielt haben, ohne intensiv über diese Frage nachzudenken – oder zumindest darüber, wie sie gestellt werden könnte."

„Sehr gut! Leidenschaft und Geduld, auch ein Anflug von Schmeichelei, ein Appell, der mich berührt. Wir können also anfangen. Gibt es so etwas wie einen Ort, an dem die Mathematik existiert? Nun, sie existiert sicherlich in unserem Geist. Ich könnte hinzufügen, falls Sie das für eine dürftige Art von Existenz halten, daß die Dinge des Geistes ebenso real sind wie alle anderen Bestandteile der physikalischen Welt. Wenn Sie nicht ein göttliches oder mystisches Element anrufen wollen, so

muß etwas, das physikalische Wirkungen hat, selbst eine physikalische Existenz haben. Und der Geist kann, wie wir alle
wissen, die unergründlichsten physikalischen Wirkungen haben. So kann ich indirekt sagen, daß die Mathematik – wo immer sie auch ist – ein Teil der physikalischen Welt ist."

„Aber könnten Sie dasselbe nicht auch vom Einhorn behaupten?" fragte ich.

„Und vom Löwen ebenso", erwiderte Brainard sofort. „Aber
ich beziehe mich auf die Realität von Vorstellungen und geistigen Prozessen, nicht auf reale Wesen wie Löwen oder vielleicht
Einhörner. Und Sie sollten bedenken, daß nicht alle Vorstellungen und geistigen Prozesse gleich beschaffen sind. Wenn man
sagt, daß die Mathematik existiert, dann bestehe ich darauf, daß
der Geist ihr wichtigster Schauplatz ist."

Ich fand diese Antwort ein bißchen enttäuschend. Um meinen Gesprächspartner wieder auf die Idee einer vom Geist unabhängigen Existenz zurückzubringen, erzählte ich ihm von
Pygonopolis und seiner Vorstellung des Holos.

„Der Holos!" rief Brainard aus. „Ja, gut, das klingt ungeheuer griechisch. Wir sind hier zwar in einer Universität, die sich
über viele Jahrhunderte hinweg auf das Griechische speziali-
siert hatte, aber ich habe nicht die leiseste Ahnung, was dieses
Wort bedeutet. Ist es von Platon?" fragte er.

Ich erwiderte, daß der Begriff „das Ganze" bedeute und vor
kurzem geprägt wurde, um die Welt zu benennen, die nach
Pythagoras' Auffassung aller Existenz zugrunde liegt. Ich wies
auch darauf hin, daß Pythagoras geglaubt hatte, die Welt wäre
letztlich Zahl.

„Ja, ja, die alten Kamellen haben wir alle gehört," entgegnete
Brainard fast ungeduldig. „Aber weil ich überhaupt nicht weiß,
was das Wort *Holos* bedeutet, werde ich es nicht benutzen. Ich
habe den Eindruck, Sie möchten, daß ich ein Wort wie
‚Matheland' erfinde, das letztlich nichts Tiefgründigeres ist als
das Wunderland, wie in dem Roman *Alice im –*"

Er unterbrach sich hier. „Sie wissen hoffentlich, daß Lewis
Carroll eine Zeitlang in Oxford lebte."

Ich erinnerte mich, das einmal gelesen zu haben.

„Sein wirklicher Name war Charles Dodgson, und er war am
Christchurch College, dort drüben. Er war ein durchschnittli-

cher Mathematiker und leistete als solcher keine bedeutenden Beiträge. Er war begeistert vom Spiel und vor allem von jungen Mädchen. Die Psychologen würden heute sagen, er sublimierte seine Triebe; er schuf eine wunderbare Phantasiewelt, in der sein Herz mit und in Alice ewig weiterleben konnte. Die ‚ursprüngliche Alice' war eine Tochter des Dekans Liddell am College, an dem Dodgson lehrte. Er behandelte sie mit größtem Respekt, aber man wußte, daß er Aktaufnahmen von ihr gemacht hatte."

Das Gespräch schien mir eine heikle Wendung zu nehmen. Daher nahm ich meinen ganzen Mut zusammen und unterbrach Brainard.

„Wenn nicht ‚Matheland', was dann?"

„Im Laufe der Zeit habe ich nur einmal von einem Versuch gelesen, die Mathematik als besonderen Ort zu beschreiben. Haben Sie schon von der Welt Drei gehört?"

„Ich weiß noch nicht einmal, was man unter den Welten Eins und Zwei versteht!"

„Eine gute Antwort. Die Welt Drei ist die Erfindung, wenn nicht die Entdeckung, zweier Wissenschaftler, die inzwischen auch geadelt wurden: Sir John Eccles und Sir Karl Popper. Sie verfaßten gemeinsam das Werk *Das Ich und sein Gehirn*. Hierin skizzieren diese beiden berühmten Denker, ein Neurophysiologe und ein Philosoph, drei Welten, während sie versuchen, die ganz besondere Rolle zu beschreiben, die das menschliche Bewußtsein in der physikalischen Welt spielt."

Ich erschrak und schalt mich selbst dafür, das nicht gewußt zu haben. Ich erinnerte mich jetzt dunkel an Rezensionen dieses Werkes, aber weil ich mich nicht sehr für Neurophysiologie interessiere, hatte ich sie kaum überflogen. Zudem fiel mir beim Wort „Bewußtsein" sogleich Maria Canzoni ein; sie hatte ja behauptet, das Bewußtsein spiele in der Physik eine besondere Rolle. Recht bescheiden fragte ich Brainard nach den drei Welten von Eccles und Popper.

„Welt Eins besteht aus physikalischen Objekten, also aus den Dingen, die wir sehen, fühlen oder auch bewegen können. Wir können sie die Welt der physischen Realität nennen. Welt Zwei besteht aus Zuständen des menschlichen Geistes, sowohl bewußten als auch unbewußten. Diese Welt kann direkt auf die

Welt Eins einwirken, etwa in der Art und Weise, die wir gerade besprochen haben. Zustände des Geistes, insbesondere Willensakte, können eine direkte Wirkung auf die physikalische Welt haben."

Er hielt inne und machte eine ziemlich lange Pause. Ich wollte das Gespräch aber in Gang halten. „Und welche ist die Welt Drei?"

„Die Welt Drei, wenn ich das so sagen darf, besteht aus allen Produkten des menschlichen Geistes, von der Musik bis zur Mathematik. Ah, ich sehe, wie sich Ihr Gesicht aufhellt; ich habe also einen für Sie interessanten Punkt getroffen! Ich glaube, es ist der Philosoph Popper, der mit der Art der Existenz von Gegenständen in Welt Drei ringt. Nehmen wir als Beispiel die Musik. Ist Musik die Aufzeichnung der Noten auf Papier, der Klang eines Symphonieorchesters oder die Rille in einer Schallplatte? Sie ist natürlich all das, aber auch nichts davon. Die Welt Drei ist real, denn welche Form die Musik in der realen Welt auch annimmt, sie hat ebenfalls direkte physikalische Wirkungen. In gewissem Sinne bringt sie den gewaltigen Orchesterapparat mit vielen Musikern und Instrumenten dazu, ein Beethovensches Fortissimo ertönen zu lassen."

Erstaunlicherweise war ich bisher noch nicht darauf gekommen, daß die Mathematik nicht das einzige Gebiet mit Gegenständen war, die keine letztgültige Definition haben. Ich erinnerte mich an Pygonopolis' Versuche, die letzte Realität von Zahlen zu definieren, und an al-Flaylis Bemühungen, den idealen Kreis zu beschreiben.

Brainard fuhr fort: „Jetzt können Sie den Ort, an dem die Mathematik existiert, ,Welt Drei' nennen, wenn Sie wollen. Aber ich finde dieses Konzept in mancherlei Hinsicht fragwürdig. Zum einen stellt es die Mathematik auf eine Ebene mit den statischen Mustern, die die zugrundeliegende Materie bilden. Was die Musik auch sonst sein mag, sie muß ein statisches Muster sein. Die Welt Drei hat als philosophische Vorstellung nur dann Sinn, wenn man alle möglichen Folgen binärer Bits einbezieht. Wie im Computerzeitalter inzwischen jedermann weiß, können diese Bitfolgen alle Musik, alle Kunst, alle Literatur, aber auch alle vorstellbaren sinnlosen Muster codieren. Na ja, wer kann heutzutage schon sagen, was Kunst ist, sei sie schon realisiert oder noch potentiell?" fragte Brainard mit einem trockenen Lachen. „Das war von Borges, vermute ich."

Ich ignorierte die letzte Bemerkung. „Behaupten Popper und Eccles, daß die Welt Drei eine unabhängige Existenz hat?"

„Ja, das tun sie. Nach meiner Ansicht erkennen sie aber nicht, daß die Mathematik in gewissem Sinne auf einem höheren Niveau existiert. Sie behandelt unter anderem die Bitfolgen, aber sie *ist* nicht die Gesamtheit der Bitfolgen.

Offen gestanden, interessiere ich mich viel mehr dafür, wie wir Mathematik betreiben. Jede Untersuchung der Mathematik und der Art von unabhängiger Realität, die sie haben kann oder auch nicht haben kann, muß beim Geist ansetzen. Vielleicht ist Ihnen nicht klar, daß ich unter ‚Geist' viel mehr verstehe als nur den menschlichen Verstand."

Ich spitzte die Ohren.

„Geistige Prozesse von der Art, die die Mathematik möglich machen, sind nicht auf Menschen beschränkt, wie Sie noch sehen werden. Ein bedeutendes Leitmotiv der Mathematik in diesem Jahrhundert war es ja, sie vom menschlichen Geist abzutrennen, um es etwas kraß auszudrücken. Diese Entwicklung rührte teilweise von der axiomatischen Methode her, durch die wir einen großen Teil der Mathematik auf eine mehr oder weniger unanfechtbare Grundlage gestellt haben. Auf andere Faktoren, die dazu beitrugen, möchte ich später noch zurückkommen. Konzentrieren wir uns im Moment auf die Axiomatik und beginnen wir mit dem zentralen Phänomen, dem mathematischen Denken."

Es war später Nachmittag, und wir saßen inzwischen auf einer Bank. Das Sonnenlicht fiel durch das Laub der Bäume und beschien auch Brainards große Pfeife, die er gerade aus seiner Westentasche gezogen hatte.

„Ziemlich selten hier, solch heller Sonnenschein", bemerkte er, während er seine aromatische Tabakmischung anzündete. „Stört es Sie, wenn ich rauche?"

Ich schüttelte den Kopf.

„Mathematisches Denken unterscheidet sich völlig von gewöhnlichem Denken," nahm Brainard den Faden wieder auf. „Die Gedanken sind dabei auf ganz seltsame Weise auf so extrem einfache Objekte gerichtet, die von sämtlichen Details be-

freit sind, daß man sie vollständig verstehen kann. Bei einer
Zahl gibt es einfach nicht mehr zu verstehen als die Quantität,
die sie darstellt. Diese Vorstellung von einer Quantität hat eine
so besondere Beschaffenheit, daß sie bei jeder Person, die sie
versteht, die gleiche ist. Natürlich beherbergt jeder einzelne
Geist eine Überfülle ganz eigener, hiermit verknüpfter Vorstellungen, die sozusagen das zentrale Feuer umrunden, aber bei
den Einflüssen keine Rolle spielen, die ein solcher Gedanke zur
Folge hat.

Einige mathematische Ausdrücke sind außerdem auch ganz
gewöhnliche Wörter, beispielsweise Gruppe, normal, Funktion
und so weiter. Aber in ihrer mathematischen Anwendung haben sie wenig oder gar nichts mit ihrer gewöhnlichen Bedeutung zu tun. Daher neigen manche Menschen, die diesen Wörtern zum ersten Mal in einem mathematischen Zusammenhang
begegnen, dazu, die Bedeutungen aus dem Alltag zu übertragen, so daß ihnen das mathematische Verständnis erheblich er-
schwert wird."

Da kam mir ein amüsanter Gedanke. „Sie meinen also",
fragte ich, „daß die meisten Menschen Schwierigkeiten haben,
die Mathematik zu verstehen, weil sie zu einfach ist?"

„Eine hervorragende Idee!" Brainard schlug sich auf die
Schenkel, und von seiner Pfeife fiel etwas Asche auf seine Hose,
was er aber nicht zu bemerken schien.

„Lassen Sie mich ein Beispiel geben, das die unglaubliche
Einfachheit verdeutlicht, die im Kern der Mathematik liegt. Ich
stelle ein System von Axiomen auf, in denen alle wichtigen
Begriffe durch Wörter symbolisiert werden, die Sie noch niemals gehört haben. Damit wird jegliche Gefahr der Verwirrung
ausgeschlossen. Wenn übrigens einige dieser Wörter so klingen,
als seien sie von Lewis Carroll erfunden, dann dürfen Sie mir
wirklich gratulieren.

Es geht um Blorgs. Was ist ein Blorg? Erstens besteht ein
Blorg aus Zooks. Zweitens kann man ein Zook mit einem anderen horpen, und drittens ist das Ergebnis dieser Operation immer ein Zook."

Mir schwirrte der Kopf, als säße ich wieder in einer Vorlesung. Hier waren jetzt schon drei mir völlig unbekannte Begriffe aufgetreten, und Brainard hatte gerade erst angefangen.

„Ich weiß also, daß ein Blorg etwas ist, das aus Zooks besteht, aber ich habe eine Frage zum Horpen. Was versteht man
darunter? Können Sie mir ein Beispiel geben?"

„Ich sagte ja schon: Das Horpen ist die Operation, die man
an zwei Zooks vornimmt, um ein drittes zu erhalten. Beispiele
sind äußerst leicht anzugeben. Bedenken Sie aber, daß ich das
Blorg noch nicht vollständig definiert habe. Wenn Sie erlauben,
möchte ich das bisher definierte Objekt ein Halbblorg nennen.
Hier ist ein Beispiel."

Brainard hatte Block und Kugelschreiber anscheinend immer
griffbereit. Er schrieb nun diese kleine Tabelle nieder, die ich
mir genau ansah:

	a	b	c
a	b	c	a
b	c	b	a
c	c	a	b

„Dies könnte man als Tabelle zum Horpen bei einem speziellen Halbblorg bezeichnen. Darin ist alles enthalten. In diesem
Fall heißen die Zooks einfach a, b und c. Wenn Sie beispielsweise Zook a mit Zook b horpen wollen, dann gehen Sie dahin, wo
sich Zeile a und Spalte b treffen. An ihrem Schnittpunkt finden
Sie c. Mit anderen Worten: Wenn Sie Zook a mit Zook b horpen,
erhalten Sie Zook c. Was könnte einfacher sein?"

Um mich zu vergewissern, ob ich Brainard richtig verstanden hatte, fragte ich ihn, ob jedes Halbblorg durch eine solche
Tabelle ausgedrückt werden kann.

„Ja, das ist richtig", erwiderte er. „Zumindest die endlichen
Blorgs. Sie werden bemerkt haben, daß ich nichts über die Anzahl der Zooks gesagt habe, die in einem Halbblorg enthalten
sein können. Die Axiome, die ich aufstellen möchte, lassen eine
endliche oder eine unendliche Anzahl von Zooks zu. Ich sollte
auch erwähnen, daß wir nicht auf Tabellen beschränkt sind,
wenn wir Halbblorgs erzeugen wollen. So kann ich auch ein
spezielles Symbol für das Horpen einführen, beispielsweise das
Doppelkreuz, manchmal auch ‚Lattenzaun' genannt. Daher ist

die folgende kleine Gleichung damit gleichwertig, das Ergebnis
des Horpens von Zook a mit Zook b in der Tabelle aufzusuchen:

$a \# b = c.$

Ich überlegte kurz und fragte dann: „Könnte man sagen, daß
man mit acht weiteren solchen Gleichungen dieses spezielle
Halbblorg genauso vollständig beschreiben kann wie mit der
Tabelle?"

„Ja, genau. Die Tabelle enthält nämlich exakt neun Möglichkeiten des Horpens. Um ein anderes Halbblorg zu erhalten,
muß man einfach eine neue Tabelle aufstellen. Dabei kann man
im Alphabet fortschreiten, so weit man möchte, und die Tabelle
damit nach Belieben füllen. Das Resultat wird immer ein Halbblorg sein. Leider gilt das aber nicht für Blorgs. Daher sollten
wir zuerst die Blorg-Axiome vervollständigen.

Übrigens: Die Einführung des besonderen Symbols für das
Horpen, also des Doppelkreuzes, illustriert die Vorteile einer
geeigneten Notation. Wenn wir nur die Tabellendarstellung der
Blorgs hätten, wären wir im Zuge der weiteren Entwicklung
praktisch hilflos, wenn wir die mathematische Struktur beweisen oder unsere Vorstellungen über Blorgs ausdrücken müßten.
Sie werden sehen, wie vorteilhaft das Doppelkreuz-Zeichen ist.
Nichts führt die ‚Werkzeuge des Denkens‘ so sicher zur Entdeckung wie eine zweckmäßige Schreibweise.

Gehen wir von unserer Definition eines Halbblorgs mit den
Zooks und mit dem Horpen aus. Dann ist ein Blorg nichts anderes als ein Halbblorg mit einigen Axiomen mehr. Das nächste
Axiom betrifft ein ganz besonderes Zook, das ich Gadzook nennen möchte."

Brainards Gesicht ließ keinerlei Regung erkennen; daher
verkniff ich mir ein Grinsen.

„Das Gadzook hat folgende Eigenschaft: Wenn man es mit
irgendeinem anderen Zook horpt, erhält man wieder das gleiche Zook. Nehmen wir an, das Zook z sei das Gadzook. Dann
gilt für ein beliebiges anderes Zook, sagen wir für a, folgendes:

$z \# a = a$ und $a \# z = a.$

Nun gibt es in einem Blorg noch etwas, das die Einführung
des Gadzooks rechtfertigt. Für jedes Zook in einem Blorg gibt es

ein Antizook. Außerdem erhält man immer unweigerlich ein Gadzook, wenn man ein Zook mit einem Antizook horpt."

„Das klingt fast nach Physik", warf ich ein.

„Vielleicht", sagte Brainard leicht ungehalten, „aber nur zufällig. Mit einer anderen Wortwahl könnte ich es nach Nähen oder Stricken klingen lassen, aber es wäre immer noch genau dasselbe."

„Kann ein Blorg mehr als ein Gadzook haben?" fragte ich.

„Eine ausgezeichnete Frage", lobte Brainard. „Untersuchen wir sie doch gleich. Dazu brauchen wir das nächste und letzte Axiom noch nicht. Nehmen wir an, ein Blorg, wie wir es bisher definiert oder axiomatisiert haben, könne zwei Gadzooks haben. Diese wollen wir z und z' nennen. Das Gadzook-Axiom besagt, daß wir beim Horpen des ersten Gadzooks mit einem beliebigen anderen Zook wieder das andere Zook erhalten. Wenn wir also das Gadzook z mit dem Gadzook z' horpen, das ja immer noch ein Zook ist, erhalten wir wieder z'. Die Gleichung dafür lautet:

$$z \# z' = z'.$$

Aufgrund desselben Axioms können wir die Reihenfolge des Horpens umkehren und erhalten das gleiche Ergebnis:

$$z' \# z = z'.$$

Aber wenn wir dasselbe Axiom auf das andere Gadzook z' anwenden und dieses mit dem Gadzook z horpen, so folgt

$$z' \# z = z.$$

Das bedeutet, daß z und z' das gleiche Zook sein müssen, denn sie sind beide demselben Ausdruck gleich."

Zwischendurch hatte ich den Eindruck gehabt, daß im Hintergrund andere Axiome verborgen seien, also nicht nur die Axiome für ein Blorg, die Brainard gerade darlegte, sondern eine ganze Reihe von Axiomen zur Deduktion, und Brainard hatte sich ihrer bedient, ohne das ausdrücklich zu sagen. „Ziehen Sie hier nicht ein Axiom außerhalb des Systems heran, das Sie hier definieren? Benutzen Sie nicht das Axiom der Gleichheit? Sie wissen ja, es geht auf Euklid zurück: ‚Zwei Größen, die einer dritten gleichen, sind einander gleich.'"

„Hmmm", war die Antwort. „Ich hatte gehofft, daß Sie das nicht erwähnen. Ja, ich habe wirklich gerade das sogenannte Axiom der Gleichheit verwendet. Und es gehört tatsächlich zu einem anderen Satz von Axiomen, der im mathematisch-logischen Denken mehr oder weniger universell angewandt wird. Darauf werde ich später auch noch eingehen. Lassen Sie uns bitte vorerst noch bei den Blorgs bleiben. Ich habe Ihre Frage nach der Einmaligkeit des Gadzooks beantwortet und möchte nun das letzte Axiom aufstellen."

Brainard widmete sich kurz seiner Pfeife und fuhr dann fort: „Schließlich kann man in einem Blorg drei oder mehr Zooks hintereinander horpen, ohne sich um das Ergebnis Sorgen machen zu müssen. Nehmen wir an, ich schreibe die Operation des Horpens von drei Zooks in einer Zeile:

$$a \# b \# c.$$

Was bedeutet das? Weil man nur zwei Zooks auf einmal horpen kann, muß man – vielleicht durch Klammern – deutlich machen, welches Paar von Zooks man zuerst horpen will. Es gibt zwei Möglichkeiten, das zu tun:

$$a \# (b \# c) \quad \text{oder} \quad (a \# b) \# c.$$

Das letzte Axiom lautet nun einfach: In einem Blorg spielt es keine Rolle, in welcher Reihenfolge man drei Zooks horpt, denn das Ergebnis ist immer das gleiche:"

$$a \# (b \# c) = (a \# b) \# c.$$

„Das sieht etwas merkwürdig aus", bemerkte ich. Ich genoß es allmählich, ihn ein wenig zu reizen. „Warum in aller Welt sollten wir uns um die Reihenfolge des Horpens kümmern?"

„Dazu kann ich im Moment nur sagen, daß das ein wesentliches Merkmal der Blorgs ist. Sie werden gleich sehen, daß dieses letzte Axiom sehr nützlich ist. Weil unser Axiomensystem von jeglichen Anwendungen abstrahiert ist, kann ich nichts weiter zur Bedeutung dieses Konzepts sagen.

Die Axiome, die ich Ihnen genannt habe – die Zooks, das Horpen, das Gadzook, das Antizook und die Regel zum Dreifach-Horpen –, definieren jedenfalls, was ein Blorg ist. Die Axiome sind vollständig, und jetzt kann ich untersuchen, welche Theorie möglicherweise dahintersteckt. Dazu muß ich zunächst an meine erste Bemerkung erinnern, daß die Mathematik schwierig sei, weil sie so einfach ist. Alles, was Sie über Blorgs wissen müssen, ist in den Axiomen, die ich Ihnen gegeben habe, explizit oder implizit enthalten. Wenn Sie den spartanischen Geist dieser Welt in sich aufnehmen, wird eine bestimmte Reinheit der Gedanken offenbar."

„Bevor Sie weitermachen, Sir John", unterbrach ich ihn, „könnten Sie mir ein Beispiel eines sozusagen funktionierenden Blorgs geben?"

„Wie unhöflich von mir, das zu unterlassen!" rief Brainard aus. Er schrieb eine neue Tabelle auf seinen Block:

	a	b	c	d
a	b	c	d	a
b	c	d	a	b
c	d	a	b	c
d	a	b	c	d

„Dieses Blorg hat ein Zook mehr als das Halbblorg, das ich zuvor aufgeschrieben hatte. Im übrigen scheint es ihm aber recht ähnlich zu sein. Wenn Sie es allerdings genauer untersuchen, so werden Sie erkennen, daß es stärker strukturiert ist. Das Gadzook ist in diesem Fall das mit d bezeichnete Zook. Mit welchem Zook auch immer es gehorpt ist – es spiegelt es wider. Zudem hat jedes Zook ein Antizook. Ein Beispiel: Das Antizook von a ist offensichtlich c, denn es gilt

$$a \# c = d.$$

Darin ist, wie gesagt, d das Gadzook. Zu diesem besonderen Blorg gebe ich nun zwei Erläuterungen. Zum einen möchte ich das Tor zur realen Welt öffnen, indem ich Ihnen sage, wo dieses spezielle Blorg anzutreffen ist. Zum zweiten möchte ich Sie auf eine interessante Struktur in diesem Blorg hinweisen. Diese Struktur wird dann ihrerseits den Weg zu der kleinen Theorie bereiten, die ich herausarbeiten will.

Wenn Sie ein Quadrat nehmen und es um 90 Grad drehen, dann erhalten Sie wieder das gleiche Quadrat. Wir wollen diese Drehung mit *a* bezeichnen. Wenn ich jetzt das gedrehte Quadrat zeichne, sieht es genauso aus wie das ursprüngliche. Deshalb bringen wir an einer Ecke ein Zeichen an, um sie kenntlich zu machen; so können wir erkennen, was die Drehung bewirkt." Brainard zeichnete zwei Quadrate auf seinen Block:

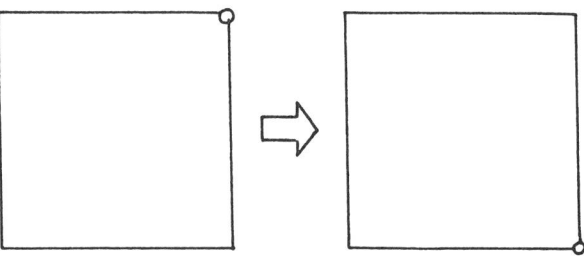

Eine Drehung ist ein Zook.

„Nun läßt eine Drehung um 180 Grad das Quadrat ebenfalls unverändert, ebenso eine Drehung um 270 Grad. Wir wollen diese Drehungen mit *b* beziehungsweise mit *c* bezeichnen. Dies sind, wenn Sie so wollen, die Zooks in der Tabelle, und das letzte, *d*, ist die Null-Drehung. Bei ihr geschieht mit dem Quadrat gar nichts. Wir können unser Beispiel also das Drehblorg für ein Quadrat nennen.

Erkennen Sie jetzt, wie das Horpen funktioniert?

Folgen Sie einfach einem Zook nach dem anderen. Wenn ich nach der 90-Grad-Drehung *a* eine 180-Grad-Drehung *b* ausführe, so erhalte ich das Zook $a \# b = c$. Außerdem hat jedes Zook sein Antizook: Zum Beispiel führt die Drehung *a*, gefolgt von der Drehung *c*, zur Null-Drehung *d*, dem Gadzook dieses speziellen Blorgs."

Es gab keinen Zweifel daran, daß die Drehungen eines Quadrats ein Blorg ergaben, wie Brainard sagte. Daher interessierte mich die Beziehung zwischen dem abstrakten Beispiel, einer reinen Tabelle, und dem konkreten Beispiel, den Drehungen eines Quadrats. „Bedeutet das nun, daß Blorgs als reale Dinge angesehen werden können, zumindest insofern, als dieses spezielle Blorg bestimmte Gegebenheiten der physikalischen Welt widerspiegelt?" fragte ich.

„Ja, sicher. Wenn Sie ein reales Quadrat aus Pappe nehmen und es mehrmals um die eben genannten Winkel drehen, dann werden Sie dieses spezielle Blorg realisieren und automatisch die Axiome befolgen. Und mehr noch, Sie werden ebenso all den Folgerungen aus den Axiomen eines Blorgs unterliegen, auch dem Satz, den ich nun für Blorgs beweisen möchte. Sehen Sie sich beispielsweise die Zooks b und d an. Zusammen bilden sie ein Blorg." Er hatte recht. Das ist die Tabelle, die Brainard nun aufschrieb:

	b	d
b	d	b
d	b	d

Dazu erläuterte er: „Weil diese Teilmenge der Zooks des Blorgs selbst ein Blorg bildet, nennen wir sie Unterblorg. Beachten Sie, daß dieses Unterblorg nur zwei Elemente hat, das Blorg selbst dagegen vier Elemente. Wie Sie wissen, ist 4 ein Vielfaches von 2, und das bringt mich zu dem zu beweisenden Satz:

Satz: Wenn B ein Blorg sowie C ein Unterblorg von B ist, dann ist die Anzahl von Zooks in B ein Vielfaches der Anzahl von Zooks in C.

Um diesen Satz zu beweisen, möchte ich zeigen, daß es in jedem Fall möglich ist, das Blorg B in gleich große Teile aufzuteilen, die ich Teilblorgs nenne. Alle Teilblorgs enthalten die gleiche Anzahl von Zooks wie B, und sie überschneiden einander auch nicht. Daraus folgt, daß die Anzahl der Zooks in B gleich der Anzahl der Zooks in C sein muß, multipliziert mit der Anzahl der einzelnen Teilblorgs. Das wiederum bedeutet, daß die Anzahl der Zooks in B ein Vielfaches der Anzahl der Zooks in C ist."

Brainard machte nun eine kleine Skizze, um die Beweisführung zu verdeutlichen – eine ganz schematische Zeichnung, denn Blorgs sind ja algebraische und keine geometrischen Objekte. Das gesamte Rechteck stellte ein Blorg dar, und die kleineren Rechtecke repräsentierten die Teilblorgs im Blorg.

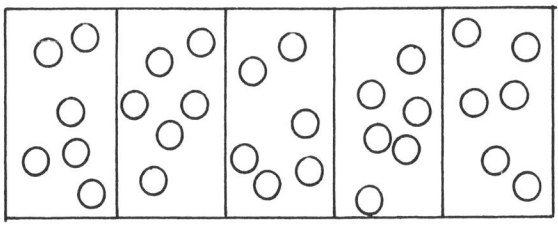

Ein Blorg wird in Teilblorgs unterteilt.

„Ein Teilblorg von C ist einfach die Menge aller Zooks, die man erhält, wenn man ein bestimmtes Zook in B durch jedes Zook in C horpt. Wenn man also ein bestimmtes Zook b nimmt und es rechts mit jedem Zook c in C horpt, dann erhält man einen ganzen Satz von Zooks, den ich folgendermaßen schreibe:

$b \# C$.

Das Teilblorg $b \# C$ besteht aus allen Zooks der Form $b \# c$, eines für jedes Zook c in C. Wie viele Zooks, glauben Sie, gibt es dann in $b \# C$?"

„Das weiß ich nicht", erwiderte ich. „Ich vermute, die gleiche Anzahl von Zooks wie in C. Es hängt wohl ganz davon ab, ob es möglich ist, b mit zwei Zooks c_1 und c_2 in C zu horpen und dabei das gleiche Zook zu erhalten. Wenn das so ist, dann könnte es in $b \# C$ weniger Zooks geben als in B."

„Sehr gut", freute sich Brainard, der unser Spiel offenbar genoß. „Jetzt ist es Zeit für einen Hilfssatz."

Ein *Hilfssatz*, manche sagen auch *Lemma*, ist so etwas wie ein kleiner Lehrsatz, der den Weg für einen echten Lehrsatz bereitet. Dazu beweist er einen Sachverhalt, den der Lehrsatz benötigt. In diesem Fall wollte Brainard folgendes beweisen, was er wieder auf seinen Block schrieb:

Lemma (das Kürzungsgesetz): Wenn in irgendeinem Blorg gilt $b \# c = b \# d$, dann gilt auch $c = d$.

„Nun wird klar, daß Sie im Grunde danach gefragt haben, ob es ein Gesetz für die Kürzung von Blorgs gibt. Ihre Frage lautete also, ob $b \# c_1 = b \# c_2$ gleichbedeutend damit ist, daß $c_1 = c_2$ ist. Wenn unser Hilfssatz stimmt, ist das offensichtlich der Fall."

„Ich nehme an, daß der Hilfssatz leicht zu beweisen ist," murmelte ich und hoffte im stillen, daß sich Brainard nicht zu lange damit aufhielt.

„Doch, das ist er durchaus. Wir beginnen einfach mit der gegebenen Behauptung $b \# c = b \# d$ und wenden das Antizook-Axiom an, das es uns erlaubt, jedes Zook mit seinem Antizook zu horpen. Übrigens haben wir hier noch kein Symbol für Antizooks; also schreiben wir einfach b' für das Antizook von b.

$$b' \# (b \# c) = b' \# (b \# d).$$

Sie erinnern sich sicherlich, daß ich versprach, auf das dreifache Horpen zurückzukommen – nun, dies geht so. Dank des letzten Axioms können wir jetzt beide Seiten dieser Gleichung wie folgt umschreiben:

$$(b' \# b) \# c = (b' \# b) \# d.$$

Wenn man ein Zook mit seinem Antizook horpt, erhält man natürlich ein Gadzook. Daher können wir die Gleichung wieder umschreiben:

$$z \# c = z \# d.$$

Weil das Gadzook jedes Zook beim Horpen unverändert läßt, haben wir mit dem Endergebnis den Hilfssatz bewiesen:

$$c = d."$$

„Das ist aber viel Aufwand für so ein simples Ergebnis", erlaubte ich mir einzuwenden.

Brainard sah mich befremdet an. „Ich glaube nicht. Vergessen Sie bitte nicht, daß wir diesen kleinen Hilfssatz danach ja nie wieder beweisen müssen. Wir fügen ihn einfach unserem Grundwissen über Blorgs hinzu. Offensichtlich ist das nun ein sehr nützliches kleines Ergebnis, und man sollte vielleicht nicht von einem Hilfssatz, sondern eher von einem Mini-Lehrsatz sprechen, der trotz seiner Unscheinbarkeit bei jeder theoretischen Entwicklung von Blorgs bereits in einem frühen Stadium auftritt."

„Nun, wenn das so ist, nehme ich meine Bemerkung zurück", sagte ich. „Darf ich rekapitulieren? Sie haben mit Hilfe
dieses kleinen Lemmas folgendes gezeigt: Wenn man das Teilblorg $b \# C$ bildet, dann ist die Anzahl der Zooks im Teilblorg
genau gleich der Anzahl von Zooks im Unterblorg C."

„Ja", erwiderte er sichtlich zufrieden. „Und jetzt kommt der
große Crash, wie Ihr Amerikaner sagt."

„Ich bin kein Amerikaner", entgegnete ich.

„Oh, ich bitte um Verzeihung", sagte Brainard, „mein hohes
Alter, Sie wissen ja. – Der Crash findet also statt, wenn man
fragt, welche Beziehung zwischen zwei solcher Mengen besteht,
nehmen wir an, zwischen $b_1 \# C$ und $b_2 \# C$. Was ist insbesondere der Fall, wenn diese zwei Teilblorgs ein gemeinsames Zook
haben, das wir hier d nennen wollen? Dann muß dieses d, weil
es ja zu $b_1 \# C$ gehört, für irgendein Zook c_1 in C die Form $b_1 \# c_1$
haben. Weil aber d, also das Zook, das zu beiden Teilblorgs gehört, auch zu $b_2 \# C$ gehört, muß es ebenfalls die Form $b_1 \# c_2$ für
irgendein Zook c_2 in C haben. Daher können wir schreiben:

$$d = b_1 \# c_1 \quad \text{sowie} \quad d = b_2 \# c_2.$$

Wegen der früher schon besprochenen Gleichheitsregel ist dann
außerdem

$$b_1 \# c_1 = b_2 \# c_2.$$

Diesmal multiplizieren wir beide Seiten der Gleichung einfach
mit c'_1, dem Antizook von c_1:

$$(b_1 \# c_1) \# c'_1 = (b_2 \# c_2) \# c'_1.$$

Du meine Güte! Es scheint, als käme das Axiom für das Dreifach-Horpen wieder ins Spiel:

$$b_1 \# (c_1 \# c'_1) = b_2 \# (c_2 \# c'_1).$$

Daraus wird nun

$$b_1 \# z = b_2 \# (c_2 \# c'_1).$$

Jetzt steht links vom Gleichheitszeichen $b_1 \# z$, also einfach b_1,
weil z das Gadzook ist. Und auf der rechten Seite bemerken wir,
daß $c_2 \# c'_1$ ein Zook in C ist, denn C ist ein Unterblorg und daher selbst ein Blorg.

Wenn wir zwei beliebige Zooks in C horpen, so erhalten wir immer ein Zook in C. Damit ist

$$b_1 = b_2 \,\#\, (c_2 \,\#\, c'_1)$$

$$= b_2 \,\#\, c_3.$$

Hier habe ich nur – zur Vereinfachung und ohne jeglichen Eingriff – $c_2 \,\#\, c'_1$ durch c_3 ersetzt. Offensichtlich muß b_1 zum Teilblorg $b_2 \,\#\, C$ gehören, denn man kann es schreiben als b_2, gehorpt mit einem Zook in C, nämlich c_3.

Die Logik nimmt nun unerbittlich ihren Lauf. Wenn man b_1 mit irgendeinem Zook c in C horpt, so erhält man das Zook $b_1 \,\#\, c$, das zu $b_2 \,\#\, C$ gehören muß. Das zeigt die folgende algebraische Umformung:

$$b_1 \,\#\, c = (b_2 \,\#\, c_3) \,\#\, c$$

$$= b_2 \,\#\, (c_3 \,\#\, c).$$

Was bedeutet dieser letzte Ausdruck? Jedes Zook in $b_1 \,\#\, C$ ist auch ein Zook in $b_2 \,\#\, C$, weil $c_3 \,\#\, c$ ein Zook in C ist. Daher ist das Teilblorg $b_1 \,\#\, C$ in $b_2 \,\#\, C$ enthalten. Wir können diese Überlegung in der anderen Richtung wiederholen, um zu zeigen, daß das Teilblorg $b_2 \,\#\, C$ auch in $b_1 \,\#\, C$ enthalten ist. Das kann nur bedeuten, daß die beiden Teilblorgs identisch sind, obwohl sie von den unterschiedlichen Zooks b_1 und b_2 erzeugt wurden.

Damit haben wir bewiesen, daß zwei beliebige Teilblorgs entweder exakt gleich oder aber völlig verschieden (disjunkt) sind, also kein Element gemeinsam haben."

Nun sah ich, wie es weiterging. Brainards Überlegung führte zu allen möglichen Teilblorgs von C, und zwar zu einem für jedes Zook im Blorg B. Zwei Teilblorgs, die sich auch nur in einem Zook überschneiden, sind völlig gleich. Ansonsten sind zwei Teilblorgs völlig disjunkt. Man kann das ganze Blorg B daher in disjunkte Teilblorgs aufteilen, die alle die gleiche Größe haben; diese Größe ist die Anzahl der Zooks in C.

Brainard schien nun zum Ende gekommen zu sein. „Ich frage mich", überlegte er laut, „ob Sie wissen, was es mit diesen Blorgs und Zooks auf sich hat".

„Es kommt mir so vor, als hätte ich schon davon gehört", erwiderte ich.

„Ja, das haben Sie. Es geht hier nämlich nicht um Blorgs, sondern um Gruppen. Wir haben nicht nur die Hauptaxiome der Gruppentheorie besprochen, sondern zugleich eines ihrer fundamentalen Theoreme bewiesen. Dies ist der Satz von Lagrange, der bei der Untersuchung aller Arten von Gruppen äußerst hilfreich ist."

Jetzt fiel es mir wie Schuppen von den Augen. In den ersten Semestern hatte ich natürlich andere Begriffe kennengelernt als Zook und Horpen, aber das Ergebnis war genau das gleiche. Als eines der Hauptkonzepte der modernen Algebra stellen die *Gruppen* im Grunde eine Verallgemeinerung vieler Zahlensysteme dar. Wenn man beispielsweise gewöhnliche ganze Zahlen als Zooks und die gewöhnliche Addition als Horpen ansieht, so ist das Resultat eine Gruppe. In diesem Fall ist das Gadzook die Null, denn null plus irgendeine ganz Zahl ergibt wieder diese ganze Zahl. Das Antizook einer ganzen Zahl ist einfach deren Negatives. So ist –5 das Antizook des Zooks 5, denn es ist $5 + (-5) = 0$. Und nicht nur das: Wenn man alle rationalen Zahlen betrachtet – also die Quotienten ganzer Zahlen, zum Beispiel $3/7$ – und die Multiplikation als die Operation des Horpens ansieht, erhält man ebenfalls eine Gruppe. Hier ist das Gadzook die Eins, und das Antizook ist der jeweilige Kehrwert. Ein Beispiel: Für die rationale Zahl $3/7$ ist die Zahl $7/3$ der Kehrwert, denn es ist $3/7 \cdot 7/3 = 1$.

Das ist aber noch lange nicht alles über Gruppen. Wenn man alle Permutationen (Vertauschungen) in einer Folge wie $abcde$ als Zooks ansieht, dann horpt man zwei Permutationen, indem man zuerst die eine und dann die andere anwendet. Wenn zum Beispiel eine Permutation die ersten beiden Buchstaben vertauscht und eine andere Permutation jeden Buchstaben um eine Stelle nach rechts verschiebt (den letzten dabei an die erste Stelle), dann verändert die erste Permutation die Reihenfolge in $bacde$ und die zweite Permutation verändert $bacde$ zu $ebacd$. Das Gadzook ist die Null-Permutation, bei der gar nichts geschieht. Auch hier gibt es für jede Permutation eine Anti-Permutation, nämlich die umgekehrte Operation.

„Ich habe den Eindruck", sagte ich, „daß Sie die Gruppentheorie hier aus einem ganz bestimmten Grund in die Theorie der Blorgs verwandelt haben".

„Ich wollte vor allem die enorme Einfachheit der Mathematik demonstrieren", entgegnete Brainard. „Erinnern Sie sich bitte an den Ausgangspunkt unserer Überlegungen. Ich nannte fünf Axiome der Gruppentheorie. Für welches andere Thema kann man die gesamte Basis in rund zehn Minuten vollständig erläutern? – Für keines!"

Brainard hatte wohl doch unterschätzt, wie lange es gedauert hatte, die Axiome der Gruppentheorie zu erläutern. Aber ich widersprach nicht.

„Ihre Verwirrung", fuhr er fort, „rührte daher, daß Sie nach anderen Bedeutungen außerhalb des Axiomensystems suchten, das ich erklärt habe. Es gibt keine andere Bedeutung. Was ist also ein Zook? Es ist das Element, aus dem Blorgs zusammengesetzt sind. Es hat gemäß den Axiomen einige bestimmte Eigenschaften – und keine anderen. Jedes Blorg enthält ein Gadzook, und jedes Zook in einem Blorg hat darin ein Antizook. Zudem gibt es ein sehr einfaches Axiom, nach dem es korrekt ist, drei Zooks zusammen zu horpen. Das ist alles, was es über ein Blorg – pardon, über eine Gruppe – zu sagen gibt.

Ich will nun gern zugeben, daß die Dinge doch etwas komplizierter wurden, nachdem ich die Axiome aufgestellt hatte. Aber ich hoffe doch, es ist alles klar geworden. Und weitere zehn Minuten Erklärung sollten ausreichen, um einen wichtigen Lehrsatz der Gruppentheorie zu beweisen. Wir sind ganz systematisch vorgegangen und haben neue Lehrsätze aus schon bewiesenen hergeleitet. So haben wir auf dem Weg zum Satz von Lagrange das Kürzungsgesetz bewiesen. Jeder Schritt baute auf dem vorigen auf, wobei wir immer zwangsläufige Schlüsse gezogen und keine bloßen Vermutungen verwendet haben. So schreitet man in der Mathematik voran.

Mathematische Grundlagen sind ebenso einfach, wie sie einem Laien undurchschaubar oder langweilig erscheinen. Den meisten Menschen entgeht die Tatsache, daß in der Mathematik ohne eine solche Einfachheit keine wirkliche Entwicklung möglich ist. Wenn Sie so wollen, ist das die Einfachheit einer musikalischen Tonleiter, die allmählich zu einer Symphonie von Gedanken wird."

„Aha", entgegnete ich, „dann wird die Mathematik also erschaffen".

„Dies war nur eine Analogie", wandte Brainard ein. „ Woher auch immer die Symphonie Ihrer Ansicht nach herrührt, sie weist Harmonie und Melodie auf. Die Harmonie betrifft die Art und Weise, in der sich mathematische Vorstellungen aneinanderfügen, wobei sie sich niemals widersprechen, sondern stets zusammenwirken. Die Melodie beschreibt die Strömung von Ideen innerhalb einer speziellen Entwicklung, zum Beispiel beim Beweis eines Lehrsatzes.

Vor nicht allzu langer Zeit wirkte an dieser Universität ein hervorragender Mathematiker namens G. H. Hardy. Er war davon überzeugt, daß die Mathematik eine Kunst sei, verwandt mit der Musik oder der Bildhauerei. Sie sei demnach die reinste Form von Gedanken – so rein, daß Hardy sich nicht mit einer Mathematik befaßte, die auf irgend etwas in der realen Welt anzuwenden ist. Die Mathematik war für ihn nicht nur die Königin der Wissenschaften, sondern auch die der Künste, und für ihn gab es nichts, das über ihr steht. Seltsamerweise sah Hardy die Mathematik gleichzeitig als etwas an, das eine unabhängige Existenz hat – sozusagen außerhalb."

„Außerhalb von was?" fragte ich.

„Ich habe nicht die leiseste Ahnung", erwiderte Brainard ohne zu zögern.

Ich versuchte, seinen Gesichtsausdruck zu deuten, aber er starrte nach Westen in den Himmel und wirkte irgendwie unbeteiligt. Dann wandte er sich mir zu und lächelte verschmitzt.

„Ich würde sagen: dort draußen – hier drinnen". Er tippte sich an den Kopf. „Aber bevor wir darauf zu sprechen kommen, sollten wir uns völlig darüber im klaren werden, was das Beispiel der Blorgs uns sagt. Zunächst ist die Mathematik, zumindest in ihren Grundlagen, das einfachste Gebiet, das wir Menschen kennen.

Und gerade deshalb findet es jeder so schwierig. Die Menschen sind immer schockiert, wenn sie das für sich selbst herausfinden. ‚Meine Güte', sagen sie dann, ‚ich hatte ja überhaupt keine Ahnung'!

Ein anderer Aspekt, den unser Beispiel illustriert, ist die Allgemeingültigkeit der Mathematik. Wie Sie wissen, gibt es sehr viele unterschiedliche mathematische Objekte mit der Struktur einer Gruppe, ganz zu schweigen von zahlreichen physikali-

schen Systemen in der realen Welt. Jeder einzelne Lehrsatz in
der Gruppentheorie gilt ausnahmslos für jedes einzelne dieser
Objekte. Auf welchem anderen Gebiet kann man Aussagen
machen, die unzählige Strukturen betreffen, und zwar sowohl
bekannte als auch unbekannte?

Schließlich wollte ich, daß Sie die axiomatische Methode in
Aktion sehen. Denken Sie daran, wie oft ich einige Symbole
aufschrieb. Damit berühren wir die – nach meiner unmaßgeblichen Meinung – bedeutendste Entwicklung in der Mathematik
des zwanzigsten Jahrhunderts."

Als ich dies hörte, hatte ich fast das Gefühl, einem historischen Augenblick beiwohnen zu dürfen. „Und welche Entwicklung war das?" fragte ich.

„Lieber Herr Kollege! Welche Entwicklung könnte das anders sein als die Mechanisierung der Mathematik? Wie Sie wissen, haben wir, ohne unbedingt vollen Nutzen aus dieser Entdeckung zu ziehen, herausgefunden, daß unsere Denkvorgänge
(zumindest soweit sie in Beweisen auszudrücken sind) mit Maschinen reproduziert werden können, die wir Computer nennen. Ich schlage jetzt aber vor, dieses Thema morgen eingehender zu besprechen – wenn ich morgen noch lebe. Oh! Es ist
schon recht spät."

Die Sonne verschwand allmählich hinter dem Horizont, und
ich sah unauffällig auf meine Armbanduhr, während Brainard
ferne Wolken betrachtete. Es war schon fast neun Uhr! Ich hatte
vergessen, daß es in England im Sommer ziemlich lange hell ist.

„Warum lassen Sie mich so lange ungehindert reden? Wenn
es Ihnen recht ist, fahren wir in mein Lieblingslokal, *The Trout*,
nicht sehr weit von hier."

Wir verließen gemächlich das College-Gelände und kamen
auf die High Street. Hier gingen wir auf einen Taxistand nahe
der Stadtmitte zu. Unterdessen erzählte mir Brainard, sein Arzt
habe ihn angewiesen, möglichst wenig Fleisch zu essen. „Daher", so erklärte er mir, „nutze ich Ihren Besuch, um mir zur
Feier des Tages wieder einmal ein Steak oder ein Kidney Pie zu
gönnen, was ich nur einmal im Monat wage. Im *Trout* versteht
man sich besonders gut auf diese Gerichte."

Brainard besaß anscheinend kein Auto, denn er wohnte
ja nahe beim Merton College. Unterwegs sprach er über seine

Lieblingsgruppe aus der realen Welt, nämlich die orthogonale Drehgruppe. Die Zooks waren alle möglichen Drehungen einer Kugel um die eine oder andere Achse durch den Mittelpunkt der Kugel.

„Sie können sich diese Gruppe vorstellen", erläuterte er, „indem Sie bei einem Ball eine Drehachse wählen und ihn um diese Achse um einen bestimmten Winkel drehen. Machen Sie das zweimal, so haben Sie zwei Zooks gehorpt und dadurch ein drittes Zook erzeugt."

Das fand ich etwas erstaunlich. „Sie meinen, zwei solcher Drehungen – gleichgültig, um welche Achsen und um welche Winkel – sind immer einer dritten Drehung gleichwertig?"

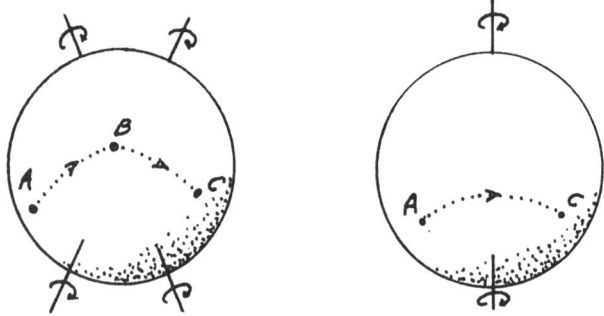

Das Horpen von zwei Drehungen.

„Ja, wirklich", erwiderte Brainard recht selbstzufrieden. „Sie können Tausende solcher Drehungen nacheinander ausführen; das spielt keine Rolle. Das Endergebnis kann ebenso durch eine einzige Drehung erzeugt werden. Denken Sie darüber nach. Es ist nicht gerade offensichtlich, doch es folgt unmittelbar aus der Theorie."

„Was würden Sie aber sagen", bohrte ich nach, „wenn jemand eine Kugel mehrmals auf diese Weise drehte und damit eine Orientierung erhielte, die nicht mit einer einzigen Drehung erreicht werden könnte?"

„Einen solchen Befund müßte man gemäß der Gruppentheorie formulieren können und hätte dann ein Gegenbeispiel für einen ihrer zentralen Lehrsätze. So wie ich über die Gruppentheorie denke, ist so etwas unmöglich. Und die Unmöglichkeit der Vorstellung schließt in einem solchen Fall die Unmöglichkeit der Realisierung ein."

„Sie gestehen also zu", erkundigte ich mich, „daß die Welt der Mathematik, wie Sie sie nennen, nicht ohne einen gewissen Einfluß auf die sogenannte reale Welt ist?"

„Mein lieber Kollege, lassen Sie uns ganz offen und ehrlich darüber sprechen. Ich weiß nicht, was Sie unter Einfluß verstehen, aber ich glaube, wir dürfen sagen, daß gewisse logische Unmöglichkeiten auf physikalische Unmöglichkeiten hinauslaufen. Einigen wir uns darauf, daß der menschliche Geist eine gewisse Fähigkeit hat, die Realität zu modellieren, eine Fähigkeit, die über lange Zeiträume hinweg durch die Evolution verfeinert wurde. Wir hätten ohne ein im wesentlichen zutreffendes Modell nicht überleben können.

In diesem Modell stellen wir ruhigen Teichen völlig ebene Oberflächen gegenüber, die unsere Bilder widerspiegeln, und wir sehen auch kugelförmige Blasen, ferner gerade Linien am Horizont, und – vor allem nachts – überall Punkte. Außerdem treten allenthalben Zahlen auf, sei es in Ensembles vergleichbarer Gegenstände, in Entfernungen oder in Größen. Alle diese Aspekte haben zweifellos dazu beigetragen, die Objekte der Mathematik zu definieren.

Entscheidend ist, daß die Mathematik anfangs aus Abstraktionen eben solcher Objekte und Phänomene bestand. Das war nur natürlich, denn es war ja kaum etwas zu abstrahieren. Diese Objekte, wie man sie sich vorstellte, waren bereits recht abstrakt. Wir sollten uns daher nicht darüber wundern, daß Abstraktionen weitere Abstraktionen hervorbringen, wobei einige der letzteren in der realen Welt aufzutreten pflegen. Dieses Taxi vollführt von Minute zu Minute Zook um Zook in der orthogonalen Rotationsgruppe um ein Inertialsystem."

Ich war mir nicht ganz sicher, was er damit meinte, denn das Taxi fuhr, ohne sein Inertialsystem zu verlassen, durch die Oxford Ring Street und dann auf eine kleine Landstraße, die nach Godstowe führte. Die Häuser in diesem Dorf hatten Strohdächer, und zwischen den Gärten standen niedrige Steinmauern. Die Bewohner wirkten freundlich, und ihre Gesichter sahen in der untergehenden Sonne leicht rötlich aus. Im Garten des Lokals *The Trout* stolzierten ein paar Pfauen herum. Im Inneren des Hauses war es schon ziemlich dunkel. Wir fanden zum Glück einen freien Tisch nahe beim Kamin.

Während wir auf die Bedienung warteten, erläuterte Brainard seine zuvor angedeutete Sichtweise von Mathematik und Computern. „Ich habe keine Ahnung, ob das menschliche Gehirn letztlich eine Art besonders ausgeklügelter Computer ist oder nicht. Aber es gibt Anzeichen dafür, daß wir bei unseren Forschungen sowohl auf einer bewußten als auch auf einer unbewußten Ebene agieren." Er lehnte sich auf seinem Stuhl zurück, um das Kaminfeuer zu betrachten, zog dann seine große Pfeife aus der Tasche, die er umständlich anzündete. „Ich habe nicht mehr sehr viele Vergnügungen", erklärte er dazu. Eine Wolke aromatischen Rauches verteilte sich sachte über unseren Köpfen.

„Sicher haben Sie von Henri Poincaré gehört, dem berühmten französischen Mathematiker, der um die letzte Jahrhundertwende lebte. Er hatte versucht, ein bestimmtes Problem der sogenannten Fuchs-Funktionen zu lösen. Es war so heikel und schwierig, daß er damit nicht zurande kam. Er merkte schließlich, daß er überarbeitet war und dringend Erholung brauchte. So war er dankbar, als sich die Gelegenheit zu einem Ausflug bot. Er fuhr also von Caen, wo er wohnte, nach Coutances und traf sich dort mit Freunden. Hier sprach er mit einem von ihnen über irgend etwas, das mit den Fuchs-Funktionen überhaupt nichts zu tun hatte. Aber als er in das Auto einstieg, mit dem man wegfahren wollte, geschah etwas Seltsames: Ihm fiel plötzlich die Lösung ein – unmittelbar und in aller Vollständigkeit. Damit er die wichtigsten Punkte nicht vergaß, fuhr er sofort wieder nach Hause und schrieb die Details nieder.

Diese kleine Anekdote sagt uns etwas sehr Wichtiges. Poincaré sah in der mathematischen Arbeit einen Prozeß des Erschaffens. Damit meinte er, daß der mathematische Verstand beim Lösen eines Problems verschiedene Kombinationen von Ideen untersucht. Anfangs verlief diese Untersuchung bewußt, doch als das Gehirn mit den betreffenden Arten geistiger Betätigung vertraut war, konnte es die Untersuchung – oder zumindest Teile davon – nach und nach selbst übernehmen. Ich möchte damit sagen, daß der Verstand arbeiten konnte, ohne daß sich Poincaré dieser Beteiligung bewußt war.

Poincaré verglich seine Denkprozesse mit winzigen Atomen, die sozusagen an Haken an den Wänden seines Gehirns hingen. Intensive mathematische Arbeit bewirkte nun eine Anregung dieser Ideen-Atome und setzte sie innerhalb des Gehirns in Bewegung. Auf diese Art konnten neue Kombinationen von Atomen entstehen, von denen die fruchtbaren zu neuen Ideen wurden, die schließlich zur Lösung führten. Die Analogie ist jedoch sehr mechanisch und läuft Poincarés Sichtweise etwas zuwider, nach der die Mathematik geschaffen wird."

„Warum behauptete Poincaré dann, die Mathematik werde erschaffen?" fragte ich.

„Nun, wenn Sie die Meinung eines altmodischen Engländers hören wollen, so würde ich sagen, daß das eine Frage der Kultur war. Vielleicht genügte Poincaré der Begriff ‚Entdeckung' hier nicht. Als Franzose wollte er kreativ sein, etwas erschaffen – wie ein Künstler.

Und um auch Ihre unausgesprochene Frage zu beantworten, möchte ich hinzufügen, daß ich bei meiner eigenen mathematischen Arbeit stets das Gefühl hatte, ich würde Dinge entdecken. Annahmen, von denen ich hoffte, daß sie zuträfen, stellten sich als falsch heraus, und Annahmen, deren Richtigkeit ich mir kaum vorstellen konnte, erwiesen sich als zutreffend. Aber fragen Sie mich nicht, ob die Mathematik unabhängig vom Geist existiert. Ich kann Ihnen nur sagen, daß sie *im* Geist unabhängig existiert. Und was die Fähigkeit der Mathematik angeht, die physikalische Welt zu beschreiben: Sie ist mir vollkommen unerklärlich."

Die Bedienung servierte nun das Essen. Brainard löschte sofort seine Pfeife und machte sich mit dem Elan eines Zwanzigjährigen darüber her. Wir sprachen während der Mahlzeit kaum, und jeder hing seinen eigenen Gedanken nach.

Als wir fertig waren, erklärte Brainard, er habe zwar am nächsten Vormittag einige Termine im College, doch er werde sich am Nachmittag ganz bestimmt wieder mit mir treffen. Dann wollte er mir seine Ansichten über mathematische Logik, mechanisierte Beweise und Computer erläutern, schließlich auch über das, was er „Werkzeuge des Denkens" nannte.

KAPITEL 8

Denkmaschinen

„Ich habe nachgedacht", begann Brainard, hielt aber kurz inne, um seine Pfeife zu stopfen. Wir gingen vom Hotel Churchill zum Mathematischen Institut im Norden Oxfords. „Ich habe darüber nachgedacht, was ich gestern als ‚Werkzeuge des Denkens' bezeichnet hatte. Obwohl es nicht genau das ist, was Sie unter dem *Holos* verstehen, können Sie diese zwei Sichtweisen der mathematischen Realität vielleicht doch miteinander zur Deckung bringen. Aber darauf kommen wir wohl später noch."
Seine Pfeife brannte noch nicht richtig, und er riß ein neues Streichholz an.

„Von gestern sind noch einige Fragen offen, die ich gern klären möchte. Als ich vom Einfluß der Mathematik auf die Welt sprach, nahm ich an, daß es für Sie um den unmittelbaren Einfluß geht oder um das, was Sie die ‚unerklärliche Macht des reinen Verstandes' nennen. Es bestehen natürlich unmittelbare Einflüsse. So gibt es eine Gruppe, die als SU(3) bezeichnet wird und die Quark-Konfigurationen beschreibt, die in Neutronen und in Protonen auftreten können. Aber es bestehen auch die indirekten Einflüsse, welche auf seltsame Weise ebenso wichtig sind wie die direkten."

Inzwischen brannte seine Pfeife und stieß kleine Rauchwölkchen aus. Wir gingen die High Street entlang, und von weitem sah es vielleicht so aus, als käme der Rauch aus einem kleinen, alten Dampfmaschinchen.

„Der indirekte Einfluß der Mathematik auf die Welt vollzieht sich auf einem Umweg. Entgegen den Wünschen meines geschätzten, leider schon lange verstorbenen Kollegen G. H. Hardy wird jedes Stückchen der Mathematik, das wir entdecken, zu einem potentiellen Werkzeug für die Beschreibung und das Verstehen der physikalischen Welt, also des materiellen Kosmos, von dem unsere Existenz anscheinend abhängt. In dieser Rolle war und ist die Mathematik früher, heute und in aller Zukunft die wichtigste Quelle genauer und abstrakter Modelle – auf diese Weise beeinflußt sie die Wissenschaft. Inzwischen sind, wie Sie wissen, die Naturwissenschaften die Hauptquelle von Informationen und Konzepten für die Entwicklung neuer Technologien. Sehr viele wissenschaftliche Entdeckungen, von der Elektrizität bis zur atomaren Kernspaltung, führten zu neuen Erfindungen, vom Telefon bis zum Kernreaktor.

Heute nutzen wir Menschen all diese wunderbaren Vorrichtungen, und wir beeinflussen mit unseren unzähligen technischen Aktivitäten die Welt sehr tiefgreifend. Es ist doch so: Von der Mathematik über die Naturwissenschaft und die Technik bis zum Menschen beeinflußt die Mathematik unsere Lebensumstände zweifellos stärker, als das irgendein anderes Gebiet menschlicher Bemühungen vermag."

Seine Pfeife war wieder ausgegangen, und wir blieben stehen. Brainard hatte seine Erläuterung des Einflusses der Mathematik auf die Welt offenbar beendet. Ich wollte ihn jetzt gern nach der Bedeutung der Tatsache fragen, daß all diese Maschinen funktionierten. Ich wollte wieder direkt auf die reale Welt eingehen, aber Brainard wirkte etwas ungeduldig. Die Pfeife brannte wieder, so daß wir weitergehen konnten, und er fuhr fort: „Manche Menschen fragen: ‚Welche Bedeutung hat die Mathematik?' Meine Antwort darauf ist, daß sie für sich allein keine Bedeutung hat, zumindest nicht im gewöhnlichen Sinne dieses Wortes. Man könnte sagen, daß es in der Mathematik stets um das Horpen von Zooks geht. Wenn man aber annimmt, daß die Bedeutung eines Wortes stets von seinem Bezug abhängt, so hängt die Bedeutung der Mathematik von ihren Bezügen ab, also von den Dingen, mit denen sie sich beschäftigt.

Ein Teil der Bedeutung eines Blorgs – pardon, einer Gruppe – wird daher in Situationen in der realen Welt liegen, auf die es bzw. sie angewandt wird. Das kleine Beispiel der Drehungen eines Quadrats kann demnach als Bedeutung der Gruppe angesehen werden, deren Tabelle ich aufgestellt hatte. Wenn wir also zugeben, daß die Bedeutung der Mathematik von ihren internen Prozessen klar getrennt ist, so landen wir bei einer Fülle bedeutungsloser Zeichen auf dem Papier. Diese Überlegungen führen zwangsläufig zu den Werkzeugen des Denkens."

Brainard war nun ziemlich in Fahrt. Sein Schritt war forsch, und seine Gedanken waren so präzise und überzeugend wie zu seinen besten Zeiten.

„All das möchte ich mir von der Seele reden, und ich möchte zeigen, wie die Mathematik als bedeutungsloses Subjekt selbst zum Objekt einer äußerst interessanten Untersuchung wurde. Diese führte dazu, daß sie nur als Ansammlung bedeutungsloser Zeichen auf Papier gesehen wurde. Der Umgang mit diesen Zeichen wurde schon früh als ein mechanischer Prozeß erkannt. Mir geht es nun darum zu zeigen, auf welche Weise die Mathematik immer stärker zur Domäne von Maschinen wurde, die schlecht und recht denken können. Das Ganze beginnt mit der sogenannten Metamathematik. Sie haben sicher schon davon gehört."

Das hatte ich, aber ich wollte nicht zugeben, daß sie mir nicht besonders lag. „Natürlich", antwortete ich, „aber außer einer einsemestrigen Fortgeschrittenenvorlesung über die Berechenbarkeit –"

Schon unterbrach mich Brainard: „Wir können die Metamathematik als die Mathematik der Mathematik definieren. Seltsamerweise geht es in der Metamathematik um Mathematik, obwohl sie gleichzeitig ein Teil der Mathematik ist. Trotz aller übrigen Fortschritte dieses Jahrhunderts bin ich geneigt, auf jeden Fall der Metamathematik – und ihrem Einfluß – die Krone zu verleihen. Ein großes Wort, finden Sie nicht auch? Manche nennen sie mathematische Logik; das ist ein etwas griffigerer Ausdruck." Brainards Pfeife brannte zu seiner Zufriedenheit, und wir setzten unseren Spaziergang fort.

„Gegen Ende des neunzehnten Jahrhunderts, als die meisten Mathematiker noch den ausgetretenen Pfaden folgten, erkann-

ten einige – darunter David Hilbert in Deutschland –, daß auch
Widersprüche innerhalb der Mathematik selbst möglich sind.
Aber schon im Altertum hatten die Alarmglocken geläutet. Ich
nehme an, Sie kennen Zenons Paradoxon."

Davon hatte ich natürlich gehört: Achilles und eine Schildkröte beginnen einen Wettlauf, wobei die Schildkröte einen
Vorsprung bekommt. Zenon behauptete nun, Achilles könne
die Schildkröte nie einholen, denn jeden Punkt, den sie gerade
passierte, müsse er ja erst erreichen, bevor er sie einholen
könnte. Achilles müßte daher eine unendliche Anzahl solcher
Punkte erreichen. Beispielsweise erreichte er zuerst einen Punkt
beim halbem Abstand zur Schildkröte, dann einen Punkt bei
zwei Dritteln, dann einen bei drei Vierteln und ewig so weiter.

„Das Paradoxon," erklärte Brainard, „rührt hier daher, daß
die Unendlichkeit eine Teilmenge enthalten kann, die ebenfalls
unendlich groß ist. Achilles müßte, wie gesagt, eine unendliche
Anzahl von Punkten erreichen, um die Schildkröte einzuholen.
Aber diese Punkte ergeben nur eine Teilmenge der Punkte, die
die Schildkröte bereits passiert hatte.

Der scheinbare Widerspruch wird deutlicher, wenn man die
geraden Zahlen in eine Eins-zu-Eins-Relation zu allen ganzen
Zahlen setzt."

Brainard blieb stehen und holte seinen Schreibblock aus der
Tasche. Nun schrieb er folgende zwei Zahlenreihen auf, die ich
aber kaum erkennen konnte, weil das Blatt in einer plötzlich
aufkommenden Brise flatterte.

1	2	3	4	5	6	7	8	9	10	11 …
2	4	6	8	10	12	14	16	18	20	22 …

„Wie könnte man nun angesichts solcher anomaler Phänomene den Begriff der Unendlichkeit jemals so gut definieren
und geläufig machen wie den der gewöhnlichen Zahl?"

Die Richtung, die Brainards Gedankengänge jetzt nahmen,
beunruhigte mich nun doch ein bißchen. Sollten sich die Widersprüche und Anomalien gar als unüberwindlich herausstellen?
Brainards weitere Bemerkungen nahm ich daher mit einiger
Erleichterung auf.

„Es war Georg Cantor – einem in St. Petersburg geborenen
deutschen Mathematiker – vergönnt, die scheinbaren Paradoxa

zu klären, die mit dem Begriff der Unendlichkeit zu tun haben. Seine Lösung des Problems war ein Meisterwerk. Er definierte die Unendlichkeit durch unendlich große Mengen sogenannter Elemente. Solche Mengen sind dadurch charakterisiert, daß man ihnen eine endliche Anzahl von Elementen entnehmen kann, ohne ihre Größe zu verändern. Man darf einer unendlichen Menge sogar unendlich viele Elemente entnehmen, wie beim Beispiel mit den ganzen Zahlen, und sie bleibt immer noch unendlich groß.

Doch einige Mathematiker, darunter Hilbert, waren sehr wachsam, wenn es um mögliche Widersprüche im Gedankengebäude ging. Hilbert kam zu dem Schluß, daß die wichtigen Errungenschaften der Mathematik – wie Mengenlehre, Arithmetik und Infinitesimalrechnung – vor solchen Problemen am besten dadurch zu schützen seien, daß man sie in der Sprache der Logik neu formulierte. Die Mathematik war auf dem besten Wege, zu ‚bloßen Zeichen auf dem Papier‘ zu werden.

Hilbert schlug vor, die entscheidenden Theorien ein für alle Mal widerspruchsfrei zu beweisen, indem man sie einfach in einer inhaltsfreien Form neu herleitete. Er zeigte, wie mathematische Theorien mit Hilfe einer Symbolsprache, den sogenannten *Formeln*, auszudrücken sind. Auch die Axiome, auf denen eine Theorie gründet, sind demnach in Formeln zu fassen, ebenso alle Lehrsätze, die die betreffende Theorie bilden. Um eine Theorie auf eine inhaltsfreie Weise herzuleiten, kümmerte sich Hilbert nicht um die konkrete Bedeutung der Ausdrücke, Variablen und anderen Aspekte der Theorie in deren neuer Formulierung; vielmehr waren das für ihn reine Zeichen auf dem Papier.

Sie sehen nun, worauf ich gestern hinauswollte, als ich vom Horpen der Zooks sprach. Meine Güte! Sie haben sicher gedacht, ich hätte den Verstand verloren. – Hilbert zeigte, wie man die gesamte Mathematik in Formeln fassen kann, die nach den einfachen Regeln der Logik aus anderen Formeln herzuleiten sind. Die Mathematik wurde damit im Grunde auf die mechanische Behandlung bedeutungsloser Zeichen auf dem Papier reduziert.“

„Seltsam“, warf ich ein, „genau so sehen ja die meisten Menschen die Mathematik“.

„Ganz recht!" erwiderte Brainard darauf und lachte herzlich.
„Wenn wir ‚bedeutungslos' sagen, dann beziehen wir uns natürlich nur auf solche externen Bedeutungen, wie ich sie zu
Anfang erwähnt habe. Sie wissen ja: die Beispiele, Anwendungen und so weiter. Aber die Mathematik hat auch eine innere
Bedeutung, und das ist im wesentlichen ihre logische Struktur."
    Dieser Diskurs über Widersprüche hatte mich noch nicht
ganz beruhigt. „Wie konnte aber", so fragte ich, „Hilberts Plan,
die Mathematik zu ‚mechanisieren', sie von Widersprüchen befreien?"
    „Hilbert hoffte, sobald er in seiner besonderen, metamathe-
matischen Formulierung eine mathematische Theorie aufgestellt habe, könne er deren Struktur enthüllen, befreit von allen
Bezügen, Assoziationen und impliziten Vorstellungen – kurz:
von allem, was die Beweisführung verschleiern könnte. Was
ihm vorschwebte, nannte er eine *Beweistheorie*, die auf die
strukturellen Merkmale des betreffenden Zweiges der Mathematik anzuwenden sei. Das war ein gewaltiges Unterfangen,
das die Möglichkeiten eines einzelnen Menschen bei weitem
überstieg.
    Einige Jahre später brachten die englischen Philosophen und
Mathematiker Alfred North Whitehead und Bertrand Russell
ihr Werk *Principia Mathematica* heraus. Darin versuchten sie, die
gesamte Mathematik zu axiomatisieren, also dem ganzen Gebäude der modernen Mathematik, zumindest den Grundlagen,
einen sicheren Halt zu verleihen.
    Darin sollte es keine logischen Lücken mehr geben: Jeder
Beweis wäre vollständig, und jeder neue Lehrsatz wäre sicher
auf den zuvor bewiesenen gegründet. Die Mathematik wäre
damit endlich *konsistent*. Natürlich war das nicht genau die
Beweistheorie, die Hilbert vorgeschwebt hatte, aber trotzdem
eine phänomenale Leistung."
    Die Möglichkeit innerer Widersprüche, von der Brainard ge-
rade gesprochen hatte, war wirklich beunruhigend, vor allem
für jemanden wie mich, der sozusagen an den Holos glaubte.
Wenn es darin Widersprüche gab, so überlegte ich, dann würde
der ganze Holos über mir zusammenstürzen, und übrig bliebe
eine nichtssagende Vorstellung, aus deren Zentrum ich das
Stöhnen von Pythagoras, die Schreie der Brüder der Reinheit

und auch die von Kepler, Balmer und all den anderen gequäl-
ten Seelen hören könnte.

„Ich vermute, daß Russell und Whitehead die Konsistenz
der Mathematik nicht beweisen konnten."

„Soweit sie sich nicht um die Beweistheorie bemühten, die
sich Hilbert vorgestellt hatte, lautet die Antwort nein. Russell
und Whitehead wußten das. Aber ihr größter Traum, einen
endgültigen Beweis für die Konsistenz zu finden, wurde bald
nach dem Erscheinen ihrer *Principia Mathematica* unwiderruf-
lich zerstört.

In einer aufsehenerregenden kurzen Abhandlung bewies der
junge österreichische Logiker und Mathematiker Kurt Gödel
seinen berühmten Unvollständigkeitssatz. Er besagt, daß jedes
mathematische System, das die übliche Arithmetik der ganzen
Zahlen enthält, entweder inkonsistent sein – also Widersprüche
aufweisen – oder unvollständig sein muß. Der Begriff *unvollständig* bedeutet hier, daß es Theoreme (innerhalb des Systems
wahre Aussagen) geben muß, die innerhalb des Systems aber
nicht beweisbar sind. Nach Gödel ist der Preis für die Konsistenz die Unvollständigkeit. Seltsam, nicht wahr? Es kommt
mir auch heute noch merkwürdig vor.

Manche Philosophen legen meiner Ansicht nach in Gödels
Satz zuviel hinein, indem sie die Überlegenheit des menschlichen Verstandes über das rein mechanische logische Denken
postulieren. Schließlich war es ein Mensch, der die Unmöglichkeit darlegte, bestimmte Lehrsätze durch derart mechanisches
logisches Denken zu beweisen, wie Hilbert es für möglich gehalten hatte. Diese Philosophen vergessen dabei aber völlig, daß
der metamathematische Prozeß selbst mechanisch konzipiert
werden könnte, ebenso wie das Hilbertsche Vorhaben. Tatsächlich stehen wir vor einer Regression, einer endlosen rückläu-
figen Entwicklung von System auf System."

Brainard seufzte, als müsse er im Geiste die Last all dieser
Systeme tragen. Ich versuchte, es ihm zu erleichtern: „Hat sich
irgendein mathematisches System als konsistent erwiesen?"
fragte ich. Bei dieser Frage blieb Brainard auf dem Bürgersteig
stehen und starrte eine weit entfernte Turmspitze an. Dann zog
er wieder seinen Schreibblock aus der Tasche und schrieb etwas
nieder, während er sprach.

„Oh ja. Es gibt schließlich die Aussagenlogik. Eine fast triviale Beobachtung macht uns die Erklärung hier leicht. Wie Sie wissen, ist die Aussagenlogik die einfachste oder reinste Form der Logik. Sie besteht aus *Aussagen*, also Behauptungen, die entweder wahr oder falsch sind. Wir symbolisieren diese Aussagen durch Buchstaben wie p, q, r und so weiter; das sind die sogenannten Elementaraussagen oder Primitivaussagen. In der Aussagenlogik können wir kompliziertere Aussagen aus Elementaraussagen erhalten, indem wir diese auf verschiedene Weise kombinieren. So wird ‚p und q' als $p \wedge q$ geschrieben, und für ‚p oder q' schreibt man $p \vee q$. Die Aussage ‚p bedingt q', die sogenannte Implikation oder Folgerung, wird als $p \Rightarrow q$ geschrieben. Vergessen wir nicht die Negation, also ‚nicht p'; das schreibt man als $\sim p$ oder $\neg p$.

Die Bedeutungen dieser einfachen Ausdrücke haben nur in bezug auf die Wahrheit einen Sinn. Sie bedeuten also genau das, was sie aussagen. Zum Beispiel ist die Aussage $p \wedge q$ wahr, wenn sowohl die Aussage p als auch die Aussage q wahr sind. Dagegen ist $p \vee q$ wahr, wenn entweder p oder q oder beide wahr sind. Der Ausdruck $p \Rightarrow q$ besagt: Wenn p wahr ist, dann muß q auch wahr sein. Schließlich haben wir $\neg p$; das ist die Verneinung von p. Wenn p wahr ist, dann ist $\neg p$ falsch und umgekehrt.

Im Aussagenkalkül gibt es einfache Regeln zum Aufstellen von Ausdrücken. Man kann also zwei beliebige Aussagen nehmen, gleichgültig wie einfach oder wie kompliziert, und sie miteinander verknüpfen; dies geschieht durch das Und-Symbol $\wedge$, durch das Oder-Symbol $\vee$ oder durch das Implikations-Symbol $\Rightarrow$. Schließlich kann man eine Aussage, gleichgültig wie einfach oder wie kompliziert, verneinen, indem man das Negations-Symbol $\neg$ davorsetzt. Betrachten wir als Beispiel einen mehr oder weniger typischer Ausdruck im Aussagenkalkül:

$$(p \wedge q) \vee [\neg(p \wedge q) \Rightarrow q].$$

Dieser spezielle Ausdruck kann nun entweder wahr oder falsch sein, je nach den Wahrheitswerten der einzelnen darin miteinander verknüpften Ausdrücke. Schauen wir uns die Sätze hierzu an. Die Axiome des Aussagenkalküls haben eine besonders einfache Form. Ich möchte als Beispiel die Axiome erwähnen, wie sie Russell und Whitehead in ihren *Principia Mathematica* angesetzt haben:

1. $(p \lor p) \Rightarrow p$
2. $p \Rightarrow (p \lor q)$
3. $(p \lor q) \Rightarrow (q \lor p)$
4. $(p \Rightarrow q) \Rightarrow [(p \lor r) \Rightarrow (q \lor r)]$.

Wir können von diesen Axiomen ausgehen und dabei zwei Regeln anwenden, die das Einsetzen und das Auslassen betreffen; ich werde sie gleich erklären. Auf den Axiomen aufbauend, kann man, von der Intuition geleitet oder auch nicht, zu einer Folge von Aussagen gelangen, die in dem eben definierten Sinn universell wahr sind. Das Folgende ist solch ein Satz, den ich auf diese Art beweisen könnte:

$$p \Rightarrow (\neg p \Rightarrow q).$$

Gleichgültig, ob p wahr oder falsch ist oder ob q wahr oder falsch ist, erweist sich diese Aussage stets als wahr. Dieses spezielle Theorem – nur einigermaßen typisch für die kürzeren Theoreme – ist für das System als Ganzes sehr bedeutsam.

Wenn das Aussagenkalkül konsistent ist, dann muß es unmöglich sein, ein Theorem T und auch dessen Verneinung $\neg T$ herzuleiten. Nehmen Sie an, wir hätten eine solche unselige Aussage T gefunden. Wir kommen aber nicht weiter, wenn nicht, wie Newtons Apfel vom Baum, eine fruchtbare Idee auf uns niederkommt. Was geschieht, wenn wir dieses schreckliche Theorem / Antitheorem T für die Aussage p in unseren obigen kleinen Satz einsetzen? Die Substitutions- oder Einsetzungsregel erlaubt uns das ja:

$$T \Rightarrow (\neg T \Rightarrow q).$$

Ich habe in diesem Satz das Symbol p gegen die Aussage T ausgetauscht. Die andere Regel, die Auslassungsregel, erlaubt es uns, jeglichen Ausdruck wegzulassen, der durch einen Ausdruck bedingt wird, von dem wir schon sicher wissen, daß er wahr ist. Weil T wahr sein soll, können wir $\neg T \Rightarrow q$ aus der Formel streichen, denn wir wissen ja, daß $\neg T \Rightarrow q$ universell wahr ist, wie alle anderen Formeln, die durch das System erzeugt werden. Aber halt! Was ist jetzt los? Weil T sich selbst widerspricht, ist nicht nur T wahr, sondern auch $\neg T$. Daher können wir die Auslassungsregel noch einmal anwenden, also $\neg T$ als universell wahr vom Ausdruck $\neg T \Rightarrow q$ abtrennen. Wir erhalten schließlich das einfachste aller möglichen Theoreme, nämlich q.

Aber wieder: halt! Weil bei diesem Gedankengang der Ausdruck q universell wahr ist, könnte er gemäß der Ersetzungsregel durch irgendeinen Ausdruck ersetzt werden. Oh weh! Alles ist wahr! Wenn das Aussagenkalkül einen Widerspruch enthält, dann sind alle Aussagen, gleichgültig wie kompliziert, ebenfalls wahr – *alle* Aussagen!"

Brainard betonte das Wort „alle" und starrte mich merkwürdig durchdringend an.

„Und jetzt kommt, wieder einmal, der springende Punkt: Sind alle Aussagen in der Aussagenlogik denn wahre Aussagen? Auf keinen Fall! So ist die Aussage $p \lor q$ kein Theorem. Wenn beispielsweise p und q beide falsch sind, dann ist auch diese Aussage falsch. Wenn wir das Aussagenkalkül einmal verlassen und uns sozusagen auf die metamathematische Ebene begeben, dann haben wir einen Widerspruch zu der Annahme gefunden, daß das Aussagenkalkül entweder inkonsistent oder frei von Widersprüchen ist. Wir können auf diese Weise übrigens ebenso beweisen, daß das Aussagenkalkül auch vollständig ist. Jedes Theorem im Aussagenkalkül kann aus den Axiomen hergeleitet werden.

Für leistungsfähigere mathematische Systeme ist die Situation nachweislich nicht so einfach. Wie Gödel zeigte, muß jedes mathematische System, das die Arithmetik umfaßt, unvollständig sein, wenn es konsistent ist. In allen derartigen mathematischen Systemen – und dazu gehören die meisten der wirklich interessanten Teile der Mathematik – trifft man gelegentlich auf ein Umleitungsschild: *Sie können nicht von hier nach dort gelangen!*"

Ich fragte Brainard, ob er Theoreme kenne, die in keinem unserer üblichen mathematischen Systeme beweisbar sind.

„Sie meinen sicher *Vermutungen*. Eine Zeitlang fragte man sich, ob die berühmte Vier-Farben-Vermutung ein solcher Fall sein könnte. Sie kennen diese Behauptung gewiß, nach der man höchstens vier Farben benötigt, um die einzelnen Länder in einer beliebigen Landkarte voneinander zu unterscheiden, gleichgültig, wie abstrakt oder unrealistisch die Landkarte ist. Bevor diese Vermutung in den 70er Jahren schließlich bewiesen wurde – und zwar mit Hilfe eines Computers –, glaubten manche, sie könne eines jener seltsamen Theoreme sein, auf die Gödels Satz hindeutete. Einer der wenigen heutigen Kandidaten für ein derartiges Theorem ist die *Goldbachsche Vermutung*, nach der jede positive gerade Zahl die Summe zweier Primzahlen ist.

Versuchen Sie es selbst einmal: Wie sieht es damit bei der Zahl 28 aus?"

„Nun, 1 plus 27: nein; 2 plus 26: nein; 3 plus 25: nein; 4 plus 24: nein; 5 plus 23 – ja. Ja!" rief ich aus.

„Es spielt keine Rolle, welche gerade Zahl Sie nehmen; Sie können immer zwei Primzahlen finden, deren Summe gleich dieser geraden Zahl ist. Es ist so einfach, daß man es dem sprichwörtlichen Mann auf der Straße erklären kann – und doch konnte es noch niemand beweisen!"

Brainard blieb stehen und sah leicht geistesabwesend in das Schaufenster eines Computergeschäfts. „Nun haben wir ausführlich über die Metamathematik geredet, außerdem über das Problem, die Konsistenz der Mathematik zu beweisen; aber ich habe noch nichts über eine äußerst wichtige Richtung gesagt, in die diese Ideen führten. Die Computer in diesem Schaufenster erinnern mich an eine seltsame Methode, die man den ‚Algorithmus des Britischen Museums' nennt. Vielleicht ist auch dies etwas, nach dem Sie suchen, denn es illustriert die Vorstellung von der Unabhängigkeit der Mathematik von kulturellen Einflüssen, was die zentralen Wahrheiten oder die Theoreme dieser Systeme betrifft. Der entscheidende Punkt bei der Sichtweise der Mathematik als ‚Zeichen auf dem Papier', wie sie von der Metamathematik unterstützt wird, ist der, daß man nicht einmal Menschen braucht, um neue Theoreme zu finden. Es gibt Maschinen, die zumindest im Prinzip durchaus fähig sind, dies zu leisten.

Ein Computer, den man mit dem ‚Algorithmus des Britischen Museums' programmiert hat, könnte beispielsweise von den Russell-Whitehead-Axiomen ausgehen und systematisch alle nur möglichen Theoreme erzeugen. Dabei würde er die

Regeln für Ersetzen und Auslassen auf die Axiome anwenden, um eine erste Schicht zu erhalten. Die Tatsache, daß die meisten dieser Theoreme trivial sind, spielt keine Rolle. Sie sind der Unterbau für die nächste Verarbeitungsebene, bei der der Computer dieselben Regeln einhält, um eine weitere Schicht zu produzieren. Ziemlich bald wird der Computer einige wirklich interessante Theoreme hervorbringen. Das muß so sein, weil er früher oder später *jedes* Theorem erarbeiten wird."

Nach einer kleinen Pause fuhr Brainard fort: „Meine Kollegen von der Informatik sagten mir, ein solcher Computer könne gebaut werden, zumindest im Prinzip. Ich glaube, daß in Amerika einige Wissenschaftler, die an der Künstlichen Intelligenz arbeiten, ein solches Programm schon recht früh realisiert haben. Wahrscheinlich enthält es auch eine Prozedur zum automatischen Aussondern weniger interessanter Theoreme."

Ich wußte zufällig ein bißchen über derartige Forschungsarbeiten. Brainard schien diese Vorstellung jedoch in einem weiteren Sinne zu interpretieren, als es ihr eigentlich zukommt. Daher fragte ich ihn: „Betraf dieses Projekt denn nicht nur das Aussagenkalkül?"

„Dieses Projekt schon. Aber auch andere mathematische Systeme sind im Prinzip mechanisierbar. Man benötigt dazu nur die Axiome sowie die Deduktionsregeln für das betreffende System. Vielleicht ist dies einer der Aspekte, die Sie untersuchen wollen. Zum Beispiel kann ich mir ohne weiteres einen Saal vorstellen, in dem sich etliche Mathematiker, ausgestattet mit Bleistift und Papier, befinden. Eine weitere Person sitzt vor einem Computer, der mit dem ,Algorithmus des Britischen Museums' programmiert ist. Wir wollen dabei natürlich voraussetzen, daß der Computer schnell genug ist, um mit den Menschen mitzuhalten. Auf jeden Fall sehe ich vor meinem geistigen Auge, wie die Mathematiker einer nach dem anderen innehalten, um ein neues Theorem zu notieren. Und ebensooft schreibt auch die Person, die am Computer sitzt, ein neues Theorem nieder.

Wenn wir uns nun die Liste der Theoreme ansehen, die die Mathematiker – seien sie aus der Türkei, aus Tibet oder sonst woher – aufgestellt haben, dann finden wir darunter viele, die gleich oder eng miteinander verwandt sind. Außerdem wird jedes Theorem, das die Mathematiker gefunden haben, früher oder später auch vom Computer ausgespuckt werden. In einer solchen Versuchsanordnung sind parallele, aber voneinander unabhängige Entdeckungen kaum verwunderlich. Und ohne mich auf die Sichtweise festzulegen, der Sie offenbar anhängen, kann ich mit Bestimmtheit sagen, daß es falsch ist, unabhängige Entdeckungen als reine Zufälle – mechanische oder kulturelle – anzusehen. Das Beispiel mit dem Computer zeigt, daß die Theoreme, unabhängig von ihrem Status in Ihrem Holos, im System ganz gewiß implizit vorhanden sind. Sie warten geradezu auf die Entdeckung, ebenso wie die Zahl 37 erwartet, genannt zu werden, wenn ein Kind bis 100 zählt."

Wir hatten inzwischen die Straße überquert und standen nun vor einer berühmten alten Kirche, St. Mary Magdelene. Seit Brainard die „Werkzeuge des Denkens" erwähnt hatte, brannte ich darauf, dieses Thema direkt anzusprechen. Etwas ungeduldig fragte ich ihn nun: „Sind die ‚Werkzeuge des Denkens' also Computer?"

Brainard wies auf ein niedriges, zweistöckiges Gebäude etwas weiter unten an der Straße. „Darauf gehe ich gleich ein, wenn wir dort angekommen sind."

Wir betraten das Mathematische Institut und kamen in ein geräumiges Foyer. Aus dem angrenzenden Teeraum hörten wir plötzlich lautes Gelächter. Brainard erläuterte mir einige der Bilder, die an der Wand hingen.

„Dies ist G. H. Hardy, der lange in Oxford wirkte und einer der hervorragendsten Mathematiker des frühen zwanzigsten Jahrhunderts war. Er hat behauptet, es gebe eine mathematische Realität außerhalb von uns. Er ging sogar noch weiter und erklärte, daß sie einen Teil der physikalischen Realität bilde. Aber er machte nicht deutlich, in welchem Sinne sie dieser Teil sei."

Inzwischen hatte sich hinter uns eine Gruppe von Zuhörern gebildet. „Guten Tag, John", sagte einer von ihnen. „Sie kommen gerade recht zum Tee. Wie geht es Ihnen?" Die hier versammelten Personen waren Professoren, Dozenten und Studenten. Offenbar kam Brainard nicht oft ins Institut, zweifellos wegen seines hohen Alters.

„Zur Zeit beansprucht Kollege Dewdney, den Sie hier vor sich haben, meine ganze Aufmerksamkeit", erwiderte er. „Er

traktiert mich mit Fragen zur mathematischen Philosophie, daß
mir schon der Schädel brummt!"

Er machte uns reihum miteinander bekannt, und wir gingen
in den Teeraum. Wir setzten uns an einen langen Tisch, und
nachdem Tee eingeschenkt und Kuchen serviert worden war,
erklärte Brainard den Hintergrund unseres Gesprächs. Ich sei
von einem Griechen auf die ungewöhnliche Idee gebracht worden, daß alle Mathematik an einem gewissen Ort existiere, den
dieser Grieche *Holos* nenne. Bei dieser Einleitung fühlte ich
mich ein wenig unbehaglich, aber dem Lächeln vieler Zuhörer
konnte ich entnehmen, daß sie glaubten, Brainard nehme sie
auf den Arm. Doch er knüpfte ohne Umschweife an unser un-
terbrochenes Gespräch an.

„Ich war gerade im Begriff, meinem Gast einige merkwürdige Vorstellungen über die Theorie der Berechenbarkeit zu erläutern. Sie sind, wie ich zugebe, spekulativ, bringen aber einige
Quasi-Fragen mit sich."

Einer der älteren Studenten fragte prompt, was eine Quasi-
Frage sei, und unter allgemeinem Gelächter entgegnete Brainard, das sei eine Frage, auf die es eine Quasi-Antwort gebe. Er
war ganz in seinem Element und dozierte unbekümmert weiter.

„Beginnen wir mit einer Art Spiel", fuhr er fort. „Wir stellen
uns einen Computer vor, der von außerirdischen Wesen konstruiert wurde, die auf einem sehr fernen Planeten unseres
Universums leben, vielleicht sogar in einem anderen Universum. Darauf kommt es hier nicht an. Meine Frage ist nun: Zu
welcher Art von Computern könnte der von diesen Wesen
entwickelte Computer gehören? Welche Funktionen könnte er
berechnen, welche mathematischen Prinzipien könnte er verkörpern? Die Quasi-Antwort ist: Was auch immer dieser Computer bewerkstelligen könnte – ich glaube, er wäre im Prinzip
nicht in der Lage, irgend etwas zu berechnen, das unsere Computer nicht auch berechnen können. Wer von Ihnen weiß, warum ich das glaube?"

„Weil Sie ein taperiger alter Narr sind", bemerkte jovial ein
Professor, der gegenüber saß. Er hieß Weisskopf und war einer der führenden Mathematiker am Institut, bekannt für seinen Sarkasmus. Wieder erhob sich Gelächter, und Brainard
lächelte dazu.

„Volltreffer", murmelte er unbeeindruckt und blickte dann in die Runde. „Andere Vorschläge?"

„Ich bin sicher, Sie möchten etwas über die Churchsche Hypothese sagen", meldete sich ein Doktorand.

„Ja, genau. Wie vermutlich jeder von Ihnen weiß, besagt die Churchsche Hypothese, daß sämtliche Computer in einer ganz bestimmten Hinsicht gleich konstruiert sind. Wenn man darüber näher nachdenkt, erweist sich das als eine wirklich erschreckende Behauptung. Denn jedermann hält sie für zutreffend, aber niemand hat auch nur die geringste Vorstellung, wie man sie beweisen könnte. Vielleicht ist es eine jener Aussagen, die Gödel so liebte: *Sie können nicht von hier nach dort gelangen.*

Ich will nicht abschweifen, aber ich wüßte doch zu gern, wie viele Mathematiker mit der Aussicht auf Theoreme, die wir nie beweisen können, so gut leben können wie ich. Vielleicht verbergen sich diese Kollegen alle in irgendeiner dunklen Ecke von Dewdneys Holos, aber ich würde mich gern mit einem von ihnen näher unterhalten, um es herauszufinden, bevor ich sterbe. Was wäre das für ein hektisches Suchen nach Beweisen, und welch neue Mathematik könnte dabei entstehen! – Wo war ich gerade?"

„Bei der Churchschen Hypothese", soufflierte einer der Studenten.

„Oh ja, natürlich. Sie hatte ihren Ursprung in einem sehr seltsamen Umstand während der Frühzeit der Berechenbarkeitstheorie. Bis in die dreißiger Jahre unseres Jahrhunderts hatte man nämlich nicht weniger als drei völlig unterschiedliche abstrakte Modelle entwickelt, um festzulegen, wie eine Funktion zu berechnen ist. Wie Ihnen hoffentlich klar ist, gab es zu jener Zeit noch keine Computer. Die zeichneten sich allerdings schon als Lichtschimmer am Horizont einiger Mathematiker ab, unter ihnen Alan Turing und der amerikanische Logiker Alonzo Church. Die Zeit war reif für die Erfindung des Computers – der mathematische Zeitgeist wollte es so.

Church hatte also eine neue Methode des Rechnens gefunden, die er Lambda-Kalkül nannte. Doch zu dieser Zeit war bereits eine scheinbar ganz andere Methode veröffentlicht worden, die ebenfalls das Rechnen definierte, nämlich die Theorie der allgemeinen Rekursion. Als Church sie mit seinem Lambda-

Kalkül verglich, fand er zu seinem Erstaunen heraus, daß bei beiden genau das gleiche berechnet wurde. Es leuchtet vielleicht nicht allen von Ihnen unmittelbar ein, aber wenn Sie im allgemeinsten Sinne ein System für die Berechnung von Funktionen definieren wollen, dann dürfen Sie erwarten, daß einige Funktionen mit Hilfe Ihres Systems berechenbar sind und einige nicht. Church fand jedoch heraus, daß die beiden Methoden trotz ihrer großen Unterschiede in dieser Hinsicht vollkommen äquivalent waren. Sie berechneten exakt die gleichen Funktionen, wenn auch auf anderem Wege. Church versuchte auch, einen Rechenweg zu konzipieren, der diesen Methoden nicht äquivalent war, aber das gelang ihm nicht. Daher erklärte er – nach Ansicht einiger Mathematiker allzu kühn –, daß für jede bis dahin oder irgendwann später konzipierte Methode gelten müsse, daß ihre Rechenleistung äquivalent der der allgemeinen Rekursion oder des Lambda-Kalküls ist. Wir sprechen hier von der ‚Churchschen Hypothese', denn sie ist etwas anderes als eine Behauptung, weil sie nicht ebenso klar definiert ist. Auf jeden Fall aber ist sie kein ‚Churchscher Lehrsatz', denn sie kann natürlich kein Lehrsatz sein. Vielleicht gibt es ja eine noch viel tragfähigere Idee von der Berechenbarkeit, doch wir haben guten Grund, daran zu zweifeln.

Kurz nachdem Church seine Hypothese aufgestellt hatte – nach der also alle Computer in einem ganz bestimmten Sinne gleich konzipiert sind –, erschien eine Arbeit von Alan Turing, in der erstmals das Prinzip beschrieben wurde, nach dem eine Turing-Maschine rechnet. Turing bewies darin, daß die Turing-Maschine, die er selbst natürlich nicht so nannte, sowohl dem Lambda-Kalkül als auch der allgemeinen Rekursion äquivalent ist. Auch eine Turing-Maschine berechnet genau die gleichen Funktionen wie die beiden anderen Methoden. Abgesehen davon unterscheidet sich Turings Formulierung dessen, was Berechnen bedeutet, jedoch stark von der in den beiden anderen Methoden – stärker, als diese sich voneinander unterscheiden!

Seitdem wurden tatsächlich Dutzende anderer Berechnungsmethoden vorgeschlagen. Soweit sie einen endlichen Satz bestimmter Regeln zur Handhabung eines endlichen Satzes von Symbolen vorsahen, erwiesen sie sich als äquivalent zu allen ihren Vorgängern. Zuweilen aber versagten sie auch auf ganzer

Linie. Also: Wenn die Churchsche Hypothese zutrifft und wenn
ein außerirdisches Wesen einen Computer konstruierte, der
diese minimalen Anforderungen erfüllt, dann wäre dieser
Computer kein bißchen leistungsfähiger als unsere. Er könnte
keine Funktion berechnen, die nicht auch unsere Computer
berechnen könnten. Er könnte natürlich schneller sein, vielleicht auch langsamer, aber er könnte im Prinzip nicht anders
beschaffen sein.

Die Turing-Maschine ist eine sehr merkwürdige Maschine.
Sie ist selbstverständlich abstrakt, aber Sie werden bemerken,
daß sie dennoch sozusagen handlungsorientiert ist. Die Turing-
Maschine liest von einem Band Symbole ab und schreibt als
Reaktion auf diese Symbole weitere Symbole auf das Band. Sie
wird von einer internen Tabelle gesteuert, die für jedes Symbol,
das auf dem Band auftreten kann, festlegt, welches Symbol an
der betreffende Stelle zu schreiben ist und auf welche Weise das
Band beim nächsten Arbeitszyklus zu bewegen ist. Am besten
mache ich eine Skizze." Wieder zog Brainard den unvermeid-
lichen Schreibblock aus der Tasche und zeichnete eine Turing-
Maschine.

Zustand	Lesen	Schreiben	Bewegen	Zustand
1	0	1	R	2
1	1	0	L	1
2	0	0	L	1
2	1	1	R	1

Eine Turing-Maschine.

„Wir müssen im Augenblick nicht genau verstehen, wie eine
Turing-Maschine im einzelnen funktioniert. Wichtig ist nur
folgendes: Wenn wir die interne Tabelle verändern, dann verändern wir die Maschine. Es gibt noch eine andere Maschine,
nämlich die universelle Turing-Maschine, die mit einer unver-
änderlichen Tabelle und einem zusätzlichen Programmband

ausgestattet ist, das sie aufruft, wenn sie auf dem Hauptband rechnet. Jedesmal wenn sie auf dem Hauptband auf ein neues Symbol trifft, wird sie von der Tabelle veranlaßt, das Programmband zu konsultieren, was nun zu tun ist. Diese universale Maschine ist im Grunde eine abstrakte Version des modernen Digitalcomputers. Sie repräsentiert also alle Digitalcomputer auf der Erde, obwohl keiner davon einer Turing-Maschine ähnelt. Wenn Church recht hatte, dann repräsentieren die universalen Turing-Maschinen ebenso sämtliche im Kosmos möglichen Digitalcomputer – und zwar in Vergangenheit, Gegenwart oder Zukunft.

Wenn nun unser Außerirdischer die Sachlage näher untersuchte, das käme er ziemlich direkt auf die Churchsche Hypothese und würde sie vielleicht Blorg-Hypothese nennen; denn er hätte ja nicht die geringste Ahnung von Alonzo Church." Brainards trockener Humor ließ einige Zuhörer schmunzeln.

„Mit diesen Überlegungen möchte ich eine Frage zu beantworten versuchen, die mein Gast, Professor Dewdney, aufgeworfen hatte. Er hatte gefragt, ob ich die unabhängige Existenz der Mathematik beweisen und ob ich ihre unerklärbare Effizienz deuten könne.

Die Computer machen zumindest einen Aspekt mathematischer Realitäten klar. Wie könnte man an der unabhängigen Existenz der Zahlen 0 und 1 zweifeln? Sie zeigen sich in einem Computer in vielen verschiedenen Formen. Sie sind einmal das leuchtende oder dunkle Pixel auf dem Bildschirm, einmal die Spannung an einem Transistor oder deren Fehlen, einmal ein elektrischer Impuls in einer Leitung oder dessen Ausbleiben, einmal eine ‚1' oder eben eine ‚0', die dann auf das Papier gedruckt wird.

Die Einsen und Nullen verwandeln sich ständig von einer Form in eine andere und entziehen sich völlig der endgültigen Definition, sind aber unleugbar real. Sie hängen nicht mehr vom Geist des Menschen ab, und die Flüchtigkeit ihrer Existenz ist der wahre Beweis ihrer Realität.

Vor genau dem gleichen Problem stehen wir angesichts der Realität der Gene, jener winzigen DNA-Abschnitte, die ja letztlich darüber entscheiden, wer und was wir sind. Sind Gene real? Bei unserem Tod sterben diese DNA-Abschnitte mit uns,

leben aber gleichzeitig in unseren Nachkommen fort. Die Informationen in einem Gen können über Jahrtausende oder gar
Jahrmillionen ohne wesentliche Veränderung von Generation
zu Generation übertragen werden. Was ist demnach ein Gen?
Es ist nicht nur ein DNA-Abschnitt, sondern vielmehr das
Muster, das es verkörpert, also eine rein mathematische Vorstellung – nicht mehr und nicht weniger. Wir können dieses Muster mit Hilfe eines vierbuchstabigen Alphabets wiedergeben,
aber diese Formulierung ist völlig willkürlich. In einem gewissen, jedoch entscheidenden Sinne ist das Muster des Gens realer als der DNA-Abschnitt, realer als die einzelnen Ausdrücke,
die es darin darstellt. Und doch hängt es vom physischen Sub-
strat ab, um wirksam zu sein, ähnlich wie die Ziffern vom Computer abhängen.

Wenn wir diese entscheidende Realität von 0 und 1 einmal
akzeptiert haben, ist es dann noch ein großer Schritt zu den
anderen ganzen Zahlen? Und was ist mit den Formeln und den
Ausdrücken, in denen sie auftreten? Können diese irgendwie
weniger real sein?"

Es folgte ein langes Schweigen; Brainard schluckte häufig
und wurde ein wenig blaß.

„Geht es Ihnen nicht gut?" fragte Weisskopf.

„Ich bin schrecklich müde. Wäre einer von Ihnen so gut
und brächte Professor Dewdney hinaus zur Whytham Abbey?
David Gridbourne arbeitet dort an seinem Computer, wie Sie
ja wissen."

Brainard hatte zuvor einmal erwähnt, daß es mir wohl Freude bereiten würde, mich mit Gridbourne zu treffen. Er galt als
hervorragender, wenn auch ein bißchen verrückter Wissenschaftler. Gridbourne glaube, so hatte Brainard mir gesagt, in
seinem Computer lebendige Geschöpfe erschaffen zu haben.

Bevor ich ging, dankte ich Brainard überschwenglich. Er
hielt meine Hand beinahe krampfhaft fest. „Behandeln Sie dieses Thema um Gottes Willen mit dem Ernst und der Sorgfalt,
die es verdient, und passen Sie vor allem auf Gridbourne auf.
Er ist ein sehr netter junger Mann, aber im Grunde doch ein
bißchen verrückt!"

Ein junger Mathematiker namens Winslow nahm mich in
seinem Auto mit. Wir fuhren aus Oxford heraus und gelangten

über die Landstraße nach Whytham, einem Dorf mit den in
England obligatorischen Steinmauern und strohgedeckten Dä-
chern. Ich fragte ihn, was er von Gridbourne halte. Winslow
kannte ihn nur flüchtig und gestand, er sei neugierig auf das
„Wunder von Whytham", wie man ihn in Oxford nannte. Nahe
der Dorfmitte bog Winslow scharf ab und fuhr in einen Hof;
hier hielt er vor einer Steinmauer unbestimmbaren Alters. Wir
gingen durch ein großes Eichenportal und fanden uns in einem
Innenhof wieder, von dem Türen zu verschiedenen Wohnungen abgingen.

„Das Labor ist hier, glaube ich." Winslow ging zu einer dieser Türen.

Diese Tür wurde von innen geöffnet, und es trat ein leicht
ungepflegt wirkender Mann mittleren Alters heraus, mit stahl-
grauen Haaren, vollen Lippen und tiefer Stimme.

„Professor Brainard läßt fragen, ob Sie so freundlich wären,
einem Besucher etwas von ihrer Zeit zu widmen – und wenn es
nur ein paar Minuten sind", sagte Winslow etwas unsicher zu
Gridbourne, der neugierig an Winslow vorbei zu mir her sah.

„Ich vermute, Sie wollen das verdammte zweidimensionale
Universum sehen", sagte Gridbourne kurz angebunden zu mir.

Er schien schlechter Laune zu sein, und ich zögerte mit einer
Antwort, bis Winslow uns vorgestellt hatte. Wir betraten ein
feudal eingerichtetes Zimmer, dessen Terrassentür auf einen
weiteren Innenhof führte. Im Hintergrund sah ich einen Rosen-
garten. Gridbourne war zwar auch Institutsmitglied, suchte
sein Büro dort aber selten auf, weil er intensiv an seinem Re-
chenprojekt arbeitete. Er erhielt Forschungsmittel aus anderen
Quellen, war daher von vielen Verpflichtungen frei und mußte
auch nicht ständig Gelder beantragen. Wir betrachteten nun
sein Gerät, eine Kombination leistungsfähiger Sun-Computer
mit jeweils mehreren Laufwerken. Sie standen alle in einem
großen Regal an einer Wand.

„Ich schalte diese Maschine nie aus. Sie ist an einen Genera-
tor zur Notstromversorgung angeschlossen. Seit zweieinhalb
Jahren lasse ich ein Simulationsprogramm namens 2DWORLD
laufen, das im Grunde ein zellularer Automat ist. Stellen Sie
sich ein zweidimensionales Universum als Oberfläche einer un-
ermeßlich großen Kugel vor. Sie ist in winzige quadratische

Zellen aufgeteilt, und das, was in jeder Zelle geschieht, wird
durch einige einfache Gleichungen bestimmt, die bis zu einem
gewissen Grad die Gleichungen der modernen Physik nach-
ahmen.

Ich fing mit einem Zustand an, in dem jeder Zelle dieses
Universums nach dem Zufallsprinzip eine 0 oder eine 1 zuge-
wiesen war. Ich war mit den Regeln nicht sehr zufrieden und
wollte sie mit einigen Testläufen bereinigen, bevor ich daran-
ging, diese Axiome ernsthaft zu untersuchen. Aber das, was in
den ersten Stunden, dann in den ersten Tagen und Wochen
geschah, hinderte mich schließlich daran, die Maschine jemals
abzuschalten oder auch nur eine Unterbrechung des Betriebs
zuzulassen."

„Was hatten Sie bemerkt?" fragte ich, nun doch fasziniert.

Statt einer Antwort drückte Gridbourne eine Taste, und der
Bildschirm wurde sozusagen lebendig: Auf ihm erschienen
seltsame Muster aus kleinen Quadraten; auf regelmäßige Weise
dehnten sich diese Muster aus und zogen sich wieder zusammen, wobei kleine Ansammlungen heller Punkte erschienen
und verschwanden, ähnlich wie auf den großen elektrischen
Reklametafeln am Times Square. Gridbourne drückte eine weitere Taste, und der Maßstab der Anzeige veränderte sich, als ob
eine Kamera sich von der Szenerie entfernte, um einen größeren
Bildausschnitt sichtbar zu machen.

„Was Sie gerade gesehen haben, ist die grundlegende Physik
dieses zweidimensionalen Kosmos. Jetzt sehen wir eines der
ganz großen Moleküle, die in meinem kleinen Kosmos seit Jah-
resbeginn immer zahlreicher wurden.

Tatsächlich zitterte auf dem Bildschirm nun ein großes,
kompliziertes Gebilde. Gridbourne drückte die Taste erneut,
um eine andere Auflösung einzustellen, bei der Moleküle –
einige große, einige kleinere – innerhalb einer einfachen, kreisförmigen Umrandung zirkulierten.

„Ist dies das, was ich vermute?" fragte ich.

„Was vermuten Sie denn?" fragte skeptisch.

„Nun, ich muß sagen, es sieht irgendwie lebendig aus."

„Das ist es auch", entgegnete er zufrieden. „Gewisse physikalische Gesetze scheinen sicherzustellen, daß bestimmte
Organisationsgrade auftreten, einer nach dem anderen und

anscheinend, ohne ein Ende zu finden. Auf dieser Stufe hat das System Strukturen erreicht, die sich endlos ausbreiten und fortpflanzen. Sie haben sich verändert, seit sie erstmals auftraten. Sie werden eindeutig immer komplizierter, und sie haben eine Art genetischen Code, obwohl sie auf ganz anderen Strukturen als unseren eigenen beruhen."

„Entwickeln sie sich wirklich?" fragte ich.

Gridbourne schien diese Frage gern zu hören. „Ich weiß es nicht. Ich nehme an, eben diese Frage fesselt mich noch immer an dieses Programm. Wie Sie sicher wissen, kann ein unbegrenztes evolutionäres Szenario letztlich zu intelligenten Geschöpfen führen, wenn auch nur zu zweidimensionalen wie hier. Das brächte mich aber in eine Zwickmühle. Einerseits wäre dies die wissenschaftliche Großtat des Jahrhunderts, um nicht zu sagen, des Jahrtausends. Andererseits fühlte ich mich für diese Geschöpfe verantwortlich, wüßte aber absolut nicht, was ich mit ihnen anfangen sollte."

Nach einigem Überlegen stellte ich die Frage, die mich am meisten beschäftigte: „Diese Geschöpfe könnten vielleicht eine Wissenschaft entwickeln und die Gesetze enthüllen, die Sie in diesem zellularen Raum etabliert haben. Glauben Sie, sie könnten jemals herausfinden, daß sie nur in einem Computer existieren?"

„Vielleicht. Aber sie hätten keine Ahnung, in welchem Computer oder wo. Computer haben Tausende möglicher Fertigungsstätten, die mit vielen verschiedenen Technologien arbeiten können. Im Prinzip könnte man einen Computer aus Seilen und Rollen konstruieren, ein schweres, sehr langsam arbeitendes Gerät, das viele Quadratkilometer Fläche beanspruchte; auf diesem Computer könnte man das Pendant zum 2DWORLD-Programm laufen lassen.

Und die Geschöpfe hätten keine Ahnung davon, daß ihre Welt eine Unmenge von Nullen und Einsen wäre, beherbergt von einem Computer aus Seilen und Rollen, vielleicht aus Bambus und Seide gefertigt, oder aber beherbergt von einem Computer mit Elektronen in Silicium oder mit Wasserstrahlen in Kunststoffröhren oder mit Licht in Glasfasern oder mit was auch immer. Dies wäre eine Barriere der Erkenntnis, die sie niemals durchdringen könnten.

Nebenbei bemerkt: Ich bin nicht wirklich verrückt. Ich glaube nicht einen Moment lang daran, daß wir im gleichen Dilemma stecken wie irgendwelche in meinem System auftauchenden Geschöpfe. Aber Sie haben auf einen höchst beunruhigenden Aspekt hingewiesen, der sozusagen in der Erforschung der letzten Grenzen unserer Erkenntnis lauert. Denn hinter diesen Grenzen gibt es vielleicht Wahrheiten, die zu tiefgründig sind, als daß wir sie ertragen könnten, einschließlich der möglichen Gründe für unsere Existenz."

Gridbourne war ein Mann, der sich mit Haut und Haaren seiner Aufgabe verschrieben hatte, und diese letzte Bemerkung schien seine Aufmerksamkeit wieder auf die zu verrichtende Arbeit zu lenken. Obwohl er inzwischen sehr freundlich, fast herzlich gewirkt hatte, sprang er nun auf und komplimentierte mich hastig aus seinem Labor hinaus.

Als ich wieder nach Oxford zurückkam, hatte sich Brainard nach Hause zurückgezogen, um für den Rest des Nachmittags ein Schläfchen zu halten. So konnte ich mit ihm leider nicht über Gridbournes Arbeit sprechen, denn mein Zug fuhr schon um 17 Uhr. Ich mußte mich sputen. Als ich eingestiegen und der Zug losgefahren war, versuchte ich wieder, mich zu konzentrieren. Meine Gedanken wurden jetzt nur noch vom Echo der Lokomotivpfeife und vom Rattern der Räder begleitet. Ich sah ein ähnliches Spiel der Landschaft wie am Vortag, während meine „Werkzeuge des Denkens" immer und immer wieder dieselben Fragen wälzten. Ich grübelte darüber nach, warum Brainard mich zu Gridbourne geschickt hatte. Sollte ich den entscheidenden Akt einer „schöpferischen Maschine" miterleben, nämlich die Heimstatt für ein Miniaturuniversum zu werden? War dies sein verstohlener Hinweis, daß der Holos im Grunde real ist und in irgendeinem Kosmos-Computer lebt, der sich sozusagen hinter den Kulissen befindet? Wenn ja, dann war meine Suche vergeblich, ohne aber unsinnig zu sein. Sollte Gridbournes zweidimensionale Welt statt dessen demonstrieren, daß Computer – die mit dem Menschen die Fähigkeit gemeinsam haben, Symbole zu handhaben – den endgültigen Ausdruck der Unabhängigkeit der Mathematik darstellen?

Mein mathematisches Abenteuer war zu Ende. Ich hatte jetzt nur noch über all das nachzudenken, was ich auf meiner Reise erfahren und gelernt hatte. Und ich wollte natürlich versuchen, zu einem vernünftigen Schluß zu kommen. Mit meiner Tour hatte ich, so schien es, die Tradition des Reisens auf der Suche nach Erkenntnis wieder aufleben lassen. Ich fühlte mich ein bißchen wie ein Thales der Gegenwart – oder wie Fibonacci, der intellektuelle Schätze aus vier verschiedenen Ecken der Welt zusammengetragen hatte.

Epilog:
Kosmos und Holos

Auf dem Flug über den Atlantik genoß ich den Komfort, der den Passagieren der ersten Klasse geboten wird, und lehnte mich entspannt zurück. Plötzlich kamen mir Zweifel über die Macht und die unabhängige Existenz der Mathematik, denn das Flugzeug begann heftig zu schütteln und zu zittern. Der Vorschub der Triebwerke überwand offenbar nicht mehr den Luftwiderstand, der Luftstrom an den Tragflächen gehorchte nicht mehr den Gleichungen der Fluiddynamik, und die Passagierkabine war für die vielen Insassen nicht mehr stabil genug. Das Flugzeug zerbrach schließlich, und die Bruchstücke stoben mit allen möglichen Beschleunigungen und Geschwindigkeiten auseinander, manche sogar nach oben. Ich war verloren und wartete darauf, in das eiskalte Meer zu stürzen.

Doch als ich die Augen öffnete, saß ich wohlbehalten in meinem Sitz. Alles war normal. Die Stewards servierten das Abendessen, und niemand schien auch nur im geringsten beunruhigt zu sein. Mein Alptraum war vorbei, aber er hatte mich nachdenklich gemacht. Ich überlegte nämlich, wie der Kosmos wohl beschaffen wäre, wenn er nicht den mathematischen Gesetzen gehorchte. War so etwas vorstellbar? Wenn man die Dinge einmal von der anderen Seite her betrachtete, müßte man

vielmehr fragen, wie der Kosmos beschaffen sein muß, wenn
er mathematischen Gesetzen unterliegen soll. Würden wir den
Unterschied herausfinden? Ich könnte mir ein ganzes For-
schungsprogramm vorstellen, das sich dieser Frage widmet.

Zu Hause angekommen, ging ich daran, meine umfangrei-
chen Notizen durchzusehen und den Inhalt der Bänder nieder-
zuschreiben, die ich bei meinen Gesprächen mit Pygonopolis,
al-Flayli, Canzoni und Brainard aufgenommen hatte. Nun wollte ich Gedanken und Argumente, die sich auf meiner Reise
ergeben hatten, zusammenfassen und ordnen. Obwohl ich
versuchte, objektiv zu sein, kann ich mich des Gefühls nicht
erwehren, daß ein Holos irgendwelcher Art sozusagen hinter
dem Kosmos lauert.

Während meiner Reise hatte ich mit vier Gelehrten gesprochen, die zwar nicht alle gleichermaßen berühmt waren. Aber
sie alle hatten ihre eigene, wohlbegründete Auffassung über die
Lage der Dinge. Sie alle teilten die Überzeugung, daß es eine
tiefgründige Verknüpfung zwischen Mathematik und Kosmos
oder – wenn man so will – zwischen Holos und Kosmos gibt.
Ich hatte den Wissenschaftlern in Büros, Höfen, Stadtstraßen
und alten Tempeln, aber auch in der Wüste und in guten Re-
staurants aufmerksam zugehört. Sie hatten ihre Skizzen in die
Erde geritzt, auf Wandtafeln geschrieben, auf Schreibblöcke
oder Servietten gekritzelt und sogar in den Nachthimmel proji-
ziert. Wenn meine eigenen Folgerungen sich nun stark an die
ihren anlehnen, wird man mir das kaum vorwerfen können.

Die zentrale historische Gestalt dieser kleinen mathematischen Erzählung ist Pythagoras. Wir können in der Geschichte
der Mathematik immer wieder seinen Einfluß erkennen, der in
vielen verschiedenen Kulturen gewirkt hatte. Es deutet manches darauf hin, daß die berühmte pythagoreische Bruderschaft
während der islamischen Periode zu den Brüdern der Reinheit
wurde, um dann der Vergessenheit anheimzufallen. Aber die
Pythagoreer erschienen im Laufe der Geschichte stets aufs
neue. Kepler und Balmer waren sozusagen nur die Spitze des
Eisbergs. Mathematiker mit Interesse an der Physik und mit der
Überzeugung, daß die Rolle der Mathematik im Kosmos kein
Zufall war, mußten die pythagoreischen Auffassungen für zutreffend halten.

Der Satz des Pythagoras, mit dem dieses Buch beginnt, begegnet uns allenthalben: bei Abstandsberechnungen, in der Trigonometrie und in der Relativitätstheorie. Er tritt in buchstäblich Abertausenden von Anwendungen auf, wahrscheinlich häufiger als irgendein anderer mathematischer Lehrsatz. Das liegt aber keineswegs daran, daß er so alt ist, denn wir kennen Hunderte von Lehrsätzen aus dem Altertum, die sämtlich heute noch ebenso zutreffen wie damals, jedoch bei weitem nicht so nützlich sind wie gerade der Satz des Pythagoras.

Lassen Sie mich damit beginnen, Pythagoras' Überzeugungen von der fundamentalen Struktur des Kosmos neu zu formulieren, und zwar weniger streng und zugleich präziser:

DIE PYTHAGOREISCHE HYPOTHESE

Der Kosmos und alles in ihm wird von mathematischen Gesetzen beherrscht.

Diese Hypothese sagt nichts darüber aus, wie der Kosmos zu seiner Existenz kam und warum er gerade diese besondere Eigenschaft hat. Sie besagt nur, daß er so, wie wir ihn heute vorfinden (und wie Pythagoras ihn gestern vorfand), nichts enthält – kein Eckchen, keinen winzigen Teil, keinen Zufall, keine Substanz –, was nicht irgendeinem mathematischen Gesetz gehorcht.

Ich trat meine Reise mit der Absicht an, meinen vier Gesprächspartnern zwei Fragen zu stellen. Ich blieb diesem Vorhaben treu und erhielt zuweilen überraschende Antworten. Die Fragen lauteten:

1. Warum ist die Mathematik in den Naturwissenschaften so überaus nützlich?
2. Wird die Mathematik entdeckt, oder wird sie erschaffen?

Wenn die pythagoreische Hypothese zutrifft, haben wir sofort eine Antwort auf die erste Frage. Nehmen wir erst einmal an, der Kosmos, einschließlich der Erde und allen Gestirnen in ihm, werde in irgendeinem eindeutigen Sinne von mathematischen Gesetzen beherrscht. Dann ist die Mathematik den Naturwissenschaften deshalb so unglaublich nützlich, weil diese Wissenschaften dazu dienen, die Struktur aufzuklären und weil sich diese Struktur eben als mathematisch erweist. Die Gesetze von Physik, Astronomie und Chemie *müssen* daher eine mathematische Form haben.

Nun ist es allerdings eine Sache, die Struktur des Kosmos aufzuklären und die Mathematik überall wiederzufinden, aber es ist etwas ganz anderes, auf die Mathematik zu treffen, ohne überhaupt darüber nachzudenken, wie die Struktur des Kosmos beschaffen sein kann. Denn auf diese Weise wird der größte Teil der Mathematik im Grunde *entwickelt* (dieses Wort enthebt uns der Notwendigkeit, uns zwischen „entdecken" und „erschaffen" zu entscheiden). Doch wenn der Kosmos eine mathematische Struktur hat – wir gehen ja von der pythagoreischen Hypothese aus –, dann hatte er diese Struktur vermutlich von Anfang an. Den Kosmos gab es offenbar schon lange vor den Menschen und daher auch seine mathematische Struktur. Nur in diesem Zusammenhang und ungeachtet einiger Lücken in meiner Argumentation (die später vielleicht geschlossen werden), umfaßt die pythagoreische Hypothese die Präexistenz der Mathematik zumindest in diesem Sinne. Wir können die zweite Frage demnach so beantworten: „höchstwahrscheinlich entdeckt."

Wir können auch die strenge Form der pythagoreischen Hypothese heranziehen, nach der der Kosmos mit einem Holos ausgestattet ist, einem Ort, an dem die Mathematik ihre unabhängige Existenz haben kann, obwohl sich dieser Ort nicht unbedingt im Kosmos befinden muß. Wenn wir die Existenz eines Holos annehmen, dann wird die zweite Frage zu einer Tautologie: „natürlich entdeckt!" Die Existenz des Holos zuzugestehen, ist im Grunde fast gleichbedeutend damit, die Präexistenz der Mathematik anzuerkennen. Wenn ich keinen zu strengen Maßstab anlege, so bedeutet Präexistenz, daß etwas sozusagen darauf wartet, entdeckt zu werden.

In dem anderen Extrem sehen wir uns einem Kosmos gegenüber, der auf ewig unergründlich ist, also einem Kosmos, der in kulturell bestimmte, ansonsten aber willkürliche Formen aufgespalten wurde, und zwar durch eine Wissenschaft, die sich über die absolute Natur der Realität etwas vormacht. Die gleichmacherische Sense eines gesellschaftlichen Konstruktionismus zwingt dem Denken eine strikte Demokratie auf.

Keine Beschreibung des Kosmos ist per Dekret irgendeiner anderen vorzuziehen. Wir müssen vielmehr eine Alternative zur pythagoreischen Hypothese entwickeln, obwohl der gesellschaftliche Konstruktionismus in Hypothesen oder deren Tests keinen besseren Weg zur Erkenntnis sieht als beispielsweise im Kartenlegen.

DIE POSTMODERNE HYPOTHESE

Der Kosmos, was immer dies auch ist, hat keine bevorzugte Beschreibung.

Diese Haltung ist erschreckend leicht zu verteidigen, ob man sich in der Wissenschaft nun gut oder kaum auskennt. Kein Indiz, kein Beweis irgendwelcher Art kann darauf hoffen, die mathematische Beschreibung des Kosmos auf eine schon an sich bevorzugte, absolute oder besondere Stufe zu erheben. Per definitionem sind alle Beschreibungen gleichrangig. Wie jeder Mathematiker weiß, kann man gegen eine Definition nicht argumentieren.

Diese Sichtweise, die beizubehalten eine besondere Disziplin zu erfordern scheint, hat ihren Ursprung in den Theorien des Wissenschaftshistorikers Thomas Kuhn. Nach seiner Auffassung werden wissenschaftliche Revolutionen, also Veränderungen der Denkmuster (Paradigmen), durch die Kultur oder durch Umwälzungen in der Kultur ausgelöst. Kuhn beschrieb „Paradigmenwechsel", beispielsweise die kopernikanische Revolution, als hauptsächlich kulturelle Ereignisse, als Anzeichen dafür, daß die Menschen die Welt um sich herum auf eine neue Weise zu verstehen begannen. Diese Argumentation hat viel für sich, beschränkt sich jedoch ganz auf die kulturelle Ebene und läßt den wissenschaftlichen Begriff der Wahrheit in den Hintergrund treten.

Strenggenommen sagt Kuhn im Grunde nur, daß sich durch den kopernikanischen Paradigmenwechsel die Ausrichtung der astronomischen Forschung verändert hatte, da ja die Erde von ihrer zentralen Position im Kosmos gestürzt worden war. Das ist vollkommen richtig. Aber seltsamerweise ersetzte das kopernikanische Paradigma ein älteres, das offenbar nicht kulturell abhängig war! Al-Flayli hatte in jener denkwürdigen Nacht in der Wüste zu zeigen versucht, daß die frühen Astronomen in Ägypten, Babylonien, Indien, Griechenland und später in Arabien den Himmel alle auf die gleiche Weise sahen, nämlich als Hemisphäre, als Halbkugel. Heute „sehen" ihre Nachfolger, die modernen Astronomen, den Nachthimmel ganz anders.

Meine Erlebnisse und Gespräche in Milet, Akaba, Venedig und Oxford (und die Ergebnisse weiterer Lektüre und mancher Recherchen) machten mir klar, daß zwar die Art und Weise, ja sogar die Richtung mathematischer Forschung – zumindest in manchen Fällen – durch die Kultur bestimmt werden kann, nicht aber das Ergebnis dieser Forschungen. Wie könnten wir sonst erklären, warum der Satz des Pythagoras von Kultur auf Kultur überging, ebenso wie alle anderen Lehrsätze, ganz gleich, wann sie entdeckt wurden? Und mehr noch: Wenn ein Lehrsatz nicht auf eine spätere Kultur übergeht, dann wird er auf jeden Fall irgendwann wiederentdeckt! Es gibt viele Beispiele dafür, etwa den Satz des Thabit ben Korrah über die befreundeten Zahlen, den Pierre de Fermat später erneut fand. Ich bin geneigt, mich den Worten des unermüdlichen Phrasendreschers Pygonopolis anzuschließen: „Die Mathematik ist, wie das Rad, transkulturell."

Pythagoras untersuchte beispielsweise die Kommensurabilität, indem er visuelle Darstellungen von geometrischen und numerischen Objekten anfertigte und logische Überlegungen auf sie anwandte. Moderne Mathematiker beweisen die Inkommensurabilität von Seite und Diagonale eines Quadrats mit Hilfe der symbolischen Algebra, was nicht sehr anspruchsvoll ist. Die Aussage bleibt jedoch unverändert: Die Seite eines Quadrats hat mit seiner Diagonalen keine Maßeinheit gemeinsam. Vor tausend Jahren formulierten die arabischen Mathematiker ihre Algebra vor allem in Worten und verliehen ihr so ein ganz anderes Aussehen, als es die moderne Algebra hat – aber der Inhalt ist derselbe. Diese Regel scheint sogar auf der Ebene individueller Vorstellungen und Begriffe zu gelten. Die Zahl an sich ist transkulturell, wie al-Flayli es ausdrückte: Der arabische Schäfer verkaufte 42 Schafe an den römischen Händler, der zufrieden war, als ihm XLII Schafe geliefert wurden.

Kurz gesagt, ich fand keine Bestätigung für die postmoderne Hypothese, abgesehen von der überaus verkürzten Form, in der

Kuhn sie erstmals aufstellte, einer Form, mit der sich wohl kein ernsthafter Wissenschaftler auseinandersetzen wird. Natürlich ist die hier aufgestellte kühne Hypothese per definitionem nicht widerlegbar und entzieht sich daher der begründeten Argumentation.

Maria Canzonis hübscher Bezug auf die Fabel von den blinden Weisen und dem Elefanten ermöglicht eine andere Sichtweise der Paradigmenwechsel. Der erste Weise untersucht den Fuß des Elefanten. Er fühlt die riesigen Zehennägel und erklärt: „Alle Gegenstände ziehen einander mit einer Kraft an, die umgekehrt proportional zum Quadrat ihres Abstands ist." Dies ist Newtons Gesetz der universellen Gravitation. Der zweite Weise befühlt die Beine des Elefanten und erkennt, wie hoch sie sind. Er erklärt: „Das Vorhandensein von Materie verändert die Raum-Zeit, so daß zwischen zwei solchen Verzerrungen eine Anziehung besteht." Die Newtonsche Physik ist, wie Canzoni zu zeigen versuchte, der Fuß des Elefantenbeins, ein Spezialfall von Einsteins Allgemeiner Relativitätstheorie.

Soweit diese Analogie zulässig ist, trägt der Begriff *Paradigmenwechsel* kaum etwas zum Erkennen des ganzen Elefanten bei. Vielmehr behindert er das Verständnis. Und was die Mathematik anbelangt, kann die Hypothese, daß sie aus kaum mehr besteht als aus kulturellen Zickzacklinien, nur verteidigt werden, indem man die Indizien ignoriert. Dies muß Canzonis unsichtbarer Elefant sein.

Bei längerem Nachdenken wurde mir klar, daß sich auf meiner Reise in die alte Welt ein zentrales Phänomen überall wiederholt hatte. Ich hatte es eigentlich nicht erwartet, aber inzwischen ist es ganz offenkundig geworden. Ich möchte es den „wesentlichen Inhalt" nennen. Jede mathematische Vorstellung, vom Begriff der Zahl bis zu den kompliziertesten Lehrsätzen, hat einen wesentlichen Inhalt, der sich jedem Versuch widersetzt, ihn auf eine Weise zu beschreiben, die nicht auf eine andere Formulierung eben dieses Inhalts hinausläuft.

Was ist der wesentliche Inhalt der Zahl 42? Er ist weder „42" noch „XLII", weder „101010" noch „*****************************
************" und auch nicht „6 mal 7". Und doch wird der wesentliche Inhalt der Zahl 42 durch jede dieser Schreibweisen ausgedrückt, sofern man sie richtig interpretiert. Der wesent-

liche Inhalt weicht vor jedem Versuch zurück, ihn zu definieren, ähnlich wie das Koan im Zen-Buddhismus: nicht dieses und auch nicht jenes. Was ist der wesentliche Inhalt eines Kreises? Es ist keiner der unendlich vielen Kreise, die wir zeichnen könnten, und auch keine der algebraischen Kreisgleichungen, die wir aufstellen könnten. Was ist der wesentliche Inhalt des Satzes von Pythagoras? Wir können ihn auf englisch, deutsch oder griechisch niederschreiben. Wir können ihn durch eine Zeichnung oder durch eine algebraische Gleichung darstellen, aber er ist nichts von alledem.

Und doch ist der wesentliche Inhalt etwas vollkommen Reales, wie Brainard mit seinem Computerbeispiel zeigte. Die Begriffe 0 und 1 erscheinen – abstrahiert von den Ziffernsymbolen, die wir hier lesen – in einem Computer als Verteilung von Ladungen in elektronischen Speichern, als helle bzw. dunkle Punkte auf einem Bildschirm, als Pulse niedriger oder hoher Spannung in elektronischen Schaltungen und so weiter. Die Binärziffern 0 und 1 sind dennoch nichts von alledem. Aber wenn sie sich manifestieren, haben sie reale Auswirkungen. Programme werden nicht nur ausgeführt, um bloße Rechenergebnisse zu liefern, sondern auch um beispielsweise Kraftwerke oder Flugzeuge zu steuern. Nullen und Einsen halten die Dinge in der realen Welt am Laufen.

Manchem mag dieses Beispiel als weit hergeholt erscheinen. Aber wir können uns auch die von Brainard erwähnten Gene anschauen. Das menschliche Genom, also die Gesamtheit aller Gene eines Menschen, kann im Prinzip als ein sehr, sehr langes „Wort" geschrieben werden, das nur aus dem vierbuchstabigen Alphabet A, C, G und T gebildet ist. Man könnte es ebenso als sehr, sehr lange Zahl ausdrücken, in der nur die vier Ziffern 0, 1, 2 und 3 vorkommen.

Das Genom tritt aber in der Natur als eine ganz bestimmte Abfolge von Basenpaaren im DNA-Molekül auf, wobei nur vier Basen vorkommen: Adenin, Cytosin, Guanin und Thymin (daher die vier Buchstaben A, C, G und T). Das DNA-Molekül zersetzt sich nach unserem Tod, und mit ihm zerfällt der Ausdruck. Aber die riesige Zahl erscheint teilweise in unseren Nachkommen, ausgedrückt in einem neuen DNA-Molekül. Wo ist das wesentliche Genom?

Wesentlicher Inhalt ist flüchtig; er erscheint zuerst in der einen Verkörperung, dann in einer anderen. Obwohl er in diesem Sinne etwas wesenlos oder unreal auftritt, ist er in einem anderen Sinne mehr als real, so als habe er seine kosmische Realität gegen eine neue und beständigere Existenzform eingetauscht. Was immer seine Verkörperung oder sein Ausdruck auch sein mag, es wird immer das gleiche Objekt verkörpert oder ausgedrückt. Wie mir Pygonopolis in jenem schönen Restaurant in Izmir erklärte, wird wesentlicher Inhalt auch durch reale Objekte ausgedrückt und hat in der sogenannten realen Welt sehr reale Auswirkungen. Wenn Pygonopolis sich entschließt, alle Garnelen auf seinem Teller zu essen, wird er nicht mehr und nicht weniger als drei essen. Daraus ergeben sich dann andere Konsequenzen, zum Beispiel der Zeitpunkt, zu dem er seine Mahlzeit beenden kann, ferner sein momentanes Körpergewicht und eine Unzahl anderer, weniger offensichtlicher Auswirkungen.

Ich glaube, man wird Pygonopolis gerecht, wenn man sagt: Das, was er mit dem Holos meinte, ist genau die Welt wesentlicher Inhalte, die unabhängig von der realen Welt, auch von der Welt besonderer mathematischer Ausdrücke ist. Natürlich kann es keine bevorzugte Methode zum Verstehen des Holos selbst geben. Die Welt wesentlicher Inhalte wird gleich gut ausgedrückt durch Begriffe wie „Holos", „Höhere Welt" oder auch „Welt wesentlicher Inhalte". Sie ist der unsichtbare Elefant.

Den vielleicht faszinierendsten Zugang zum unsichtbaren Elefanten hat Maria Canzoni beschrieben. Wenn der Kosmos näher untersucht wird, erweist sich die Materie als Energie, und die Energie folgt mathematischen Geboten. Wenn sogar die Energie nicht real ist, bleibt nur die strukturelle Information – die Gleichungen und Formeln, die alles beschreiben. Der Kosmos verschwindet mehr oder weniger. Hatte Pythagoras recht? Ist der Kosmos aus Zahlen aufgebaut? Eine so merkwürdige Anschauung kann man kaum vertreten.

Der Begriff *Holos* beschreibt für mich besser als jedes andere Wort, was ich über den unsichtbaren Elefanten denke und fühle. Im Gegensatz zum Kosmos, in dem die Dinge physikalische Manifestationen haben, ist der Holos der Ort, in dem die Mathematik existiert.

Aber was für eine Art von Ort ist der Holos eigentlich?

Zunächst muß er sich nicht unbedingt im Kosmos befinden – nicht unbedingt, weil die Möglichkeit nicht auszuschließen ist, daß Pythagoras recht hatte und wir tatsächlich im Holos leben. Auch wenn der Holos kein physikalisch identifizierbarer Ort ist, so hat er doch Merkmale, die ihn zu einer Art von Existenz befähigen. Seine Orientierungspunkte für wesentliche Inhalte, von Zahlen bis zu Lehrsätzen, bestehen fort wie geographische Merkmale. Sie haben wirklich eine dauerhafte Existenz.

Der Holos kann daher erforscht werden, wie Pygonopolis zu Recht betonte. Die Mathematiker, die dies während der letzten 3000 Jahre betrieben, haben seine unabhängige Existenz umfassend bewiesen, wenn man sich die – sowohl zeitlich als auch räumlich – unabhängige Entdeckung vieler bedeutender Lehrsätze vor Augen hält. Wenn wir das Wiederauftauchen von ben Korrahs Lehrsatz über befreundete Zahlen oder die unabhängige Entdeckung der Infinitesimalrechnung durch Newton und Leibniz als Beispiele dafür nennen, haben wir dieses Phänomen gerade einmal oberflächlich gestreift. Der wesentliche Inhalt der Mathematik wird nicht erschaffen; er wird entdeckt.

Man hat uns gelehrt, daß wir zum Erklären eines Phänomens eine Theorie aufstellen können, die uns angemessen erscheint, daß dabei aber einfachere Theorien den komplexeren vorzuziehen sind. Dies ist Ockhams Prinzip der logischen Beschränkung, zuweilen auch „Ockhams Rasiermesser" genannt. Die Vorstellung von einem Holos mit direktem Einfluß auf den Kosmos ist sicher eine etwas komplizierte Erklärung, aber wer kann sich – angesichts der Realität der Mathematik im Kosmos – eine einfachere denken?

Der Holos ist die Heimstatt des wesentlichen Inhalts jeder Zahl, jedes Satzes, jeder Zeichenfolge, jedes Beispiels für alle Arten von mathematischen Objekten – bekannten, noch unentdeckten oder unentdeckbaren. Der Holos beherbergt den wesentlichen Inhalt eines jeden Lehrsatzes, jeden Gegenbeispiels und jeder mathematischen Aussage, ob wahr oder falsch. Der Ort muß, wie man ihn sich auch vorstellen mag, riesig sein. Die in ihm enthaltene Informationsmenge ist unvergleichlich größer als die Informationsmenge, die nötig erscheint, um den Kosmos zu beschreiben, selbst wenn dieser unendlich ausgedehnt ist.

Der Holos durchdringt und erfüllt den Kosmos auf subtile Weise. Was bedeutet eine algebraische Gleichung, die sozusagen in den Wellenlängen des Wasserstoffatoms verborgen ist? Wie konnten Adams und Leverrier erwarten, daß ihre Voraussagen zur Position eines noch unbekannten Planeten im Sonnensystem zuträfen? Wer kann bezweifeln, daß ein System – ob ein Planetensystem oder ein Atom –, das bestimmten Axiomen gehorcht, dann auch jedem Lehrsatz folgen wird, der aus diesen Axiomen hervorgeht?

Warum, um Gottes willen, sollte der Kosmos in dieser Weise aufgebaut sein? Vielleicht gibt es keine andere Möglichkeit für einen Kosmos, strukturiert zu sein. Vielleicht hatte Pythagoras doch recht.

Schelten Sie mich einen Narren, aber nennen Sie mich auf keinen Fall einen Feigling. Ich habe mich aus meiner bequemen Welt der akzeptierten Vorstellungen und der unausgesprochenen Tabus ziemlich weit herausgewagt; warum sollte ich den Weg dann nicht zu Ende gehen und eine Erklärung für alles riskieren? Die Fingerzeige kommen aus einer eigentlich unmöglichen Kombination der Argumente von Canzoni und Brainard.

Wie Sie sich erinnern, glaubte Brainard, die Mathematik habe eine unabhängige Existenz, aber nur im Geist oder, richtiger, in den Gehirnen, die nicht unbedingt menschliche sein müssen. Die Mathematik kann nicht nur durch entsprechend programmierte Computer ausgedrückt werden (wobei jedes Programm eine Art mathematisches Objekt ist), sondern könnte zumindest im Prinzip auch von Computern entdeckt werden. In diesem allgemeinen Sinne könnten wir sagen, daß die Mathematik im Geist unabhängig existiert, obgleich dieser sich dessen nicht unbedingt bewußt sein muß.

Es ist verlockend, sich vorzustellen, daß der Kosmos irgendwie dem 2DWORLD-Programm von David Gridbourne gleicht. Irgendwo (nicht hier) gibt es einen riesigen Computer, auf dem das Programm 3DWORLD (oder ist es 4DWORLD?) läuft, und wir sind seine Bewohner, gefangen in einer Maschine irgendwelcher Art, einer Maschine, deren Beschaffenheit oder Natur wir – prinzipiell! – nicht ergründen können. Eine solche Erklärung folgt aber sehr unserer bequemen Neigung, Dinge zu erklären, indem wir sie beiseite schieben. Zum Beispiel deuten

manche das Aufkommen von Leben auf unserem Planeten
durch die Annahme, daß es von fernen Planeten durch den
Weltraum zur Erde flog („Panspermie"-Theorie). Damit wird
aber die Frage nach der Entstehung des Lebens nur in ein anderes Gebiet verlagert. Wir müßten dann etwas noch viel Außer-
gewöhnlicheres als den Holos anrufen, nämlich einen kosmischen Computer, und das kann ich nicht. Ich habe mich schon
viel zu weit aus dem Fenster gelehnt.

Canzoni hatte das Gefühl, der Physik fehle etwas, auf das
die Quantenmechanik hindeute. Dies müsse mit dem Bewußtsein zu tun haben. Sie findet die Spekulationen von Wissenschaftlern wie Roger Penrose und Graham Cairns-Smith zwar
sehr unklar, jedoch auf lange Sicht recht aussichtsreich. Was
wäre, wenn das Bewußtsein einer physikalischen Wirkung innewohnt, wie Cairns-Smith behauptet? Nach dieser Sichtweise
ist der Kosmos buchstäblich von Bewußtsein durchdrungen,
obwohl dieses sich in konzentrierter Form nur dort verkörpern
kann, wo es ein Gehirn oder etwas Gleichwertiges gibt (nicht
unbedingt einen Computer). Entscheidend ist, daß solch ein
alldurchdringendes Bewußtsein, um sich zu verkörpern, wahrscheinlich auf Materie oder Energie angewiesen wäre. Aber
nach Canzoni ist Energie tatsächlich Information und daher etwas, das dem Bewußtsein bewußt sein kann. Diese Gedankengänge erinnern mich inzwischen an das alte vedische Symbol
mit der Schlange, die ihren eigenen Schwanz verschlingt.

Der Kosmos existiert, weil es einen Geist gibt, der ihn sich
vorstellen kann. Hängt auch dieser Geist vom Kosmos ab? Nur
der unsichtbare Elefant weiß es.

Postskriptum

Während der Korrekturen am Manuskript zu diesem Buch erhielt ich die traurige Nachricht, daß Sir John Brainard eines Abends in seinem Stammlokal sanft entschlafen ist. Er saß am Kamin, rauchte seine Pfeife, und ich glaube, er dachte über die Verknüpfung zwischen Mathematik und Geist nach. Ich wünsche ihm allen Frieden. Vielleicht hat er nun endlich einige Antworten.

Ich erhielt auch Post von al-Flayli, dem ägyptischen Astronomen. Er schreibt, daß nach seiner Ansicht Pygonopolis' Holos und die Höhere Welt der Brüder der Reinheit wahrscheinlich dasselbe sind. Sein Sohn Ahmed hat gerade ein Stipendium an der Sorbonne erhalten. Wir werden von ihm bestimmt noch hören.

Während der letzten Überprüfung der fertigen Seiten muß noch eine Ergänzung angebracht werden: Maria Canzoni hatte Kontakt mit Pygonopolis aufgenommen, und er war nach Venedig geflogen, um sie zu treffen. Sie schreibt: „Nun habe ich endlich noch einen Seelenverwandten, der meine Theorien teilen kann. Er hat sich für diese Vorstellungen begeistert, und wir planen mehrere gemeinsame Veröffentlichungen. Tausend Dank dafür, daß Sie uns zusammengebracht haben!"

Manchmal kann uns der Holos etwas schenken.

Register

Umstrittene Theorien und Errungenschaften

A.K. Dewdney
Alles fauler Zauber?
IQ-Tests, Psychoanalyse
und andere
umstrittene Theorien
240 Seiten mit 12 sw-Abb.
Broschur
ISBN 3-7643-5761-4

Haben auch Sie nur einen äußerst durchschnittlichen IQ? Trösten Sie sich, das hat nichts zu bedeuten. Denn da es bisher nicht gelungen ist, eine auch nur halbwegs anerkannte Theorie darüber aufzustellen, was Intelligenz ist, kann logischerweise auch niemand ernsthaft die Meinung vertreten, daß ein Intelligenztest Intelligenz mißt. Noch viel weniger kann irgend jemand behaupten, daß eine Rasse intelligenter als die andere sei. Dennoch wird genau dies propagiert. A.K.Dewdney wurmen diese und andere Sorglosigkeiten im Umgang mit wissenschaftlicher Korrektheit. Ausgehend von den naturwissenschaftlichen Grundgesetzen, mit Hilfe von deduktiven bzw. induktiven Methoden zu nachprüfbaren Aussagen zu kommen, untersucht er allerlei wissenschaftliche Gedankengebäude auf ihre Schlüssigkeit. Und in seinem strengen Raster bleibt so einiges hängen. Dewdney entlarvt die Theorie der IQ-Tests und die Theorie der Rassenunterschiede ebenso als faulen Zauber wie die Psychoanalsye oder die großangelegte Suche nach außerirdischer Intelligenz.

In allen Buchhandlungen erhältlich!
Birkhäuser Verlag AG · Postfach 133
CH-4010 Basel · Fax: ++41 / (0)61 / 205 07 92
e-mail: promotion@birkhauser.ch

Birkhäuser

Die geheimen Tricks der Statistik ...

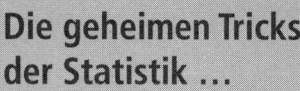

A.K. Dewdney
200 Prozent von nichts
Die geheimen Tricks der
Statistik und andere
Schwindeleien mit Zahlen
203 Seiten. Broschur
ISBN 3-7643-5021-0

Wenn Sie, so versprach man dem Kunden, eine unserer Energiesparlampen installieren, sparen Sie 200 Prozent Strom. Nichts gegen Energiesparen – aber diese Aussage hat es in sich: Wenn man „nur" 100 Prozent Energie sparen würde, bedeutete dies, daß man ganz ohne Strom auskäme. 200 Prozent Ersparnis hieße nichts anderes, als daß die Wunderlampe 100 Prozent Energie lieferte…

Ob Werbung, Kreditwesen, Verwaltung, Börse, Glücksspiel oder Politik – der Autor A.K. Dewdney begleitet uns auf einem vergnüglich zu lesenden Streifzug durch die verschiedensten Anwendungsfelder mathematischer Manipulationen. Und er lehrt uns, den Dschungel trickreicher Statistiken, rechnerischer Kniffe, unlauterer Werbemethoden und mathematischer Falschaussagen aller Art zu durchdringen.

In allen Buchhandlungen erhältlich!
Birkhäuser Verlag AG · Postfach 133
CH-4010 Basel · Fax: ++41 / (0)61 / 205 07 92
e-mail: promotion@birkhauser.ch

Birkhäuser

Wechselbeziehung zwischen Mathematik undGehirn

Stanislas Dehaene
Der Zahlensinn oder
Warum wir rechnen können
312 Seiten mit 40 sw-Abb.
Gebunden mit Schutzum-
schlag
ISBN 3-7643-5960-9

Wie steht es mit den „Rechenkünsten" von Tieren und warum können schon Säuglinge nachweislich primitive Rechenoperationen ausführen?
Dieselben Fragen hat sich auch Stanislas Dehaene gestellt. Sein Thema ist das menschliche Vermögen, mathematische Operationen auszuführen. Er nennt es den Zahlensinn, der ganz offenbar auf eine bestimmte Struktur des Gehirns zurückzuführen ist. Und wie kommt der erwachsene Mensch zu Trigonometrie, Differentialrechnung und anderen komplizierten Rechenoperationen? Die Befähigung zur höheren Mathematik beruht nach Dehaene auf der Erfindung von symbolischen Systemen, um mathematische Zusammenhänge in Wort und Schrift auszudrücken. Er sieht diese Entwicklung als fortlaufenden kulturgeschichtlichen Prozeß, dessen Ergebnisse unser Gehirn aufnehmen kann. Auf der anderen Seite entfalten sich die Objekte der Mathematik so, daß sie den Zwängen unserer Gehirnstruktur entsprechen. Dehaene zeigt darüber hinaus aber auch, welche Schaltkreise im Gehirn für diese Wechselbeziehung zwischen menschlicher Gehirnstruktur und mathematischer Entwicklung verantwortlich sind.

In allen Buchhandlungen erhältlich!
Birkhäuser Verlag AG · Postfach 133
CH-4010 Basel · Fax: ++41 / (0)61 / 205 07 92
e-mail: promotion@birkhauser.ch

Birkhäuser